《智能科学技术著作丛书》编委会

智能科学技术著作丛书

区间多目标进化优化理论与应用

巩敦卫　孙　靖　著

科 学 出 版 社
北 京

内 容 简 介

区间多目标优化问题普遍存在且非常重要，但已有的解决方法却非常少。采用进化优化方法求解区间多目标优化问题是近年来进化优化界的热点研究方向之一。本书阐述了用于求解区间多目标优化问题的进化优化理论与方法，主要包括：目标函数值为区间时，进化个体的比较、决策者偏好的融入及其在种群进化的应用，以及含有很多目标函数优化问题的降维转化与求解等。同时，本书还给出了不同方法在基准数值函数优化和室内布局的应用，以及全面详细的算法对比结果。为便于应用本书阐述的方法，书后附有部分区间多目标进化优化方法 Matlab 源程序。本书是国内第一部用进化优化方法解决区间多目标优化问题，特别是融入决策者偏好解决该问题的学术著作，也是作者近五年来在多项国家和省部级科研项目资助下取得的一系列研究成果的结晶。

本书可供理工科大学相关专业的教师及研究生、自然科学和工程技术领域的研究人员学习参考。

图书在版编目(CIP)数据

区间多目标进化优化理论与应用/巩敦卫，孙靖著. —北京：科学出版社，2013

(智能科学技术著作丛书)

ISBN 978-7-03-037517-9

Ⅰ. ①区… Ⅱ. ①巩… ②孙… Ⅲ. ①多目标(数学)-最优化算法 Ⅳ. ①O224

中国版本图书馆 CIP 数据核字(2013)第 103658 号

责任编辑：刘宝莉 孙 芳 / 责任校对：宣 慧
责任印制：吴兆东 / 封面设计：陈 敬

科学出版社 出版
北京东黄城根北街 16 号
邮政编码：100717
http://www.sciencep.com
北京凌奇印刷有限责任公司 印刷
科学出版社发行 各地新华书店经销
*
2013 年 6 月第 一 版 开本：B5(720×1000)
2024 年 1 月第五次印刷 印张：14 3/4
字数：278 000

定价：118.00 元

(如有印装质量问题，我社负责调换)

《智能科学技术著作丛书》序

“智能”是“信息”的精彩结晶，“智能科学技术”是“信息科学技术”的辉煌篇章，“智能化”是“信息化”发展的新动向、新阶段。

“智能科学技术”(intelligence science&technology，IST)是关于“广义智能”的理论方法和应用技术的综合性科学技术领域，其研究对象包括：

- “自然智能”(natural intelligence，NI)，包括“人的智能”(human intelligence，HI)及其他“生物智能”(biological intelligence，BI)。
- “人工智能”(artificial intelligence，AI)，包括“机器智能”(machine intelligence，MI)与“智能机器”(intelligent machine，IM)。
- “集成智能”(integrated intelligence，II)，即“人的智能”与“机器智能”人机互补的集成智能。
- “协同智能”(cooperative intelligence，CI)，指“个体智能”相互协调共生的群体协同智能。
- “分布智能”(distributed intelligence，DI)，如广域信息网、分散大系统的分布式智能。

“人工智能”学科自1956年诞生的，五十余年来，在起伏、曲折的科学征途上不断前进、发展，从狭义人工智能走向广义人工智能，从个体人工智能到群体人工智能，从集中式人工智能到分布式人工智能，在理论方法研究和应用技术开发方面都取得了重大进展。如果说当年“人工智能”学科的诞生是生物科学技术与信息科学技术、系统科学技术的一次成功的结合，那么可以认为，现在“智能科学技术”领域的兴起是在信息化、网络化时代又一次新的多学科交融。

1981年，“中国人工智能学会”(Chinese Association for Artificial Intelligence，CAAI)正式成立，25年来，从艰苦创业到成长壮大，从学习跟踪到自主研发，团结我国广大学者，在“人工智能”的研究开发及应用方面取得了显著的进展，促进了“智能科学技术”的发展。在华夏文化与东方哲学影响下，我国智能科学技术的研究、开发及应用，在学术思想与科学方法上，具有综合性、整体性、协调性的特色，在理论方法研究与应用技术开发方面，取得了具有创新性、开拓性的成果。“智能化”已成为当前新技术、新产品的发展方向和显著标志。

为了适时总结、交流、宣传我国学者在“智能科学技术”领域的研究开发及应用成果，中国人工智能学会与科学出版社合作编辑出版《智能科学技术著作丛书》。需要强调的是，这套丛书将优先出版那些有助于将科学技术转化为生产力以及对社会和国民经济建设有重大作用和应用前景的著作。

我们相信，有广大智能科学技术工作者的积极参与和大力支持，以及编委们的共同努力，《智能科学技术著作丛书》将为繁荣我国智能科学技术事业、增强自主创新能力、建设创新型国家做出应有的贡献。

祝《智能科学技术著作丛书》出版，特赋贺诗一首：

智能科技领域广

人机集成智能强

群体智能协同好

智能创新更辉煌

涂序彦

中国人工智能学会荣誉理事长

2005年12月18日

序

最优化问题是经济、管理、医药和诸多工程领域最为普遍的问题之一，其中，含有多个相互冲突目标函数的优化问题很常见。此外，问题内在的变化、测量条件的限制、有限的数据等偶然和认知不确定因素，使得目标函数的参数无法用精确数值表示，从而传统的简化目标函数表达形式的做法具有很大的局限性，难以有效求解问题。正是由于客观存在的诸多不确定性，研究含有不确定参数的多目标优化问题更具有实际意义。对于多种不确定性的表现形式，区间形式最容易获取，而且模糊数和随机数等其他不确定表现形式往往可通过合适的方式转化为区间形式。由此，区间成为一种最重要的不确定表现形式，区间多目标优化问题的研究具有广阔的应用前景。

作为一类受自然界生物进化启发产生的全局概率搜索方法，进化优化方法具有群体搜索特点，其非常适于求解多目标优化问题，可同时获得问题的多个 Pareto 最优解。近三十年来，多目标进化优化方法的研究取得了令人瞩目的进展，进化优化方法业已成为解决多目标优化问题的有效途径。对于区间多目标优化问题，如果通过一定的方法将区间转化为精确数值，则可采用已有的进化多目标优化方法进行求解。然而，转化过程不可避免将丢失部分信息，从而可能使求解结果产生偏离，尤其是涉及多准则决策的基于偏好的多目标进化优化问题。因此，专门针对区间多目标优化问题，研究直接求解问题的相关进化优化理论与方法具有重要的学术意义和实际应用价值，迫在眉睫。

在多项国家和省部级科研项目资助下，该书作者近年来取得了一系列关于区间多目标进化优化的研究成果。作为研究成果的结晶，该书针对区间多目标优化问题面临的若干难题，全面系统地阐述了区间多目标进化优化的理论与方法，内容涵盖了多目标进化优化领域的诸多热点研究方向。该书内容丰富、结构合理、阐述严谨、通俗易懂、数据翔实，是我国计算智能与智能优化领域又一部颇具阅读性、实用性和参考性的专业著作。

2013 年 4 月 8 日于清华大学

前言

很多实际优化问题同时包含多个相互冲突的目标函数，由于主客观因素的影响，这些目标函数往往含有不同类型和强度的不确定参数，使得目标函数值也具有不确定性，这类问题称为不确定多目标优化问题。鉴于描述模糊参数的隶属函数和随机参数的分布函数往往难以获取，且通过一定的方法，模糊参数和随机参数均可以转化为区间参数，此外，获取描述区间参数的上下限相对容易，因此，研究区间多目标优化问题具有非常重要的理论意义和实际应用价值。

作为一类模拟自然界生物进化和遗传变异机制的全局概率搜索方法，进化优化方法虽然已经成功应用于很多实际的复杂优化问题，包括含有多个目标函数的优化问题，但当目标函数含有区间参数或目标函数值为区间时，已有的进化优化方法却不再适用，主要体现在：①传统的 Pareto 占优关系基于精确的目标函数值，因此，当目标函数值为区间时，无法采用已有的 Pareto 占优关系比较不同进化个体的性能，这大大影响后续遗传操作的实施，说明研究适用于区间目标函数值的 Pareto 占优关系是非常必要的。②问题的 Pareto 优化解集在目标空间的分布非常复杂，这时，除了要求 Pareto 前沿具有好的逼近性、分布性及延展性之外，还通常要求具有小的不确定性，这使得产生均衡上述特性的 Pareto 前沿非常困难。如果将决策者的偏好融入进化求解过程，通过决策者的偏好引导种群进化，那么，将有助于产生均衡上述特性的 Pareto 前沿，但目前这方面的研究成果却非常少，说明研究将决策者偏好融入进化过程的方法以提高问题优化解集的性能是非常有意义的。③如果问题包含的目标函数很多，那么，采用已有的多目标进化优化方法求解，Pareto 优化解的选择压力将明显降低，描述 Pareto 前沿需要的优化解将指数增加，且无法可视化，说明研究求解区间高维多目标优化问题的有效方法势在必行。

鉴于此，作者在近年来主持的多项国家和省部级科研项目资助下，一直从事区间多目标进化优化理论与方法的研究，给出目标函数值为区间时，用于比较不同进化个体性能的 Pareto 占优关系，提出多种决策者偏好融入及其在种群进化应用的策略，建立高维多目标优化问题的降维转化理论，并设计有针对性的进化求解方法。上述成果已经成功应用于很多基准数值函数优化和室内布局问题，并通过与已有方法的全面详细比较，证实了所提理论与方法的有效性。这些成果丰富了进化优化理论，提高了进化优化方法解决实际问题的能力，并拓展了进化优化方法的应用范围，因此，具有重要的理论意义和实际应用价值。

本书是作者在该领域国内外权威期刊及有影响的国际会议论文集上发表十余篇学术论文的基础上，进一步加工、深化而成的，是对已有成果的全面总结和高度概括，主要内容包括：目标函数值为区间时，进化个体的比较、决策者偏好的融入及其在种群进化的应用，以及含有很多目标函数优化问题的降维转化与求解等。据作者所知，本书是国内第一部用进化优化方法解决区间多目标优化问题，特别是融入决策者偏好解决该问题的学术著作。因此，不但具有很高的学术价值，而且对该方向的发展具有重要的引领作用。

本书在阐述区间多目标进化优化理论与方法时，均给出问题研究的必要性、所提方法的思想、相关的技术措施及实现算法的具体步骤等。在阐述方法的应用时，均给出应用问题的背景、应用过程中所需参数的设置、不同算法的对比结果及详细的分析等。力求读者读后感到该工作非常有必要做，且做得思路清晰，措施合理，结果正确、可靠。此外，在撰写过程中，本书尽量做到文笔流畅，语言表达准确、通俗，数学符号统一，公式规范，图表清楚。

在撰写本书过程中，作者得到清华大学博士生导师王凌教授多方面的指导，王老师在百忙之中不但仔细审阅了全部书稿，提出许多非常中肯的建议和意见，而且欣然为本书作序，令作者深受鼓舞，在此，向王老师表示衷心感谢！硕士研究生秦娜娜和季新芳为书稿提供部分内容，江苏省重点学科“控制理论与控制工程”博士点为本书的出版提供大力支持，在此一并表示感谢！

区间多目标进化优化是一个快速发展、多学科交叉的新颖研究方向，其理论及应用均有大量问题尚待进一步深入研究。由于作者学识水平和可获得资料的限制，书中难免存在不妥之处，敬请同行专家和读者批评指正。

作 者

2013 年 4 月于中国矿业大学

目　　录

第1章 基本知识

很多实际问题能够归结为优化问题。如果一个优化问题的目标函数或(和)约束函数含有某种不确定性,称这类问题为不确定优化问题。在众多不确定优化问题中,区间优化问题是一类普遍存在且非常重要的不确定优化问题,这类问题的典型特点是:问题的目标函数或(和)约束函数含有的参数取值通常为区间,使得目标函数或(和)约束函数的取值也为区间。当区间优化问题包含的目标函数不止一个且相互冲突时,相应的优化问题称为区间(参数)多目标优化问题。

据作者所知,到目前为止,已有的有效解决区间多目标优化问题的方法非常少。鉴于此,本书主要阐述了近年来提出的解决该问题的进化优化方法,特别是作者在该方向取得的最新研究成果。为便于理解本书阐述的方法,需要首先介绍与区间多目标优化相关的知识。为此,本章将简要介绍区间多目标进化优化的基本知识,包括区间多目标优化问题、进化多目标优化方法、用于区间多目标优化问题的进化优化方法、基准优化问题,以及评价区间多目标进化优化方法性能的指标体系。此外,将在本章最后概述本书的主要内容,使读者对本书的内容有个整体的认识。

1.1 区间多目标优化问题

1.1.1 不确定多目标优化问题

很多实际问题能够归结为优化问题。为了采用数学方法求解一个优化问题,需要首先建立该问题的数学模型。建立某优化问题的数学模型时,需要优化的变量称为决策变量;需要优化的性能指标用目标函数表示;此外,决策变量通常不能任意取值,需要满足的约束用约束函数表示。对于复杂的优化问题,需要优化的目标函数通常不止一个,且这些目标函数之间相互冲突,称这类问题为多目标优化问题。

在众多多目标优化问题中,有的优化问题本身具有某种不确定性[1],有的优化问题本身是确定的,但是,在建立数学模型时获取的数据少,或者测量仪器精度低使得测到的数据不准确,或者简化模型导致认知不确定性[2]……总之,多种主客观因素的影响,使得优化问题的目标函数或(和)约束函数往往含有不确定参数,从而导致它们的取值不再是精确值,这些不确定参数可能是随机变量,也可能是模糊数,还可能是区间[3]。这类目标函数或(和)约束函数含有不确定性的优化问题称为不确定多目标优化问题。典型的不确定多目标优化问题有产品设计[4]、路径规划[5]及电力调度[6]。

到目前为止，已有多种求解不确定(多目标)优化问题的方法。根据问题包含参数的不确定特性，这些方法可以分为随机规划、模糊规划及区间规划等三类[3,7]。其中，采用随机规划[8~10]解决的优化问题包含的参数取值是随机变量，且需要事先知道该随机变量满足的分布；采用模糊规划[11~13]解决的优化问题包含的参数取值是模糊数，且需要事先知道描述该模糊数的隶属函数。但是，在实际问题中，获取随机变量满足的分布或描述模糊数的隶属函数通常是很困难的[3]，因此，上述两类方法的应用范围受到很大限制。

区间规划[7,14~21]解决的优化问题包含的参数取值为区间，且需要事先知道该区间的上下限或中点和半径。一方面，获取这些参数的取值通常比较容易；另一方面，随机变量通过置信水平[22]、模糊数通过截集水平[11]均能够转化为区间，从而随机和模糊优化问题能够转化为区间优化问题。因此，求解区间优化问题的方法广泛应用于实际优化问题中，如利润最大化[23]、机翼设计[24]、汽车设计[25]及汽油调和优化[26]。相应地，研究有效求解区间优化问题的方法具有重要的理论意义和实际应用价值。鉴于区间多目标优化问题的普遍性和复杂性，本书主要研究有效求解区间多目标优化问题的理论与方法。

区间多目标优化问题的目标函数或(和)约束函数的取值为区间，为便于理解该问题，首先介绍与区间相关的基础知识。

1.1.2 区间基础知识[27]

定义 1.1 $a=[\underline{a},\overline{a}]$称为一个区间，其中，$\underline{a},\overline{a}\in R$，且$\underline{a}\leqslant\overline{a}$。$\underline{a}$和$\overline{a}$分别称为$a$的下限和上限。当$\underline{a}=\overline{a}$时，$a$退化为点，也称为点区间。用$I(R)$表示$R$上闭区间的集合。

定义 1.2 对于$a=[\underline{a},\overline{a}]$，$b=[\underline{b},\overline{b}]\in I(R)$，$I(R)$上的加法、减法及乘法运算分别定义为

$$a+b=[\underline{a}+\underline{b},\overline{a}+\overline{b}]$$

$$a-b=[\underline{a}-\overline{b},\overline{a}-\underline{b}] \tag{1.1}$$

$$a\cdot b=[\min(\underline{a}\cdot\underline{b},\underline{a}\cdot\overline{b},\overline{a}\cdot\underline{b},\overline{a}\cdot\overline{b}),\max(\underline{a}\cdot\underline{b},\underline{a}\cdot\overline{b},\overline{a}\cdot\underline{b},\overline{a}\cdot\overline{b})]$$

特别地，当λ是标量时[28]，

$$\lambda\cdot a=\begin{cases}[\lambda\cdot\underline{a},\lambda\cdot\overline{a}], & \lambda\geqslant 0\\ [\lambda\cdot\overline{a},\lambda\cdot\underline{a}], & \lambda<0\end{cases} \tag{1.2}$$

文献[28]综述了多种区间序关系。为方便起见，采用 Limbourg 和 Aponte 给

出的区间序关系定义[21]，该定义可以推广至如下形式。

定义 1.3 称 a 在区间意义下不小于 b，记为 $a \geqslant_{\mathrm{IN}} b$，当且仅当 a 的下限和上限均分别不小于 b 的下限和上限，即

$$a \geqslant_{\mathrm{IN}} b \Leftrightarrow \underline{a} \geqslant \underline{b} \wedge \overline{a} \geqslant \overline{b} \tag{1.3}$$

定义 1.4 两个区间 a 和 b 的距离记为 $d(a,b)$，定义为这两个区间下限距离和上限距离的最大值，即

$$d(a,b) = \max\{|\underline{a} - \underline{b}|, |\overline{a} - \overline{b}|\} \tag{1.4}$$

定义 1.5 分量为区间的向量称为区间向量。记 $I(R^m)$ 为 m 维区间向量集合，那么，$I(R^m) = \{A \mid A = (a_1, a_2, \cdots, a_m), a_i = [\underline{a_i}, \overline{a_i}] \in I(R), i = 1, 2, \cdots, m\}$。记 $D = D_1 \times D_2 \times \cdots \times D_m$ 为 R^m 的子空间，那么，D 的 m 维区间向量集合可以表示为 $I(D) = \{A \mid A = (a_1, a_2, \cdots, a_m), a_i = [\underline{a_i}, \overline{a_i}] \subseteq D_i, i = 1, 2, \cdots, m\}$。

定义 1.6 自变量是区间向量的函数称为区间函数。

获得区间函数最简单的方法是：把实值函数的自变量换成区间向量。例如，对函数 $f(x) = 1 - x$，当把自变量 x 换成区间变量 X 时，可得到一个区间函数 $F(X) = 1 - X$。当 $X = [2, 5]$ 时，由定义 1.2 可得，$F(X) = [-4, -1]$。

定义 1.7 两个区间向量 $\boldsymbol{A} = (a_1, a_2, \cdots, a_m)$ 和 $\boldsymbol{B} = (b_1, b_2, \cdots, b_m)$ 的距离定义为对应分量距离的最大值，即

$$d(\boldsymbol{A}, \boldsymbol{B}) = \max_{i \in \{1, 2, \cdots, m\}} d(a_i, b_i) \tag{1.5}$$

定义了距离的向量空间，称为度量空间。因此，$I(R^m)$ 为度量空间，也称为距离空间。

1.1.3 区间多目标优化问题的数学模型

不失一般性，本书考虑如下区间多目标最大化问题：

$$\begin{aligned} &\max f(\boldsymbol{x}, \boldsymbol{c}) = (f_1(\boldsymbol{x}, \boldsymbol{c}_1), f_2(\boldsymbol{x}, \boldsymbol{c}_2), \cdots, f_m(\boldsymbol{x}, \boldsymbol{c}_m)) \\ &\text{s.t. } \boldsymbol{x} \in S \subseteq R^n \\ &\boldsymbol{c}_i = (c_{i1}, c_{i2}, \cdots, c_{il})^{\mathrm{T}}, c_{ik} = [\underline{c}_{ik}, \overline{c}_{ik}], k = 1, 2, \cdots, l \end{aligned} \tag{1.6}$$

式中，$\boldsymbol{x}$ 为 n 维决策变量；S 为 $\boldsymbol{x}$ 的决策空间；$f_i(\boldsymbol{x}, \boldsymbol{c}_i)(i = 1, 2, \cdots, m)$ 为第 i 个含有区间参数的目标函数；$\boldsymbol{c}_i$ 为区间向量参数；c_{ik} 为$\boldsymbol{c}_i$ 的第 k 个分量；$\underline{c}_{ik}$ 和 $\overline{c}_{ik}$ 分别为 c_{ik} 的下限和上限。由于目标函数含有区间参数，因此，问题(1.6)的各目标函数值均为区间，并记 $f_i(\boldsymbol{x}, \boldsymbol{c}_i) \stackrel{\text{def}}{=} [\underline{f}_i(\boldsymbol{x}, \boldsymbol{c}_i), \overline{f}_i(\boldsymbol{x}, \boldsymbol{c}_i)]$。

特别地，当所有参数均为确定数值时，问题(1.6)退化为确定型多目标优化问题，其数学模型为

$$\begin{aligned} &\max\ f(\boldsymbol{x})=(f_1(\boldsymbol{x}),f_2(\boldsymbol{x}),\cdots,f_m(\boldsymbol{x})) \\ &\text{s.t.}\ \boldsymbol{x}\in S\subseteq R^n \end{aligned} \tag{1.7}$$

所谓多目标优化,是对问题包含的所有目标函数同时优化。由于这些目标函数之间往往相互冲突,因此,某一目标函数得到优化意味着其他至少一个目标函数的性能将会下降。由此不难想象,对于多目标优化问题,不存在一个使每个目标函数都达到最优的解,而只可能存在一个权衡所有目标函数的最优解集。下面针对式(1.7)描述的多目标优化问题,给出几个重要的概念[29,30]。

定义 1.8 设$\boldsymbol{x}_1$和$\boldsymbol{x}_2$是问题(1.7)的两个解,即$\boldsymbol{x}_1,\boldsymbol{x}_2\in S$,且$\boldsymbol{x}_1\neq\boldsymbol{x}_2$,

(1) 如果对于所有目标函数,$\boldsymbol{x}_1$不比$\boldsymbol{x}_2$差,即$\forall i\in\{1,2,\cdots,m\}$,$f_i(\boldsymbol{x}_1)\geqslant f_i(\boldsymbol{x}_2)$,且至少存在一个目标函数,使得$\boldsymbol{x}_1$比$\boldsymbol{x}_2$好,即$\exists k\in\{1,2,\cdots,m\}$,$f_k(\boldsymbol{x}_1)>f_k(\boldsymbol{x}_2)$,那么,称$\boldsymbol{x}_1$ Pareto 占优$\boldsymbol{x}_2$,记为$\boldsymbol{x}_1\succ\boldsymbol{x}_2$。

(2) 如果$\boldsymbol{x}_1$既不 Pareto 占优$\boldsymbol{x}_2$,$\boldsymbol{x}_2$也不 Pareto 占优$\boldsymbol{x}_1$,那么,称$\boldsymbol{x}_1$与$\boldsymbol{x}_2$互不 Pareto 占优,记为$\boldsymbol{x}_1 \,||\, \boldsymbol{x}_2$。

定义 1.9 如果对$\forall\,\boldsymbol{x}^*\in S$,不存在$\boldsymbol{x}'\in S$,使得$\boldsymbol{x}'\succ\boldsymbol{x}^*$,那么,称$\boldsymbol{x}^*$为问题(1.7)的 Pareto 最优解(或优化解、非被占优解)。

定义 1.10 所有 Pareto 最优解构成的集合称为问题(1.7)的 Pareto 最优解集,记为$\boldsymbol{X}^*$。

定义 1.11 所有 Pareto 最优解对应的目标函数值在目标空间形成的曲面或超体称为 Pareto 前沿。

1.2 进化多目标优化方法

进化优化方法是一类模拟自然界生物进化和遗传变异机制而形成的全局概率搜索方法[31],经过四十多年的理论与应用研究,进化优化方法显示出优越的解决复杂优化问题的能力。到目前为止,进化优化方法不但用于求解单模态优化问题[32],而且用于求解多模态优化问题[33];不但用于求解单目标优化问题[34],而且用于求解多目标优化问题[35];不但用于求解确定型优化问题[32~35],而且用于求解不确定优化问题[21,22]。

对于多目标优化问题,由于不存在一个使每个目标函数都最优的解,因此,求解多目标优化问题的目的不是获取一个最优解,而是获取一个 Pareto 最优解集。很显然,这个最优解集包含多个 Pareto 最优解。如果某优化方法求解多目标优化问题时能够同时获取问题的多个 Pareto 最优解,那么,将会大大提高问题求解的效率。我们知道,进化优化方法通过在代与代之间维持由多个候选解构成的种群,实现全局搜索[29],因此,如果该方法用于求解多目标优化问题,那么,经过若干代种群进化,将有可能同时获取问题的多个 Pareto 最优解,从而成为解决多目标优化问题的有效方法。

采用进化优化方法求解多目标优化问题称为进化多目标优化。本节首先简要概述已有的进化多目标优化方法，然后重点阐述一种典型的进化多目标优化方法——NSGA-Ⅱ[35]。

1.2.1 进化多目标优化方法概述

采用进化优化方法求解多目标优化问题始于20世纪80年代中期。自Schaffer[36]首次提出向量评估遗传算法(vector evaluated genetic algorithm, VEGA)以来，涌现出大量进化多目标优化方法，包括Fonseca和Fleming提出的多目标遗传算法(multiobjective genetic algorithm, MOGA)[37]、Srinivas和Deb提出的非被占优解排序遗传算法(non-dominated sorting genetic algorithm, NSGA)[38]、Zitzler和Thiele提出的强度Pareto进化算法(strength Pareto evolutionary algorithm, SPEA)[39]、Knowles和Corne提出的Pareto保存进化策略(Pareto archived evolution strategy, PAES)[40]，以及基于Pareto封装的选择算法(Pareto envelope-based selection algorithm, PESA)[41]，还包括其中一些方法的改进版本，如SPEA2[42]、NSGA-Ⅱ[35]及PESA-Ⅱ[43]等。此外，最近还提出一些进化多目标优化方法，如基于超体积选择的进化多目标优化方法[44]和基于树结构的快速进化多目标优化方法[45]。感兴趣的读者请参阅相关文献。上述进化多目标优化方法的目的均为找到收敛性好且分布均匀的Pareto最优解集。

最近，Bui等在决策者风险态度不确定情况下，定义解的占优鲁棒性和偏好鲁棒性，并选择对决策者偏好改变鲁棒性好的解，构成Pareto最优解集，使得在给定条件下，不同决策者对该解集的解都比较满意[46]。考虑到工程设计中，决策者更希望Pareto最优解集在决策空间分布均匀，Bader等将决策空间解的分布性测度作为权重，加入超体积计算中，提出一种新的超体积计算方法[47]。这表明决策者对进化多目标优化方法的要求不仅仅是生成收敛性好且分布均匀的Pareto最优解集。根据决策者的不同需求生成不同的Pareto最优解集，已成为进化多目标优化方法研究的趋势。

在众多进化多目标优化方法中，NSGA-Ⅱ是最优秀的方法之一，这从文献[35]在进化多目标优化领域被引用的次数最多容易看出。由于本书所提方法均在NSGA-Ⅱ范式下实现种群进化，因此，下面详细介绍该方法[29,30,35]。

1.2.2 NSGA-Ⅱ

NSGA-Ⅱ采用如下三个关键技术：基于分级的快速非被占优排序、基于拥挤距离的相同序值进化个体比较及精英保留。下面分别详细阐述这些技术：

(1) 基于分级的快速非被占优排序。基本思想是：将进化种群按占优关系分为若干层，其中，第1层为当前进化种群非被占优个体的集合；第2层为进化种群去掉第1层个体后非被占优个体的集合；第3层为进化种群去掉第1和第2层个体后非被占优个体的集合，依此类推，将进化个体排序。属于同一层的个体具有相同的序值，称为非被占优序值，简称 Pareto 序值或序值。非被占优排序的时间复杂度为 $O(mN^2)$，其中，N 为种群规模，伪代码如图 1.1 所示。

算法1.1　非被占优排序

```
Procedure: fast-non-dominated-sort(P)
input：种群P
output：非被占优排序后的种群P
begin
   for all  p∈P   do
      S_p ← ∅ ;
      n_p ← 0 ;
      for all  q∈P   do
         if  p≻q   then                  %  如果p占优q
            S_p ← S_p ∪{q};              %  将q添加到被p占优的集合中
         elseif  q≻p   then
            n_p ← n_p + 1 ;              %  将占优p的个体数加1
         end if
      end for
      if  n_p =0 then                    %  p属于第1层
         rank(p) ←1 ;
         F_1 ← ∅ ;
         F_1 ← F_1 ∪{p} ;
      end if
   end for
   i ← 1 ;                               %  初始化层数
   while  F_1 ≠ ∅
      Q ← ∅ ;                            %  用来存储下一层的元素
      for all  p ∈ F_1
         for all  q ∈ S_p
            n_q ← n_q − 1 ;
            if  n_q = 0   then           %  q属于下一层
               rank(q) ← i+1;
               Q ← Q ∪{q};
            end if
         end for
      end for
   end while
   i ← i+1 ;
   F_i ← Q ;
end
```

图 1.1　非被占优排序伪代码

(2) 基于拥挤距离的相同序值进化个体比较。某进化个体的拥挤距离，通过计算与该进化个体相邻的两进化个体在每个目标的距离之和求取。除了用于比较具有相同序值进化个体的性能，利用拥挤距离还能使得进化种群具有好的分布性、多样性及延展性。计算拥挤距离的时间复杂度为 $O(m(2N)\log(2N))$，伪代码如图 1.2 所示。

算法1.2 拥挤距离计算

```
Procedure: crowding-distance-assignment(I)
input: 具有相同序值的进化个体集合I
output: 具有拥挤距离的进化个体集合I
begin
    l← |I|;                                              % I包含的进化个体数
    for i=1 to l do
        distance(I[i]) ← 0;                              % 初始化距离
    end for
    for j=1 to m do
        I ← sort(I, j) ;                                 % 用每个目标值排序
        distance(I[1]) ← ∞; distance(I[l]) ← ∞;          % 边界点总是被选择
        for i=2 to (l−1) do
            distance(I[i]) ← distance(I[i])+(I[i+1].m−I[i−1].m)/(f_m^max − f_m^min);
        end for
    end for
end
```

图 1.2 拥挤距离计算伪代码

由此，种群的每个进化个体 $\boldsymbol{x}_i$ 都具有两个属性，分别是 Pareto 序值 rank($\boldsymbol{x}_i$) 和拥挤距离 distance($\boldsymbol{x}_i$)。根据这两个属性，能够定义如下全序关系 $>_n$：记 $\boldsymbol{x}_i$ 和 $\boldsymbol{x}_j$ 为两个进化个体，$\boldsymbol{x}_i >_n \boldsymbol{x}_j$，当且仅当 rank($\boldsymbol{x}_i$) < rank($\boldsymbol{x}_j$)，或 rank($\boldsymbol{x}_i$) = rank($\boldsymbol{x}_j$) 且 distance($\boldsymbol{x}_i$) > distance($\boldsymbol{x}_j$)。

(3) 精英保留。进化种群经过选择、交叉及变异操作后生成临时种群，该种群和当前进化种群共同竞争，以产生下一代种群。该策略有助于保留优势个体，从而提高进化种群的性能。

NSGA-Ⅱ首先随机产生一个初始种群，该种群也是第 1 代种群的父代种群；然后，采用选择、交叉及变异操作，产生一个同等规模的临时种群，将该种群和当前进化种群合并为一个种群后，基于序值和拥挤距离对合并后种群的进化个体排序；最后，从合并后种群中依序选择进化个体进入下一代种群，直至种群规模为 N。具体过程如图 1.3 所示，算法流程如图 1.4 所示。

算法1.3 NSGA-Ⅱ

```
Procedure mainprocedure (N, T, pc, pm)
input: 算法参数(种群规模N、最大进化代数T、交叉概率pc,以及变异概率pm)
output: 收敛且分布均匀的Pareto最优解集
begin
    t ← 1;
    初始化种群 P(t);
    while t<T do
        Q(t) ← make-new-pop (P(t));                    % 采用选择、交叉,以及变异操作生成临时种群
        R(t) ← P(t) ∪ Q(t);                            % 合并种群
        F ← fast-non-dominated-sort(R(t));              % F=(F1, F2,…), R(t)的所有前沿
        P(t+1) ← ∅; i ← 1;
        repeat
            crowding-distance-assignment(Fi);           % 计算Fi的进化个体的拥挤距离
            P(t+1) ← P(t+1) ∪ Fi;                       % 下一代种群中包含第i层前沿
            i ← i+1;
        until ( |P(t+1)| + |Fi| ≤ N )                   % 选择个体到P(t+1),直至填满
        Sort(Fi, >n);                                   % 将Fi按>n排序
        P(t+1) ← P(t+1) ∪ Fi[1:(N−|P(t+1)|)];           % 选择Fi的前N−|P(t+1)|个元素
        t ← t+1;
    end while
end
```

图 1.3 NSGA-Ⅱ伪代码

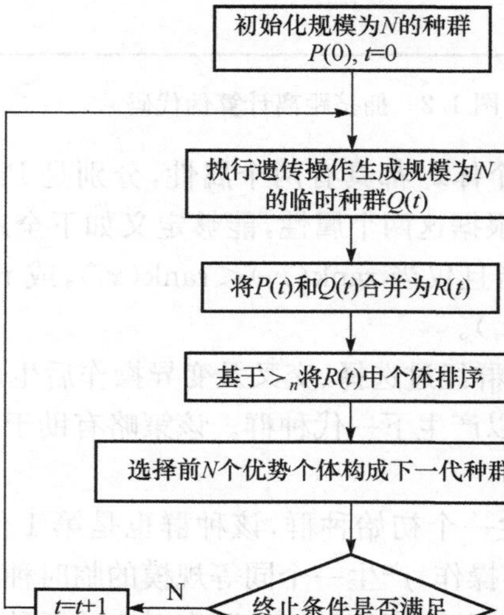

初始化规模为N的种群
P(0), t=0
执行遗传操作生成规模为N
的临时种群Q(t)
将P(t)和Q(t)合并为R(t)
基于>n将R(t)中个体排序
选择前N个优势个体构成下一代种群P(t+1)
终止条件是否满足
N
t=t+1
Y
输出P(t)

图 1.4 NSGA-Ⅱ流程图

1.3 区间进化优化

从总体上讲，求解区间(多目标)优化问题的方法可以分成两类，分别是数值优化方法和进化优化方法。其中，前者采用传统的优化方法，如线性规划、整数规划及非线性规划，求解区间优化问题；而后者则采用种群进化的方法求解该问题。鉴于本书主要阐述区间多目标优化问题的进化优化方法，因此，本节在简要介绍已有的数值优化方法之后，重点评述已有的进化优化方法，特别是后面对比实验中常用的一种区间多目标进化优化方法——非精确传播多目标进化算法(imprecision-propagating multi-objective evolutionary algorithm，IP-MOEA)[21]。

1.3.1 数值优化方法

到目前为止，数值优化方法已广泛应用于区间(多目标)优化问题。Wu 研究区间多目标优化问题，利用 Hausdorff 测度衡量两个区间目标函数值的距离，通过 Hukuhara 差表示两个区间目标函数值的差值；基于此，给出Ⅰ-型 Pareto 最优解、弱Ⅰ-型 Pareto 最优解，以及强Ⅰ-型 Pareto 最优解的定义和 KKT 优化条件[15]。Chanas 和 Kuchta 研究仅目标函数含有区间参数的单目标优化问题，通过区间序关系，将原来的优化问题转化为确定型 2 目标优化问题[16]。Liu 和 Wang 研究的单目标二次规划问题的目标函数和约束函数均含有区间参数，通过一对两层数学规划计算目标函数值的上下界，基于对偶原理并利用变量转换技术，将上述问题转化为传统的单层二次规划问题，从而求得目标函数的区间值[17]。Li 和 Tian 考虑更一般的区间单目标二次规划问题，与文献[17]相比，所提方法的计算开销更小[18]。

容易看出，上述方法的共同点是：首先，通过合适的方法，将区间(多目标)优化问题转化为确定型(多目标)优化问题；然后，利用已有的数值优化方法，求解转化后的优化问题，从而得到原问题的优化解。

1.3.2 进化优化方法

近年来，采用进化优化方法求解区间(多目标)优化问题成为进化优化界的热点研究方向之一，并已经取得丰硕的研究成果。程志强等针对过程工业系统的特点，将区间多目标优化问题转化为一个极大极小问题，并结合遗传算法和非线性规划方法，分析上述转化的可行性[7]。蒋峥等针对区间单目标非线性规划问题，引入决策风险因子和偏差惩罚项，将区间非线性规划问题转化为一个确定型极大极小问题，并采用遗传算法以递阶优化的方式求解[19]。Jiang 等提出一种求解区间非线性规划问题的方法，该方法首先采用区间分析方法计算目标函数的区间值；然后，将上述问题转化为确定型多目标优化问题；最后，通过目标函数的线性组合和罚函数法，将问题进一步转化为无约束单目标优化问题，并采用隔代映射遗传算法求取 Pareto 最优解[20]。

上述方法的共同特点是：首先，采用合适的方法，将区间优化问题转化为确定型单目标优化问题；然后，用进化算法求解转化后的优化问题。需要指出的是，进化算法求解的是转化后的确定型优化问题，而不是直接求解原来的（多目标）优化问题。

在进化多目标优化方法中，通常基于 Pareto 占优关系比较不同进化个体的性能。由定义 1.8 可知，进行 Pareto 占优比较依据的是进化个体对应的目标函数值。对于确定型多目标优化问题，这些目标函数值是精确数值，因此容易进行比较。但是，对于本书研究的区间多目标优化问题，这些目标函数值是区间，传统的 Pareto 占优关系不再适用。因此，必须采用基于区间的 Pareto 占优关系比较不同进化个体的性能。

Limbourg 和 Aponte 研究目标函数含有噪声的多目标优化问题，利用区间表示目标函数值，通过区间序关系定义基于区间的 Pareto 占优关系，并用于 NSGA-Ⅱ中非被占优解的排序，基于此，开发一种求解区间多目标优化问题的 IP-MOEA 算法[21]。Eskandari 等针对目标函数含有噪声的多目标优化问题，提出一种随机 Pareto 遗传算法（stochastic Pareto genetic algorithm，SPGA），在假设随机变量满足正态分布的前提下，得到给定置信水平下随机目标函数的置信区间，并基于该区间定义随机解的占优关系[22]。

与前面方法不同的是，上述两种方法均采用进化方法，直接解决原来的不确定多目标优化问题，并通过定义目标函数含有不确定性情况下的 Pareto 占优关系，比较不同解的性能。

已有工作表明，虽然存在很多进化多目标优化方法，但有效解决区间多目标优化问题的进化优化方法却很少。鉴于此，针对不同的实际需求，本书阐述了四类有效解决区间多目标优化问题的进化优化方法。此外，在验证本书方法的性能时，以 IP-MOEA 作为对比方法。为便于理解该方法的思想，下面对该方法进行详细介绍。

1.3.3 IP-MOEA

在 NSGA-Ⅱ框架下，通过将 Pareto 占优关系和拥挤距离推广至区间情形，Limbourg 和 Aponte 提出求解区间多目标优化问题的 IP-MOEA[21]，流程如图 1.5 所示，其中，灰色部分是所提方法。下面分别介绍方法中提出的区间占优关系、基于区间的拥挤度及进化个体排序策略。

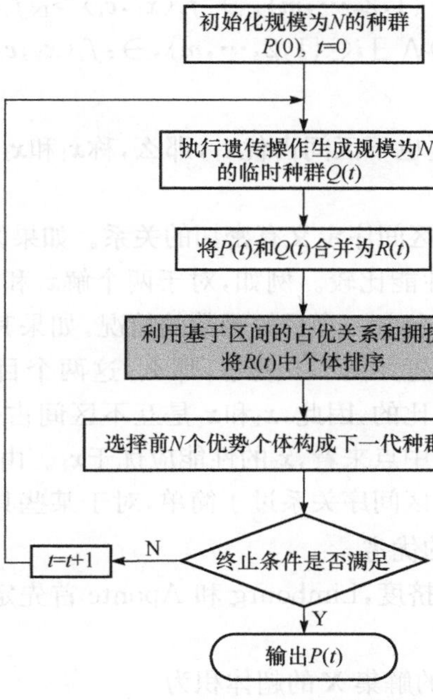
初始化规模为N的种群
P(0), t=0
执行遗传操作生成规模为N
的临时种群Q(t)
将P(t)和Q(t)合并为R(t)
利用基于区间的占优关系和拥挤度
将R(t)中个体排序
选择前N个优势个体构成下一代种群P(t+1)
终止条件是否满足
N
t=t+1
Y
输出P(t)

图 1.5 IP-MOEA 流程图

为了给出基于区间的占优关系，定义两个区间目标函数值的序关系。

考虑问题(1.6)的两个解$\boldsymbol{x}_1$和$\boldsymbol{x}_2$，对应的第 i 个目标函数值分别为 $f_i(\boldsymbol{x}_1,\boldsymbol{c}_i)$和 $f_i(\boldsymbol{x}_2,\boldsymbol{c}_i)$，$i=1,2,\cdots,m$，区间序关系定义如下。

定义 1.12 称 $f_i(\boldsymbol{x}_1,\boldsymbol{c}_i)$在区间意义下大于 $f_i(\boldsymbol{x}_2,\boldsymbol{c}_i)$，记为 $f_i(\boldsymbol{x}_1,\boldsymbol{c}_i)>_{\mathrm{IN}}f_i(\boldsymbol{x}_2,\boldsymbol{c}_i)$，当且仅当 $f_i(\boldsymbol{x}_1,\boldsymbol{c}_i)$的下限和上限均分别不小于 $f_i(\boldsymbol{x}_2,\boldsymbol{c}_i)$的下限和上限，且这两个区间不相等，即

$$f_i(\boldsymbol{x}_1,\boldsymbol{c}_i)>_{\mathrm{IN}}f_i(\boldsymbol{x}_2,\boldsymbol{c}_i)\Leftrightarrow$$
$$\underline{f}_i(\boldsymbol{x}_1,\boldsymbol{c}_i)\geqslant\underline{f}_i(\boldsymbol{x}_2,\boldsymbol{c}_i)\wedge\overline{f}_i(\boldsymbol{x}_1,\boldsymbol{c}_i)\geqslant\overline{f}_i(\boldsymbol{x}_2,\boldsymbol{c}_i)\wedge f_i(\boldsymbol{x}_1,\boldsymbol{c}_i)\neq f_i(\boldsymbol{x}_2,\boldsymbol{c}_i) \tag{1.8}$$

称 $f_i(\boldsymbol{x}_1,\boldsymbol{c}_i)$在区间意义下与 $f_i(\boldsymbol{x}_2,\boldsymbol{c}_i)$不可比，记为 $f_i(\boldsymbol{x}_1,\boldsymbol{c}_i)\parallel f_i(\boldsymbol{x}_2,\boldsymbol{c}_i)$，当且仅当 $f_i(\boldsymbol{x}_1,\boldsymbol{c}_i)>_{\mathrm{IN}}f_i(\boldsymbol{x}_2,\boldsymbol{c}_i)$和 $f_i(\boldsymbol{x}_2,\boldsymbol{c}_i)>_{\mathrm{IN}}f_i(\boldsymbol{x}_1,\boldsymbol{c}_i)$均不成立。

基于上述区间序关系，定义如下区间占优关系。

定义 1.13 称$\boldsymbol{x}_1$区间占优$\boldsymbol{x}_2$，记为$\boldsymbol{x}_1>_{\mathrm{IP}}\boldsymbol{x}_2$，当且仅当$\boldsymbol{x}_1$的任一目标函数区间均在区间意义下大于$\boldsymbol{x}_2$相应的目标函数区间，或者与$\boldsymbol{x}_2$相应的目标函数区间不可比且至少存在$\boldsymbol{x}_1$的一个目标函数区间，在区间意义下大于$\boldsymbol{x}_2$相应的目标函数区间，即

$$\begin{aligned}&\boldsymbol{x}_1 \succ_{\mathrm{IP}} \boldsymbol{x}_2 \Leftrightarrow \forall i \in \{1,2,\cdots,m\}, \ni : f_i(\boldsymbol{x}_1,\boldsymbol{c}_i) \succ_{\mathrm{IN}} f_i(\boldsymbol{x}_2,\boldsymbol{c}_i)\\ &\vee f_i(\boldsymbol{x}_1,\boldsymbol{c}_i) \parallel f_i(\boldsymbol{x}_2,\boldsymbol{c}_i) \wedge \exists i \in \{1,2,\cdots,m\}, \ni : f_i(\boldsymbol{x}_1,\boldsymbol{c}_i) \succ_{\mathrm{IN}} f_i(\boldsymbol{x}_2,\boldsymbol{c}_i)\end{aligned} \tag{1.9}$$

如果$\boldsymbol{x}_1$既不区间占优$\boldsymbol{x}_2$，且$\boldsymbol{x}_2$也不区间占优$\boldsymbol{x}_1$，那么，称$\boldsymbol{x}_1$和$\boldsymbol{x}_2$是互不区间占优的，记为$\boldsymbol{x}_1 \parallel_{\mathrm{IP}} \boldsymbol{x}_2$。

这里的区间占优关系与区间序定义有密切的关系。如果区间序关系定义得不合理，将影响两个不同解的性能比较。例如，对于两个解$\boldsymbol{x}_1$和$\boldsymbol{x}_2$，仅考虑优化问题包含一个目标函数的情况，如果其目标函数区间的位置如图 1.6 所示，那么，这两个目标函数区间是不可比的，因此，$\boldsymbol{x}_1$和$\boldsymbol{x}_2$是互不区间占优的。但是，从区间中点来看，$\boldsymbol{x}_2$的性能应优于$\boldsymbol{x}_1$。由此可知，这里定义的区间序关系过于简单，对于某些具有包含关系的目标函数区间，无法比较相应解的优劣。

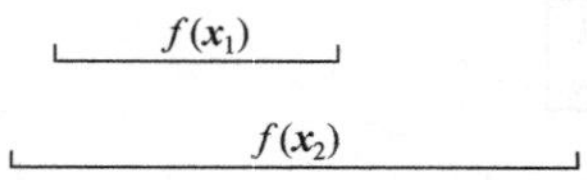

图 1.6 具有包含关系的两区间的位置

为了定义基于区间的拥挤度，Limbourg 和 Aponte 首先定义如下基于区间的超体积。

定义 1.14 问题(1.6)的解集 $\boldsymbol{X}$ 的超体积为

$$H(\boldsymbol{X}) = [\underline{H(\boldsymbol{X})}, \overline{H(\boldsymbol{X})}] = \Lambda\Big(\bigcup_{\boldsymbol{x}\in \boldsymbol{X}} \{\boldsymbol{y} \mid \boldsymbol{x} \succ_{\mathrm{IP}} \boldsymbol{y} \succ_{\mathrm{IP}} \boldsymbol{x}_{\mathrm{ref}}\}\Big) \tag{1.10}$$

式中，$\boldsymbol{x}_{\mathrm{ref}}$是参考点；$\Lambda(\cdot)$是勒贝格测度。该定义是 Zitzler 和 Thiele 提出的超体积[48]的推广，将区间多目标优化问题解集的超体积定义为一个区间，区间的上下限分别称为最好和最坏超体积。

借鉴 Emmerich 等的思想[49]，根据进化个体对超体积的贡献，Limbourg 和 Aponte 给出如下基于区间的拥挤度。

定义 1.15 进化个体 $\boldsymbol{x}$ 的拥挤度记为$C(\boldsymbol{x},\boldsymbol{X})$，定义为

$$\begin{aligned}\overline{C(\boldsymbol{x},\boldsymbol{X})} &= \overline{H(\boldsymbol{X})} - \overline{H(\boldsymbol{X}\backslash\{\boldsymbol{x}\})}\\ \underline{C(\boldsymbol{x},\boldsymbol{X})} &= \underline{H(\boldsymbol{X})} - \underline{H(\boldsymbol{X}\backslash\{\boldsymbol{x}\})}\end{aligned} \tag{1.11}$$

利用上述基于区间的占优关系和拥挤度，Limbourg 和 Aponte 提出如下进化个体排序策略：首先，采用$\succ_{\mathrm{IP}}$关系将进化个体排序；然后，对于具有相同序值的个体，采用$\succ_{\mathrm{IN}}$关系按照拥挤度大小排序；最后，对于具有相同序值且采用$\succ_{\mathrm{IN}}$关系不能区分拥挤度的个体，随机排序。

1.4 基准优化问题

没有免费的午餐定理告诉我们，任一方法对于所有优化问题而言，其性能都是

相同的[50]。这说明,某方法只能对特定的优化问题有效。区间多目标优化问题非常多,使得我们难以测试某方法对所有这些优化问题的应用效果。鉴于此,选择一些有代表性的优化问题称为基准优化问题,并通过某方法在这些基准优化问题的应用说明该方法的性能,是十分必要的。本书主要研究用于求解区间多目标优化问题的进化优化方法,为了比较本书所述方法的性能,也需要利用这些方法求解一些基准优化问题。为此,本节列出本书采用的基准优化问题,特别是这些优化问题的数学模型及其真实 Pareto 前沿[30,35,51]。

1.4.1 ZDT 优化问题

本书用到的 ZDT 优化问题包含 4 个,即 ZDT1、ZDT2、ZDT4 及 ZDT6。这组优化问题的特点是:包含的目标函数都是两个,且 Pareto 前沿的形态和位置等均已知;此外,它们的决策变量个数可以任意变化。下面给出这些优化问题的数学模型。

ZDT1 是具有连续凸 Pareto 前沿的优化问题,数学模型为

$$\begin{aligned}
&\min f(\boldsymbol{x}) = (f_1(\boldsymbol{x}), f_2(\boldsymbol{x})) \\
&\text{其中:}\ f_1(\boldsymbol{x}) = x_1 \\
&\qquad f_2(\boldsymbol{x}) = g(\boldsymbol{x})\left(1 - \sqrt{f_1(\boldsymbol{x})/g(\boldsymbol{x})}\right) \\
&\qquad g(\boldsymbol{x}) = 1 + 9\sum_{i=2}^{m} x_i/(m-1) \\
&\text{满足:}\ m = 30; 0 \leqslant x_i \leqslant 1
\end{aligned} \tag{1.12}$$

ZDT2 是具有连续凹 Pareto 前沿的优化问题,数学模型为

$$\begin{aligned}
&\min f(\boldsymbol{x}) = (f_1(\boldsymbol{x}), f_2(\boldsymbol{x})) \\
&\text{其中:}\ f_1(\boldsymbol{x}) = x_1 \\
&\qquad f_2(\boldsymbol{x}) = g(\boldsymbol{x})\left(1 - (f_1(\boldsymbol{x})/g(\boldsymbol{x}))^2\right) \\
&\qquad g(\boldsymbol{x}) = 1 + 9\sum_{i=2}^{m} x_i/(m-1) \\
&\text{满足:}\ m = 30; 0 \leqslant x_i \leqslant 1
\end{aligned} \tag{1.13}$$

ZDT4 是具有连续凸 Pareto 前沿的优化问题,数学模型为

$$\begin{aligned}
&\min f(\boldsymbol{x}) = (f_1(\boldsymbol{x}), f_2(\boldsymbol{x})) \\
&\text{其中:}\ f_1(\boldsymbol{x}) = x_1 \\
&\qquad f_2(\boldsymbol{x}) = g(\boldsymbol{x})\left(1 - \sqrt{f_1(\boldsymbol{x})/g(\boldsymbol{x})}\right) \\
&\qquad g(\boldsymbol{x}) = 1 + 10(m-1) + \sum_{i=2}^{m} (x_i^2 - 10\cos(4\pi x_i)) \\
&\text{满足:}\ m = 10; 0 \leqslant x_1 \leqslant 1, -5 \leqslant x_i \leqslant 5 (i = 2, \cdots, m)
\end{aligned} \tag{1.14}$$

ZDT6 是具有连续凸 Pareto 前沿的优化问题，数学模型为

$$\min f(\boldsymbol{x}) = (f_1(\boldsymbol{x}), f_2(\boldsymbol{x}))$$

$$\text{其中：} f_1(\boldsymbol{x}) = 1 - \exp(-4x_1)\sin^6(6\pi x_1)$$

$$f_2(\boldsymbol{x}) = g(\boldsymbol{x})(1 - (f_1(\boldsymbol{x})/g(\boldsymbol{x}))^2) \tag{1.15}$$

$$g(\boldsymbol{x}) = 1 + 9\left(\sum_{i=2}^{m} x_i/(m-1)\right)^{0.25}$$

$$\text{满足：} m = 10; 0 \leqslant x_i \leqslant 1$$

对于上述 ZDT 优化问题，它们的真实 Pareto 前沿均对应于 $g(\boldsymbol{x}) = 1$。

1.4.2 DTLZ 优化问题

本书用到的 DTLZ 优化问题包含 5 个，即 DTLZ1、DTLZ2、DTLZ3、DTLZ5 及 DTLZ7。这些优化问题能够将目标函数扩展到任意多个，是不同方法对比中采用最多的优化问题。

DTLZ1 是具有线性 Pareto 前沿的 m 目标优化问题，数学模型如式(1.16)所示，式中，决策变量的后 $k = n - m + 1$ 个分量表示为$\boldsymbol{x}_m$，函数 $g(\boldsymbol{x}_m)$ 包含$|\boldsymbol{x}_m|$个分量且 $g(\boldsymbol{x}_m) \geqslant 0$。该优化问题的 Pareto 前沿对应于$\boldsymbol{x}_m$ 的所有 x_i 值均为 0.5，且目标函数值$\sum_{i=1}^{m} f_i(\boldsymbol{x}) = 0.5$。

$$\min f_1(\boldsymbol{x}) = \frac{1}{2}x_1 x_2 \cdots x_{m-1}(1 + g(\boldsymbol{x}_m))$$

$$\min f_2(\boldsymbol{x}) = \frac{1}{2}x_1 x_2 \cdots (1 - x_{m-1})(1 + g(\boldsymbol{x}_m))$$

$$\vdots$$

$$\min f_{m-1}(\boldsymbol{x}) = \frac{1}{2}x_1(1 - x_2)(1 + g(\boldsymbol{x}_m)) \tag{1.16}$$

$$\min f_m(\boldsymbol{x}) = \frac{1}{2}(1 - x_1)(1 + g(\boldsymbol{x}_m))$$

$$\text{其中：} g(\boldsymbol{x}_m) = 100\left[|\boldsymbol{x}_m| + \sum_{x_i \in \boldsymbol{x}_m} (x_i - 0.5)^2 - \cos(20\pi(x_i - 0.5))\right]$$

$$0 \leqslant x_i \leqslant 1 \ (i = 1, 2, \cdots, n)$$

DTLZ2 的数学模型如下所示：

$$\min f_1(\boldsymbol{x}) = (1 + g(\boldsymbol{x}_m))\cos(x_1\pi/2)\cdots\cos(x_{m-2}\pi/2)\cos(x_{m-1}\pi/2)$$

$$\min f_2(\boldsymbol{x}) = (1 + g(\boldsymbol{x}_m))\cos(x_1\pi/2)\cdots\cos(x_{m-2}\pi/2)\sin(x_{m-1}\pi/2)$$

$$\min f_3(\boldsymbol{x}) = (1 + g(\boldsymbol{x}_m))\cos(x_1\pi/2)\cdots\sin(x_{m-2}\pi/2)$$

$$\vdots \tag{1.17}$$

$$\min f_m(\boldsymbol{x}) = (1 + g(\boldsymbol{x}_m))\sin(x_1\pi/2)$$

其中：$g(\boldsymbol{x}_m) = \sum_{x_i \in \boldsymbol{x}_m} (x_i - 0.5)^2, 0 \leqslant x_i \leqslant 1 \quad (i = 1, 2, \cdots, n)$

同样，$\boldsymbol{x}_m$ 包含 $k = n - m + 1$ 个分量。该问题的 Pareto 前沿对应于$\boldsymbol{x}_m$ 的所有 x_i 值均为 0.5，且目标函数值$\sum_{i=1}^{m} f_i^2(\boldsymbol{x}) = 1$。

如果在 DTLZ2 中采用 DTLZ1 的函数 $g(\boldsymbol{x}_m)$，那么，能够得到 DTLZ3 优化问题，数学模型为

$$
\begin{aligned}
&\min f_1(\boldsymbol{x}) = (1 + g(\boldsymbol{x}_m))\cos(x_1\pi/2)\cdots\cos(x_{m-2}\pi/2)\cos(x_{m-1}\pi/2) \\
&\min f_2(\boldsymbol{x}) = (1 + g(\boldsymbol{x}_m))\cos(x_1\pi/2)\cdots\cos(x_{m-2}\pi/2)\sin(x_{m-1}\pi/2) \\
&\min f_3(\boldsymbol{x}) = (1 + g(\boldsymbol{x}_m))\cos(x_1\pi/2)\cdots\sin(x_{m-2}\pi/2) \\
&\qquad\vdots \\
&\min f_m(\boldsymbol{x}) = (1 + g(\boldsymbol{x}_m))\sin(x_1\pi/2)
\end{aligned}
\tag{1.18}
$$

其中：$g(\boldsymbol{x}_m) = 100\left[|\boldsymbol{x}_m| + \sum_{x_i \in \boldsymbol{x}_m} (x_i - 0.5)^2 - \cos(20\pi(x_i - 0.5))\right]$

$$0 \leqslant x_i \leqslant 1 \quad (i = 1, 2, \cdots, n)$$

该问题的全局Pareto前沿对应于$\boldsymbol{x}_m$ 的所有 x_i 值均为0.5，此时，$g = 0$，与之相邻的一个局部 Pareto 前沿对应于 $g = 1$。

DTLZ5 与 DTLZ2 的数学模型在形式上相似，只是用关于$\boldsymbol{x}_m$ 的函数 $\boldsymbol{\theta}$ 取代原目标函数的 $\boldsymbol{x}$，数学模型为

$$
\begin{aligned}
&\min f_1(\boldsymbol{x}) = (1 + g(\boldsymbol{x}_m))\cos(\theta_1\pi/2)\cdots\cos(\theta_{m-2}\pi/2)\cos(\theta_{m-1}\pi/2) \\
&\min f_2(\boldsymbol{x}) = (1 + g(\boldsymbol{x}_m))\cos(\theta_1\pi/2)\cdots\cos(\theta_{m-2}\pi/2)\sin(\theta_{m-1}\pi/2) \\
&\min f_3(\boldsymbol{x}) = (1 + g(\boldsymbol{x}_m))\cos(\theta_1\pi/2)\cdots\sin(\theta_{m-2}\pi/2) \\
&\qquad\vdots \\
&\min f_m(\boldsymbol{x}) = (1 + g(\boldsymbol{x}_m))\sin(\theta_1\pi/2)
\end{aligned}
\tag{1.19}
$$

其中：$\theta_i = \dfrac{\pi}{4(1 + g(\boldsymbol{x}_m))}(1 + 2g(\boldsymbol{x}_m)x_i)(i = 2, 3, \cdots, m - 1)$

$$g(\boldsymbol{x}_m) = \sum_{x_i \in \boldsymbol{x}_m} (x_i - 0.5)^2, 0 \leqslant x_i \leqslant 1(i = 1, 2, \cdots, n)$$

该问题的Pareto前沿对应于$\boldsymbol{x}_m$ 的所有 x_i 值均为0.5，且目标函数值$\sum_{i=1}^{m} f_i^2(\boldsymbol{x}) = 1$。

DTLZ7 是一个具有一组不连续 Pareto 前沿的测试问题，数学模型为

$$
\begin{aligned}
&\min f_1(\boldsymbol{x}) = x_1 \\
&\min f_2(\boldsymbol{x}) = x_2 \\
&\qquad\vdots \\
&\min f_{m-1}(\boldsymbol{x}) = x_{m-1} \\
&\min f_m(\boldsymbol{x}) = (1 + g(\boldsymbol{x}_m))h(f_1, f_2, \cdots, f_{m-1}, g)
\end{aligned}
\tag{1.20}
$$

其中：$g(\boldsymbol{x}_m) = 1 + \dfrac{9}{|\boldsymbol{x}_m|}\sum_{x_i \in \boldsymbol{x}_m} x_i$

$$h(f_1, f_2, \cdots, f_{m-1}, g) = m - \sum_{i=1}^{m-1}\left[\frac{f_i}{1+g}(1+\sin(3\pi f_i))\right]$$

$$0 \leqslant x_i \leqslant 1(i = 1,2,\cdots,n)$$

同样，$\boldsymbol{x}_m$ 包含 $k = n - m + 1$ 个分量。该问题的 Pareto 前沿对应于$\boldsymbol{x}_m$ 的所有 x_i 值均为 0，有 2^{m-1} 个离散的 Pareto 前沿。

1.4.3 区间优化问题

为了验证本书所述方法的性能，采用 Limbourg 和 Aponte 提出的方法[21]，引入扰动因子 $\boldsymbol{\delta}$，使得目标函数值为区间。具体地讲，上述优化问题采用的扰动因子分别如下：

（1）对于 2 目标优化问题，不同目标函数采用不同的扰动因子，即扰动因子为 $\boldsymbol{\delta} = \begin{bmatrix} \sin(10\pi\sum_i x_i)/4 \\ \sin(20\pi\sum_i x_i)/4 \end{bmatrix}$；同样的，对于 3 目标优化问题，扰动因子为

$$\boldsymbol{\delta} = \begin{bmatrix} \sin(10\pi\sum_i x_i)/4 \\ \sin(20\pi\sum_i x_i)/4 \\ \sin(40\pi\sum_i x_i)/4 \end{bmatrix}。$$

（2）当目标函数的个数为 5、15、20 时，同一优化问题的目标函数采用相同的扰动因子。确切地讲，当目标函数的个数为 5、15、20 时，扰动因子 $\boldsymbol{\delta}$ 分别为 $\sin(10\pi\sum_i x_i)/4$、$\sin(20\pi\sum_i x_i)/4$、$\sin(40\pi\sum_i x_i)/4$。

记原优化问题的目标函数为 $f_i(\boldsymbol{x}), i = 1,2,\cdots,m$，加入扰动因子 $\boldsymbol{\delta}$ 后的区间目标函数记为 $f_i(\boldsymbol{x},\boldsymbol{\delta})$，定义如下：

$$\underline{f}_i(\boldsymbol{x},\boldsymbol{\delta}) = 1 - \max\{f_i(\boldsymbol{x}), f_i(\boldsymbol{x}) + \delta_i\} \tag{1.21}$$

$$\overline{f}_i(\boldsymbol{x},\boldsymbol{\delta}) = 1 - \min\{f_i(\boldsymbol{x}), f_i(\boldsymbol{x}) + \delta_i\} \tag{1.22}$$

由式(1.21)和式(1.22)定义的函数值 $f_i(\boldsymbol{x},\boldsymbol{\delta})$ 为区间，因此，原优化问题的目标函数转化为区间函数，相应的优化问题分别记为 ZDT_I1、ZDT_I2、ZDT_I4、ZDT_I6、$DTLZ_I1$、$DTLZ_I2$、$DTLZ_I3$、$DTLZ_I5$。

需要说明的是，这里虽然没有将上述确定型优化问题的参数转化为区间，使得转化后的优化问题为区间参数优化问题，但是，这些转化后优化问题的目标函数均为区间。由于本书所述方法适用于目标函数值为区间的优化问题，因此，利用上述优化问题作为基准优化问题，完全能够验证不同方法的性能。

上述优化问题能够用于验证不同方法的性能，但是，需要通过一些指标反映不同方法的性能。下节将介绍本书所采用的性能指标。

1.5 性能指标

一个优化方法能否有效解决优化问题，需要通过一些性能指标反映，对于进化优化方法而言，也是如此。

当进化优化方法解决单目标优化问题时，常用的性能指标包括优化解的质量、进化个体评价次数及算法耗时等[52]；当进化优化方法解决的问题包含多个目标函数时，由于优化结果不再是一个最优解，而是一个 Pareto 最优解集，因此，常用的性能指标除了进化个体评价次数和算法耗时外，还需要反映比较不同 Pareto 最优解集的指标。下面将分别介绍衡量确定型多目标、区间多目标、(区间) 混合指标进化优化方法的性能指标。

1.5.1 确定型多目标进化优化的性能指标

对于确定型多目标优化问题，目前已经提出多个单目或(和) 二目性能指标，包括错误率、世代距离、超体积及 C 测度等[53]，本书采用如下 4 个指标比较不同方法得到的 Pareto 最优解集的性能。

(1) 超体积[48]，简称 H 测度，定义如下：

$$H(\boldsymbol{X}) = \Lambda(\bigcup_{x\in \boldsymbol{X}} \{h \mid f(\boldsymbol{x}) \succ \boldsymbol{y} \succ f(\boldsymbol{x}_{\text{ref}})\}) \tag{1.23}$$

式中，$\boldsymbol{x}_{\text{ref}}$ 是参考点；$\Lambda(\cdot)$ 是勒贝格测度；$\succ$ 是定义 1.8 给出的 Pareto 占优关系。该指标既能反映所求 Pareto 前沿与真实 Pareto 前沿的逼近程度，又能刻画 Pareto 前沿上点的分布性[44]。某方法所得 Pareto 前沿的超体积越大，该前沿越逼近于真实 Pareto 前沿，且前沿上点的分布性越好。

(2) 分布度[54]，简称 D 测度，定义如下：

$$D(\boldsymbol{X}) = -\sqrt{\sum_{j=1}^{N} (d^*(\boldsymbol{X}) - d(\boldsymbol{x}_j))^2/(N-1)} \tag{1.24}$$

式中，$\boldsymbol{x}_j \in \boldsymbol{X}$；$d(\boldsymbol{x}_j) = \min\limits_{\substack{l\in\{1,2,\cdots,N\}\\ l\neq j}} \sum_{i=1}^{m} |f_i(\boldsymbol{x}_j) - f_i(\boldsymbol{x}_l)|\,(j=1,2,\cdots,N)$ 为 $\boldsymbol{x}_j$ 在目标空间的拥挤距离；$d^*(\boldsymbol{X}) = \frac{1}{N}\sum_{j=1}^{N} d(\boldsymbol{x}_j)$ 为 $\boldsymbol{X}$ 的平均拥挤距离。某方法所得 Pareto 前沿的分布度越小，该前沿的分布越均匀。

(3) 延展度[55]，简称 S 测度，定义如下：

$$S(\boldsymbol{X}) = \sqrt{\sum_{i=1}^{m} (\max\nolimits_{j=1}^{N} f_i(\boldsymbol{x}_j) - \min\nolimits_{j=1}^{N} f_i(\boldsymbol{x}_j))^2} \tag{1.25}$$

式中，$\boldsymbol{x}_j \in \boldsymbol{X}$；$f_i(\boldsymbol{x}_j)$ 为 $\boldsymbol{x}_j$ 在第 i 个目标上的值。某方法所得Pareto前沿的延展度越大，该前沿的分布越广。

（4）CPU 时间，简称 T 测度。某方法的 CPU 时间越少，效率越高。

尽管对于确定型多目标优化问题，已经提出多个性能指标，但是，当采用进化优化方法求解区间多目标优化问题时，除了 CPU 时间外，上述其他指标却不能直接用于反映某方法的性能，原因在于这时的目标函数值不再是精确值，而是区间。为此，必须提出适用于区间多目标进化优化方法的性能指标。下面给出本书采用的衡量区间多目标进化优化方法的性能指标。

1.5.2　区间多目标进化优化的性能指标

到目前为止，已有的用于区间多目标进化优化的性能指标非常少，仅有 Limbourg 和 Aponte 提出的超体积和不确定度[21]，因此，本书采用如下三个指标比较不同方法得到的 Pareto 最优解集的性能：

（1）最好超体积或超体积中点，分别简称 bH 和 mH 测度。两个指标和超体积一样，某方法所得 Pareto 前沿的最好超体积或超体积中点值越大，该前沿越逼近于真实的 Pareto 前沿。

（2）不确定度，简称 I 测度，定义为 Pareto 最优解集包含的所有解对应于目标空间超体的体积之和，用于衡量一个区间多目标进化优化方法得到的 Pareto 最优解集的不确定性。某方法得到的 Pareto 最优解集的不确定度越小，该方法的性能越好。该指标是区间多目标进化优化特有的。

（3）CPU 时间，简称 T 测度。

此外，本书将在第 2 章定义基于区间的逼近度和分布度，更细致地刻画区间多目标进化优化方法得到的 Pareto 前沿的逼近性和分布性。

1.5.3　混合指标进化优化的性能指标

对于特殊的混合指标优化问题，除了上述性能指标外，还采用如下三个指标比较不同方法得到的 Pareto 最优解集的性能：

（1）Pareto 最优解个数。某方法得到的 Pareto 最优解越多，该方法的性能越好。

（2）指标平均值，包括 Pareto 最优解集中所有解的定量指标平均值和定性指标平均值。对于本书研究的混合指标优化问题，某方法得到的定量指标平均值越小，且定性指标平均值越大，该方法求得的 Pareto 最优解集质量越高。

另外，对于混合指标优化问题，由于用户评价定性指标的特殊性，还需要如下 4 个性能指标比较不同方法的性能：

（1）计算机耗时。该指标与用户评价耗时结合，用于考察计算机的使用效率。

某方法的计算机耗时与用户评价耗时越相当,计算机的使用效率越高。

(2) 用户评价耗时。某方法中,用户评价耗时越少,该方法的效率越高。

(3) 用户评价进化个体数。某方法中,用户评价的进化个体数越少,该方法减轻用户疲劳的程度越高。

(4) 搜索到的进化个体数。某方法搜索到的进化个体数越多,该方法的搜索性能越好。

除了上述三类进化优化方法外,本书还研究在进化优化过程中融入决策者偏好解决区间多目标优化问题的方法,此时,Pareto 最优解集的分布性和延展性已经不足以衡量进化优化方法的性能,更关心的是决策者对方法得到的最优解的满意程度,由于该指标的定义随着决策者偏好形式的不同而不同,因此,本书将在相应的章节给出衡量融入决策者偏好的进化优化方法的性能指标。

1.6 本书主要内容

本书主要阐述区间多目标进化优化理论与应用。从总体上讲,包括如下四部分:第一部分阐述两个能够产生收敛性好且分布均匀的 Pareto 最优解集的进化优化方法;第二部分阐述优化问题包含定性指标时相应的进化优化方法;第三部分在种群进化过程中融入决策者偏好,通过构建决策者偏好的代理模型,引导种群向决策者偏好的区域搜索,以得到满足决策者偏好的解(集);第四部分根据决策者对反映 Pareto 最优解集性能指标的偏好,研究高维多目标优化问题的目标转化方法,提出两个集合进化优化方法。这四部分内容面向解决相同的优化问题,根据不同的需求,由浅入深、从易到难、层层深入地提出四类进化优化方法。

具体地讲,本书后续章节的内容安排如下:

第 2 章、第 3 章阐述两个基于可信度解决区间多目标优化问题的进化优化方法,两个方法均为决策者提供收敛性好且分布均匀的 Pareto 最优解集,以便决策者从中选取一或多个满足需求的优化解。

第 2 章首先介绍研究动机;然后,给出区间可信度[56]和基于可信度的占优关系,并通过将 NSGA-Ⅱ的拥挤距离推广至目标函数值为区间的情形,定义基于区间的拥挤距离,开发解决区间多目标优化问题的进化优化方法;最后,将本章方法应用于 4 个区间 2 目标优化问题,并与 IP-MOEA 比较,实验结果表明,所提方法得到的优化解质量高、不确定度小,且分布均匀。

第 3 章首先鉴于决策者对区间可信度的要求,定义可信度下界,给出基于该下界的区间多目标优化问题不同解的占优关系及其相应的 Pareto 最优解集的性质;然后,利用该占优关系修改 NSGA-Ⅱ的快速非被占优排序方法,开发解决区间多目标优化问题的进化优化方法,并从理论上分析所提方法的性能;最后,将所提方法应用于 6 个区间多目标优化问题。

第 4 章至第 6 章阐述混合指标优化问题的进化优化方法。其中,第 4 章从合理分配人机任务的角度出发,阐述确定型混合指标优化问题的大种群进化优化方法;第 5 章采用区间分析[27],将区间混合指标优化问题转化为确定型混合指标优化问题,提出解决区间混合指标优化问题的进化优化方法。上述两种方法也旨在为用户提供一个收敛性好且分布均匀的 Pareto 最优解集;为得到符合决策者偏好的优化解,第 6 章结合决策者的区间偏好,采用边优化边决策的方法,解决区间混合指标优化问题。

第 4 章首先介绍方法提出的动机,并给出混合指标优化问题的数学模型;然后,根据两类评价主体完成任务耗时的比值,确定决策者每代评价的个体数,以提高计算机的使用效率,并采用 K-均值聚类[57]和基于相似度[58]的定性指标值估计策略,以减轻决策者疲劳,基于 NSGA-Ⅱ范式,开发求解混合指标优化问题的大种群进化优化方法;最后,将所提方法应用于典型的混合指标优化问题,以验证其有效性。

第 5 章首先根据两类目标含有不确定性的特点,采用区间分析方法,把不确定优化问题转化为确定型优化问题;然后,通过将大规模进化种群分类,估计进化个体定性指标值,以及采用 Pareto 占优关系和拥挤距离比较进化个体性能,提出高效解决确定型混合指标优化问题的进化优化方法;最后,将所提方法应用于不确定室内布局问题,以验证其有效性。

第 6 章首先介绍方法提出的动机;然后,采用基于相似度的策略,估计决策者未评价进化个体的定性指标值,以减轻决策者疲劳;采用区间表示决策者对不同目标的偏好,并通过求解另一个优化问题,将上述区间偏好精确化;进一步,利用基于偏好的排序策略,引导种群向决策者偏好的区域进化;最后,将所提方法应用于室内布局问题,并与其他 4 种方法比较,实验结果证实了所提方法的有效性。

延续第 6 章利用决策者偏好引导种群搜索的思想,第 7 章至第 10 章结合决策者偏好,采用边优化边决策的方法,解决区间多目标优化问题,以得到符合决策者偏好的解(集)。

第 7 章采用目标相对重要性[59]表达决策者的偏好。首先,提出研究动机;然后,将目标间的相对重要性关系映射到目标空间,得到相应的偏好区域,根据该区域推导目标相对重要性的数学模型;通过设计基于该偏好区域的进化个体排序策略,在 NSGA-Ⅱ范式下,开发基于目标相对重要性的区间多目标进化优化方法;最后,将所提方法应用于 4 个区间多目标优化问题。

第 8 章至第 10 章均通过决策者直接比较具有相同序值进化个体的性能,表达其偏好。第 8 章首先介绍研究动机;然后,建立用于区间多准则决策的偏好多面体理论;基于该理论,在目标空间构建偏好多面体,并利用上述偏好多面体修改 NS-

GA-Ⅱ的进化个体排序策略；基于此，开发基于偏好多面体解决区间多目标优化问题的进化优化方法；最后，将所提方法应用于 4 个 2 目标、2 个 3 目标及 1 个 5 目标区间优化问题。

第 8 章构建的偏好多面体，不仅确定决策者的偏好区域，也指明决策者的偏好方向。第 9 章在第 8 章的基础上，充分利用决策者的偏好，研究解决区间多目标优化问题的进化优化方法。首先，介绍本章的研究动机；然后，从偏好多面体中提取决策者的偏好方向，并以最差值为参考点、偏好方向为参考方向，构建一个区间成就标量化函数，以反映进化个体的逼近性能；通过设计基于偏好多面体和偏好方向的进化个体排序策略，开发基于偏好方向的区间多目标进化优化方法；最后，将所提方法应用于 4 个 2 目标优化问题。

第 10 章首先阐述方法提出的动机；然后，在第 9 章的基础上，将决策者的偏好方向融入变异操作，以引导种群向决策者偏好的区域搜索；通过设计自适应交叉和变异概率，以平衡算法探索与开发的能力；在 NSGA-Ⅱ范式下，开发基于偏好的自适应区间多目标进化优化方法；最后，将所提方法应用于 4 个 2 目标优化问题。

第 11 章和第 12 章解决高维多目标优化问题。鉴于问题的复杂性，先研究确定型高维多目标优化问题的集合进化优化方法；然后，研究解决区间高维多目标优化问题的集合进化优化方法。

第 11 章首先阐明方法提出的动机；然后，以超体积、分布度及延展度为新的目标函数，将原优化问题转化为 3 目标优化问题；通过定义基于集合的 Pareto 占优关系，设计体现用户偏好的适应度函数；在集合进化策略下，基于 NSGA-Ⅱ范式，开发有效解决高维多目标优化问题的集合进化优化方法；最后，将所提方法应用于 4 个目标个数分别为 5、15 及 20 的 DTLZ 优化问题，并与其他两种方法比较，实验结果表明了所提方法的有效性。

第 12 章研究区间高维多目标优化问题。由于目标的不确定性和高维性，使得本章所研究问题的求解更为困难。首先，介绍研究动机；然后，以超体积和不确定度为目标，将原不确定优化问题转化为以集合为决策变量的确定型 2 目标优化问题；通过采用第 11 章提出的基于集合的 Pareto 占优关系，以及设计基于集合的遗传操作，在 NSGA-Ⅱ范式下，开发解决区间高维多目标优化问题的集合进化优化方法；最后，将所提方法应用于 4 个目标个数分别为 2、5、15 及 20 的基准区间高维多目标优化问题，以验证其有效性。

1.7 本章小结

本章主要介绍与区间多目标优化问题相关的基本知识，使得读者了解该问题的特点、基本概念、求解该问题的方法、测试不同方法的性能指标及基准优化问题。

基于本章知识，本书后续章节将主要围绕区间多目标优化问题的进化优化方法、区间混合指标优化问题的进化优化方法、融入决策者偏好的区间多目标优化问题进化优化方法及区间高维多目标优化问题的集合进化优化方法等四方面，阐述求解区间多目标优化问题的最新研究成果，其中，面向多目标优化问题的一般需求，第2章和第3章将阐述基于区间占优可信度的区间多目标优化问题的进化优化方法。

参考文献

[1] Oberkampf W L, Helton J C, Joslyn C A, et al. Challenge problems: Uncertainty in system response given uncertain parameters [J]. Reliability Engineering and System Safety, 2004, 85(1－3): 11－19.

[2] Zaman K, Rangavajhala S, McDonald M P, et al. A probabilistic approach for representation of interval uncertainty [J]. Reliability Engineering and System Safety, 2011, 96(1): 117－130.

[3] Gen M, Cheng R W. Optimal design of system reliability using interval programming and genetic algorithms [J]. Computers and Industrial Engineering, 1996, 31(1－2): 237－240.

[4] Brintrup A, Ramsden J, Tiwari A. Ergonomic chair design by fusing qualitative and quantitative criteria using interactive genetic algorithms [J]. IEEE Transactions on Evolutionary Computation, 2008, 12(3): 343－354.

[5] Castillo O, Trujillo L, Melin P. Multiple objective genetic algorithms for path planning optimization in autonomous mobile robots [J]. Soft Computing, 2007, 11(3): 269－279.

[6] Gong D W, Zhang Y, Qi C L. Environmental/Economic power dispatch using a hybrid multi-objective optimization algorithm [J]. International Journal of Electrical Power and Energy Systems, 2010, 32(6): 607－614.

[7] 程志强，戴连奎，孙优贤. 区间参数不确定系统优化的可行性分析[J]. 自动化学报，2004，30(3): 455－459.

[8] Jordi C. A stochastic programming approach to cash management in banking [J]. European Journal of Operational Research, 2009, 192(3): 963－974.

[9] Fleten S, Kristoffersen T K. Short-term hydropower production planning by stochastic programming [J]. Computers & Operations Research, 2008, 35(8): 2656－2671.

[10] Wang K J, Wang S M, Chen J C. A resource portfolio planning model using sampling-based stochastic programming and genetic algorithm [J]. European Journal of Operational Research, 2008, 184(1): 327－340.

[11] Wang H F, Wang M L. A fuzzy multi-objective linear programming [J]. Fuzzy Sets and Systems, 1997, 86(1): 61－72.

[12] Yano H, Sakawa M. A fuzzy approach to hierarchical multi-objective programming problems and its application to an industrial pollution control problem [J]. Fuzzy Sets and Systems, 2009, 160(22): 3309－3322.

[13] Kumar M, Arndt D, Kreuzfeld S, et al. Fuzzy techniques for subjective workload-score modeling under uncertainties [J]. IEEE Transactions on Systems, Man, and Cybernetics, Part B: Cybernetics, 2008, 38(6): 1449－1464.

[14] Wu H C. On interval-valued nonlinear programming problems [J]. Journal of Mathematical Analysis and Applications, 2008, 338(1): 299－316.

[15] Wu H C. The Karush-Kuhn-Tucker optimality conditions in multi-objective programming problems with interval-valued objective functions [J]. European Journal of Operational Research, 2009, 196(1): 49－60.

[16] Chanas S, Kuchta D. Multi-objective programming in optimization of the interval objective functions: A generalized approach [J]. European Journal of Operational Research, 1996,94(3):594—598.

[17] Liu S T, Wang R T. A numerical solution method to interval quadratic programming [J]. Applied Mathematics and Computation,2007,189(2): 1274—1281.

[18] Li W, Tian X L. Numerical solution method for general interval quadratic programming [J]. Applied Mathematics and Computation,2008,202(2):589—595.

[19] 蒋峥,戴连奎,吴铁军. 区间非线性规划问题的确定化描述及其递阶求解[J]. 系统工程理论与实践,2005,25(1):110—116.

[20] Jiang C, Han X, Guan F J, et al. An uncertain structural optimization method based on nonlinear interval number programming and interval analysis method [J]. Engineering Structures,2007,29(11):3168—3177.

[21] Limbourg P, Aponte D E S. An optimization algorithm for imprecise multi-objective problem function [C]//Proceedings of IEEE Congress on Evolutionary Computation. New York: IEEE Press,2005:459—466.

[22] Eskandari H, Geiger C D, Bird R. Handling uncertainty in evolutionary multi-objective optimization: SPGA [C]//Proceedings of IEEE Congress on Evolutionary Computation. New York: IEEE Press,2007:4130—4137.

[23] Liu S T. Using geometric programming to profit maximization with interval coefficients and quantity discount [J]. Applied Mathematics and Computation,2009,209(2):259—265.

[24] Majumder L, Rao S S. Interval-based optimization of aircraft wings under landing loads [J]. Computers and Structures,2009,87(3—4):225—235.

[25] Zhao Z H, Han X, Jiang C, et al. A nonlinear interval-based optimization method with local-densifying approximation technique [J]. Structure Multidisplinary Optimization,2010,42(4):559—573.

[26] 蒋峥. 区间参数不确定系统优化方法及其在汽油调和中的应用研究 [D]. 杭州:浙江大学博士学位论文,2005.

[27] Moore R E, Kearfott R B, Cloud M J. Introduction to Interval Analysis [M]. Philadelphia: SIAM Press,2009.

[28] Sengupta A, Pal T K. On comparing interval numbers[J]. European Journal of Operational Research,2000,127(1):28—43.

[29] 公茂果,焦李成,杨咚咚,等. 进化多目标优化算法研究 [J]. 软件学报,2009,20(2):271—289.

[30] 郑金华. 多目标进化算法及其应用[M]. 北京:科学出版社,2007.

[31] 巩敦卫,郝国生,周勇,等. 交互式遗传算法原理及其应用[M]. 北京:国防工业出版社,2007.

[32] Chen T, He J, Sun G, et al. A new approach for analyzing average time complexity of population-based evolutionary algorithm on unimodal problems [J]. IEEE Transactions on Systems, Man, and Cybernetics, Part B: Cybernetics,2009,39(5):1092—1106.

[33] 王湘中,喻寿益. 多模态函数优化的多种群进化策略 [J]. 控制与决策,2006,21(3):285—288.

[34] Wu Y L, Lu J G, Sun Y X. An improved multi-population genetic algorithm for constrained nonlinear optimization[C]//Proceedings of 6th World Congress on Intelligent Control and Automation. New York: IEEE Press,2006:1910—1914.

[35] Deb K, Pratap A, Agarwal S, et al. A fast and elitist multi-objective genetic algorithm: NSGA-Ⅱ [J]. IEEE Transactions on Evolutionary Computation,2002,6(2):182—197.

[36] Schaffer J D. Multiple objective optimization with vector evaluated genetic algorithms [C]//Proceedings

of 1st International Conference on Genetic Algorithms. New Jersey: Lawrence Erlbaum Press, 1987: 93—100.

[37] Fonseca C M, Fleming P J. Genetic algorithm for multi-objective optimization: Formulation, discussion and generation [C]//Proceedings of IEEE Colloquium on Genetic Algorithms for Control Systems Engineering. New York: IEEE Press, 1993: 416—423.

[38] Srinivas N, Deb K. Multi-objective optimization using non-dominated sorting in genetic algorithms [J]. Evolutionary Computation, 1994, 2(3): 221—248.

[39] Zitzler E, Thiele L. Multi-objective evolutionary algorithms: A comparative case study and the strength Pareto approach [J]. IEEE Transactions on Evolutionary Computation, 1999, 3(4): 257—271.

[40] Knowels J D, Corne D W. Approximating the non-dominated front using the Pareto archived evolution strategy [J]. Evolutionary Computation, 2000, 8(2): 149—172.

[41] Corne D W, Knowels J D, Oates M J. The Pareto-envelope based selection algorithm for multi-objective optimization [C]//Proceedings of 6th International Conference on Parallel Problem Solving from Nature. Berlin: Springer Verlag Press, 2000: 869—878.

[42] Zitzler E, Laumanns M, Thiele L. SPEA2: Improving the strength Pareto evolutionary algorithm [R]. Zurich: Swiss Federal Institute of Technology, 2001.

[43] Corne D W, Jerram N R, Knowles J D, et al. NSGA-Ⅱ: Region-based selection in evolutionary multi-objective optimization[C]//Proceedings of Genetic and Evolutionary Computation Conference. New York: ACM Press, 2001: 283—290.

[44] Beume N, Naujoks B, Emmerich M. SMS-EMOA: Multi-objective selection based on dominated hypervolume [J]. European Journal of Operational Research, 2007, 181(3): 1653—1669.

[45] Shi C, Yan Z Y, Shi Z Z, et al. A fast multi-objective evolutionary algorithm based on a tree structure [J]. Applied Soft Computing, 2010, 10(2): 468—480.

[46] Bui L T, Abbass H A, Barlow M, et al. Robustness against the decision-maker's attitude to risk in problems with conflicting objectives [J]. IEEE Transactions on Evolutionary Computation, 2012, 16(1): 1—19.

[47] Ulrich T, Bader J, Zitzler E. Integrating decision space diversity into hypervolume-based multi-objective search[C]//Proceedings of Genetic and Evolutionary Computation Conference. New York: ACM Press, 2010: 455—462.

[48] Zitzler E, Thiele L. Multiobjective optimization using evolutionary algorithms: A comparative case study [C]//Proceedings of Fifth International Conference on Parallel Problem Solving from Nature. Berlin: Springer Verlag Press, 1998: 292—301.

[49] Emmerich M, Beume N, Naujoks B. An EMO algorithm using the hypervolume measure as selection criterion [C]//Proceedings of 3rd International Conference on Evolutionary Multi-Criterion Optimization. Berlin: Springer Verlag Press, 2005: 62—76.

[50] Wolpert D H, Macready W G. No free lunch theorems for optimization [J]. IEEE Transactions on Evolutionary Computation, 1997, 1(1): 67—82.

[51] Deb K, Thiele L, Laumanns M, et al. Scalable multi-objective optimization test problems [C]//Proceedings of IEEE Congress on Evolutionary Computation. New York: IEEE Press, 2002: 825—830.

[52] Gong D W, Zhou Y, Li T. Cooperative interactive genetic algorithm based on user's preference [J]. International Journal of Information Technology, 2005, 11(10): 1—10.

[53] Knowles J, Corne D. On metrics for comparing non-dominated sets [C]//Proceedings of IEEE Congress

on Evolutionary Computation. New York: IEEE Press, 2002: 711—716.

[54] Schoot J R. Fault tolerant design using single and multicriteria genetic algorithms optimization [D]. Cambridge: Massachusetts Institute of Technology, 1995.

[55] Zitzler E, Deb K, Thiele L. Comparison of multiobjective evolutionary algorithms: Empirical results [J]. Evolutionary Computation, 2000, 8(2): 173—195.

[56] 徐改丽，吕跃进. 不确定性多属性决策中区间数排序的一种新方法 [J]. 统计与决策，2008，(19)：154—157.

[57] Lee J Y, Cho S B. Sparse fitness evaluation for reducing user burden in interactive algorithm[C]//Proceedings of IEEE International Conference on Fuzzy Systems. New York: IEEE Press, 1999, (2): 998—1003.

[58] Gong D W, Yuan J, Ma X P. Interactive genetic algorithms with large population size [C]//Proceedings of IEEE Congress on Evolutionary Computation. New York: IEEE Press, 2008: 1678—1685.

[59] Rachmawati L, Srinivasan D. Incorporating the notion of relative importance of objectives in evolutionary multi-objective optimization [J]. IEEE Transactions on Evolutionary Computation, 2010, 14(4): 530—546.

第 2 章　基于可信度的区间多目标进化优化方法

前已述及，区间多目标优化问题是实际应用中普遍存在且非常复杂的优化问题。之所以复杂，是因为该问题的目标函数取值不再是精确数值，而是区间，这使得传统的进化多目标优化方法不再适用。

如果采用进化优化方法求解该问题，那么，需要解决如下两个关键问题：①当目标函数取值为区间时，如何定义进化个体(解)之间的占优关系，从而比较它们的性能？②当采用定义的占优关系无法比较进化个体(解)的性能时，如何定义其他的测度，从而进一步区分进化个体(解)？在 NSGA-Ⅱ[1]中采用拥挤距离进一步区分具有相同序值的进化个体，如果这里仍然采用拥挤距离，那么，如何在区间目标函数下定义拥挤距离？

本章研究区间多目标优化问题，并提出一种直接求解该问题的进化优化方法。该方法首先基于区间可信度，定义区间多目标优化问题中解之间的占优关系；然后，将 NSGA-Ⅱ的拥挤距离推广至区间目标函数的情形，给出基于区间的拥挤距离定义；最后，在 NSGA-Ⅱ范式下，开发解决区间多目标优化问题的进化优化方法。将所提方法应用于 4 个基准区间 2 目标优化问题，并与 IP-MOEA[2]比较，实验结果表明了所提方法的有效性。本章主要内容来自文献[3]。

2.1　方法的提出

从总体上讲，求解区间多目标优化问题的方法能够分成如下两类：一类是首先采用合适的方法，将区间优化问题转化为确定型单目标优化问题；然后，用传统的数值优化方法[4~7]或进化优化方法[8~10]求解转化后的优化问题。由于该方法将不确定优化问题转化为确定型优化问题求解，因此，在转化过程中，不可避免地会丢失一些有价值的信息。例如，仅利用区间中点比较不同区间的性能时，会丢失区间宽度的信息。由于转化后的优化问题是单目标优化问题，因此，采用某优化方法求解，一次只能得到一个最优解。为了得到 Pareto 最优解集，必须多次运行该优化方法。此外，即使采用进化优化方法求解，其解决的也是转化后的确定型优化问题，而不是直接求解原来的多目标优化问题。这说明该方法尚有许多局限性。

另一类是采用进化优化方法直接求解区间多目标优化问题[2]。该方法通过定义目标函数值为区间情况下的 Pareto 占优关系，比较不同进化个体的性能。但是,Pareto 占优关系与区间序定义有密切的关系。如果区间序关系定义得不合理,将直接影响不同进化个体的性能比较。鉴于 1.3.3 节述及的占优关系存在的问题,基于该占优关系开发的区间多目标进化优化方法的性能尚需进一步提高。这说明如果采用进化优化方法有效求解区间多目标优化问题,那么,首先需要解决当目标函数值为区间时,进化个体 Pareto 占优关系的定义问题。只有合理定义该占优关系,才能正确比较进化个体的性能,从而通过种群的不断进化,产生高性能的 Pareto 最优解集。

鉴于此,本章针对区间多目标优化问题,基于已有的区间可信度定义,提出一种新的 Pareto 占优关系。为此,首先介绍区间可信度的概念。

2.2 区间可信度

区间可信度有多种形式的定义[11~14],本章采用徐改丽和吕跃进给出的如下定义。

定义 2.1[11] 考虑区间 $a=[\underline{a},\overline{a}]$和 $b=[\underline{b},\overline{b}]$,$\zeta$ 是 a 和 b 的极大区间,记为 $\zeta=[\underline{\zeta},\overline{\zeta}]$,其中,$\overline{\zeta}=\max\{\overline{a},\overline{b}$,$\underline{\zeta}=\max\{\underline{a},\underline{b},\overline{a},\overline{b}\backslash\overline{\zeta}\}\}$。记 a 大于或等于 b 的可信度为 $P(a\geqslant b)$,则有

$$P(a\geqslant b)=\frac{d(b,\zeta)}{d(a,\zeta)+d(b,\zeta)} \tag{2.1}$$

类似地,记 a 小于或等于 b 的可信度为 $P(a\leqslant b)$,则有

$$P(a\leqslant b)=\frac{d(a,\zeta)}{d(a,\zeta)+d(b,\zeta)} \tag{2.2}$$

式中,$d(a,\zeta)$表示两个区间 a 与 ζ 之间的距离,由式(1.4)计算。

采用进化优化方法求解区间多目标优化问题时,由于目标函数值为区间,因此,能够根据目标函数区间的可信度比较相应进化个体的性能。下节将详细阐述基于目标函数区间可信度的占优关系。

2.3 基于可信度的占优关系

2.2 节定义的区间可信度容易理解,当比较两个区间的性能时,决策者往往选择可信度较高的区间。因此,能够通过区间可信度衡量解的性能。基于此,采用区间可信度定义解的占优关系。

定义 2.2 对于问题(1.6)的两个解$\boldsymbol{x}_1$和$\boldsymbol{x}_2$,其对应的第 i 个目标函数值分别

为 $f_i(\boldsymbol{x}_1,\boldsymbol{c}_i)$ 和 $f_i(\boldsymbol{x}_2,\boldsymbol{c}_i)$，$i=1,2,\cdots,m$。记 $f_i(\boldsymbol{x}_1,\boldsymbol{c}_i)$ 大于或等于 $f_i(\boldsymbol{x}_2,\boldsymbol{c}_i)$ 的可信度为 $\sigma(\boldsymbol{x}_1,\boldsymbol{x}_2,i)$，则

$$\sigma(\boldsymbol{x}_1,\boldsymbol{x}_2,i)=P(f_i(\boldsymbol{x}_1,\boldsymbol{c}_i)\geqslant f_i(\boldsymbol{x}_2,\boldsymbol{c}_i)) \tag{2.3}$$

类似地，有

$$\sigma(\boldsymbol{x}_2,\boldsymbol{x}_1,i)=P(f_i(\boldsymbol{x}_2,\boldsymbol{c}_i)\geqslant f_i(\boldsymbol{x}_1,\boldsymbol{c}_i)) \tag{2.4}$$

容易验证，$\sigma(\boldsymbol{x}_1,\boldsymbol{x}_2,i)+\sigma(\boldsymbol{x}_2,\boldsymbol{x}_1,i)=1$。

现在，基于区间可信度定义两个解的占优关系。

定义 2.3　如果对于 $\forall i\in\{1,2,\cdots,m\}$，都有 $\sigma(\boldsymbol{x}_1,\boldsymbol{x}_2,i)\geqslant\sigma(\boldsymbol{x}_2,\boldsymbol{x}_1,i)$，且 $\exists i'\in\{1,2,\cdots,m\}$，使得 $\sigma(\boldsymbol{x}_1,\boldsymbol{x}_2,i')>\sigma(\boldsymbol{x}_2,\boldsymbol{x}_1,i')$，那么，称 $\boldsymbol{x}_1$ 占优 $\boldsymbol{x}_2$，记为 $\boldsymbol{x}_1\succ_\sigma\boldsymbol{x}_2$。如果 $\exists i'\in\{1,2,\cdots,m\}$，使得 $\sigma(\boldsymbol{x}_1,\boldsymbol{x}_2,i')\geqslant\sigma(\boldsymbol{x}_2,\boldsymbol{x}_1,i')$，且 $\exists i''\in\{1,2,\cdots,m\}$，使得 $\sigma(\boldsymbol{x}_2,\boldsymbol{x}_1,i'')\geqslant\sigma(\boldsymbol{x}_1,\boldsymbol{x}_2,i'')$，那么，称 $\boldsymbol{x}_1$ 和 $\boldsymbol{x}_2$ 互不占优，记为 $\boldsymbol{x}_1\parallel_\sigma\boldsymbol{x}_2$。

由于 $\sigma(\boldsymbol{x}_1,\boldsymbol{x}_2,i)+\sigma(\boldsymbol{x}_2,\boldsymbol{x}_1,i)=1$，因此，定义 2.3 中 $\sigma(\boldsymbol{x}_1,\boldsymbol{x}_2,i)\geqslant\sigma(\boldsymbol{x}_2,\boldsymbol{x}_1,i)$ 意味着 $\sigma(\boldsymbol{x}_1,\boldsymbol{x}_2,i)\geqslant 0.5$。对于只有 1 个目标函数的优化问题，当 $\sigma(\boldsymbol{x}_1,\boldsymbol{x}_2,1)>0.5$ 时，进化个体 $\boldsymbol{x}_1$ 占优 $\boldsymbol{x}_2$；当 $\sigma(\boldsymbol{x}_1,\boldsymbol{x}_2,1)=0.5$ 时，$\boldsymbol{x}_1$ 和 $\boldsymbol{x}_2$ 互不占优。

定义 2.4　对于式(1.6)描述的区间多目标优化问题，如果对于 $\boldsymbol{x}^*\in S$，不存在 $\boldsymbol{x}\in S$，使得 $\boldsymbol{x}\succ_\sigma\boldsymbol{x}^*$，那么，称 $\boldsymbol{x}^*$ 为该优化问题的 Pareto 最优解。

定义 2.5　所有 Pareto 最优解的集合称为 Pareto 最优解集，记为 $\boldsymbol{X}^*$。

定义 2.6　所有 Pareto 最优解对应的目标函数区间(超体)组成的集合称为 Pareto 前沿。

需要注意的是，这里给出的 Pareto 前沿不再是由多个点形成的一(或多)个超曲面，而是由多个小的超体形成的一(或多)个大的超体。可以看出，此时求取 Pareto 前沿具有很大的挑战性。

2.4　基于区间的拥挤距离

在多目标进化优化中，分布性是衡量 Pareto 最优解集在目标空间分散程度的重要指标[15]。为了得到分布均匀的 Pareto 前沿，Deb 等定义了进化个体的拥挤距离[1]，并用于进一步区分非被占优排序后具有相同序值的进化个体。

采用进化优化方法求解区间多目标优化问题时，如果利用进化个体的拥挤距离指导优势个体的选择，也将会得到分布均匀的 Pareto 最优解集。然而，由于目标函数值为区间，因此，已有的拥挤距离不再适用，需要定义新的基于区间目标函数的拥挤距离。鉴于拥挤距离主要用于选择具有相同序值的进化个体，因此，本章仅考虑相同序值进化个体的拥挤距离。

对于两个具有相同序值的进化个体，当它们在目标空间重叠时，如果其目标函

数区间(超体)重叠大,那么,就有理由认为这两个进化个体的距离近;反之,则认为这两个进化个体的距离远。如图 2.1(a)所示,假设 d 和 d' 的目标函数的超体积相等,但位置不同,显然,与 d 和 e 相比,d' 和 e 的目标函数超体积重叠部分较大,基于此,可以认为 d' 和 e 之间的距离小于 d 和 e 之间的距离。由此可知,在重叠情况下,两个进化个体的距离能够通过其目标函数超体的重叠程度反映。

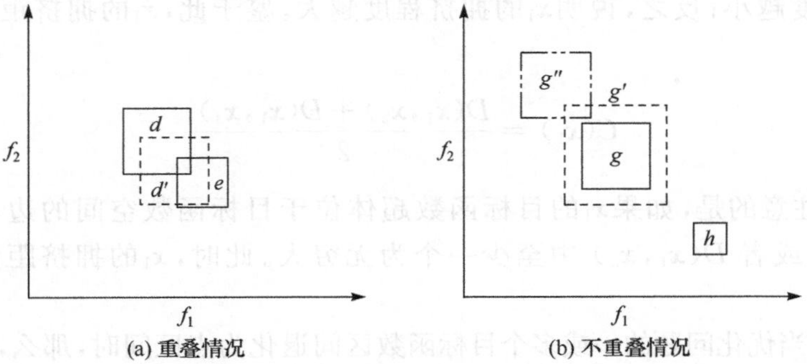

图 2.1　两个进化个体在目标空间的距离

对于问题(1.6)的两个具有相同序值的进化个体 $\boldsymbol{x}_1$ 和 $\boldsymbol{x}_2$,其第 i 个目标函数值分别为 $f_i(\boldsymbol{x}_1,\boldsymbol{c}_i)$ 和 $f_i(\boldsymbol{x}_2,\boldsymbol{c}_i)$,$i=1,2,\cdots,m$,它们的交区间为 $f_i(\boldsymbol{x}_1,\boldsymbol{c}_i)\cap f_i(\boldsymbol{x}_2,\boldsymbol{c}_i)$,该区间的宽度为 $w(f_i(\boldsymbol{x}_1,\boldsymbol{c}_i)\cap f_i(\boldsymbol{x}_2,\boldsymbol{c}_i))$[16],那么,$\boldsymbol{x}_1$ 和 $\boldsymbol{x}_2$ 的重叠度可以表示为

$$\varphi(\boldsymbol{x}_1,\boldsymbol{x}_2)=\prod_{i=1}^{m}w(f_i(\boldsymbol{x}_1,\boldsymbol{c}_i)\cap f_i(\boldsymbol{x}_2,\boldsymbol{c}_i)) \tag{2.5}$$

对于两个具有相同序值的进化个体,当它们在目标空间不重叠时,反映两者距离的因素包括 2 目标函数超体的位置和体积。这里,采用目标函数超体的中点表示其位置。如果 2 目标函数超体的中点的距离大,且 2 超体的体积小,那么,有理由认为这两个进化个体的距离远;反之,则认为这两个进化个体的距离近。这由图 2.1(b) 也能够看出。假设 g 和 g' 位于相同的位置,但超体积不同,而 g 和 g'' 的目标函数的超体积相等,但位置不同。由上图可以看出,与 g 和 h 相比较,由于 g' 的超体积较大,从而使得 g' 和 h 之间的距离小于 g 和 h 之间的距离。另外,与 g 和 h 相比较,g'' 和 h 的位置相隔较远,从而能够得出 g'' 和 h 之间的距离大于 g 和 h 之间的距离。由此可知,在不重叠情况下,两个进化个体的距离能够通过其目标函数超体的位置和体积反映。

记 $f_i(\boldsymbol{x}_1,\boldsymbol{c}_i)$ 的中点为 $m(f_i(\boldsymbol{x}_1,\boldsymbol{c}_i))$[16],$\boldsymbol{x}_1$ 的目标函数超体的体积为 $V(\boldsymbol{x}_1)$,那么,$\boldsymbol{x}_1$ 和 $\boldsymbol{x}_2$ 的距离可以表示为

$$D(\boldsymbol{x}_1,\boldsymbol{x}_2)=\frac{\sum_{i=1}^{m}|m(f_i(\boldsymbol{x}_1,\boldsymbol{c}_i))-m(f_i(\boldsymbol{x}_2,\boldsymbol{c}_i))|}{\varphi(\boldsymbol{x}_1,\boldsymbol{x}_2)+V(\boldsymbol{x}_1)+V(\boldsymbol{x}_2)+1} \tag{2.6}$$

现考虑某一进化个体$\boldsymbol{x}_1$，假设由式(2.6)得到的与$\boldsymbol{x}_1$距离最近的两个具有相同序值的进化个体分别为$\boldsymbol{x}_2$和$\boldsymbol{x}_3$。容易理解，$D(\boldsymbol{x}_1,\boldsymbol{x}_2)$和$D(\boldsymbol{x}_1,\boldsymbol{x}_3)$越大，说明$\boldsymbol{x}_1$的拥挤程度越小；反之，说明$\boldsymbol{x}_1$的拥挤程度越大。鉴于此，$\boldsymbol{x}_1$的拥挤距离可以表示为

$$C(\boldsymbol{x}_1)=\frac{D(\boldsymbol{x}_1,\boldsymbol{x}_2)+D(\boldsymbol{x}_1,\boldsymbol{x}_3)}{2} \tag{2.7}$$

需要注意的是，如果$\boldsymbol{x}_1$的目标函数超体位于目标函数空间的边界，那么，$D(\boldsymbol{x}_1,\boldsymbol{x}_2)$或者$D(\boldsymbol{x}_1,\boldsymbol{x}_3)$中至少一个为无穷大。此时，$\boldsymbol{x}_1$的拥挤距离也为无穷大。

另外，当优化问题的一或多个目标函数区间退化为点区间时，那么，进行比较的两个进化个体在目标空间的重叠度和各自超体的体积均为零，式(2.6)即表示进化个体各目标函数值(中点)之间的距离，也能够有效反映进化个体之间的拥挤程度。特别地，当优化问题的所有目标函数区间均退化为点区间时，由式(2.6)可得$\boldsymbol{x}_1$和$\boldsymbol{x}_2$的距离为

$$D(\boldsymbol{x}_1,\boldsymbol{x}_2)=\sum_{k=1}^{m}|f_k(\boldsymbol{x}_1)-f_k(\boldsymbol{x}_2)| \tag{2.8}$$

将式(2.8)代入式(2.7)，整理后可得$\boldsymbol{x}_1$的拥挤距离为

$$C(\boldsymbol{x}_1)=\frac{1}{2}\sum_{k=1}^{m}|f_k(\boldsymbol{x}_2)-f_k(\boldsymbol{x}_3)| \tag{2.9}$$

由式(2.9)可知，当优化问题的所有目标函数区间均退化为点区间时，$\boldsymbol{x}_1$的拥挤距离由与其序值相同且最近的两个进化个体的目标函数值衡量，这与NSGA-Ⅱ中拥挤距离的定义完全一致。由此，说明本节给出的基于区间的拥挤距离定义更一般，是传统拥挤距离定义的推广。

2.5 算法描述

本节提出一种求解区间多目标优化问题的进化多目标优化方法，主要思想是：采用NSGA-Ⅱ范式实现种群进化，利用2.3节定义的基于可信度的占优关系，修改NSGA-Ⅱ中非被占优排序方法；对于具有相同序值的进化个体，采用2.4节提出的基于区间的拥挤距离，进一步比较其优劣。具体步骤如下：

步骤1:初始化规模为 N 的种群 $P(0)$,取进化代数 $t=0$。

步骤2:实施规模为2的联赛选择、交叉及变异等遗传操作,生成相同规模的临时种群 $Q(t)$。

步骤3:合并种群 $P(t)$ 和 $Q(t)$,并记作 $R(t)$。

步骤4:采用基于可信度的占优关系,求取 $R(t)$ 中进化个体的序值,计算具有相同序值个体基于区间的拥挤距离,并选取前 N 个优势个体,构成下一代种群 $P(t+1)$。

步骤5:判定算法终止条件是否满足。如果是,输出 $\boldsymbol{X}^*$,算法终止;否则,令 $t=t+1$,转步骤2。

现对该算法步骤说明如下:

(1) 步骤2中规模为2的联赛选择策略如下:从进化种群中任选两个进化个体,考虑进化个体的非被占优排序,选择序值较小的个体;当序值相同时,选择基于区间的拥挤距离大的个体;否则,任选其一。

(2) 步骤4将具有相同序值的进化个体按基于区间的拥挤距离从大到小排列,即序值越小,拥挤距离越大,那么,进化个体的性能就越好。

(3) 解决区间多目标优化问题的关键之一在于进化个体性能比较。由于目标函数值为区间,传统的 Pareto 占优关系不再适用。为此,本章通过区间可信度定义了新的 Pareto 占优关系,并基于该占优关系确定进化个体的序值。

(4) 多目标优化问题的一般需求:求取的 Pareto 最优解集不仅具有高的质量,而且具有较好的分布性。由于目标函数值为区间,传统的拥挤距离不再适用。为此,本章提出一种新的计算拥挤距离的方法,该方法不但考虑目标函数超体的体积,还考虑不同超体的重叠程度。

(5) 本章方法是 NSGA-Ⅱ在区间不确定环境下的直接推广,算法的一次迭代也包括三个基本操作:非被占优排序、拥挤距离计算及基于拥挤距离的排序。因此,本章方法的时间复杂度与 NSGA-Ⅱ一样,也为 $O(mN^2)$。

图2.2是本章方法的流程图,其中,灰色部分是本章所提方法。从流程图可以直观看出,本章方法与 NSGA-Ⅱ的区别在于:采用基于可信度的占优关系,求取合并种群 $R(t)$ 中进化个体的序值,并利用基于区间的拥挤距离,进一步区分具有相同序值进化个体的优劣。由于步骤2和步骤4首先考虑序值较低(质量较高)的进化个体,然后考虑拥挤程度小(分布性较好)的个体,因此,保证了临时种群和下一代种群具有高的质量和好的分布性。

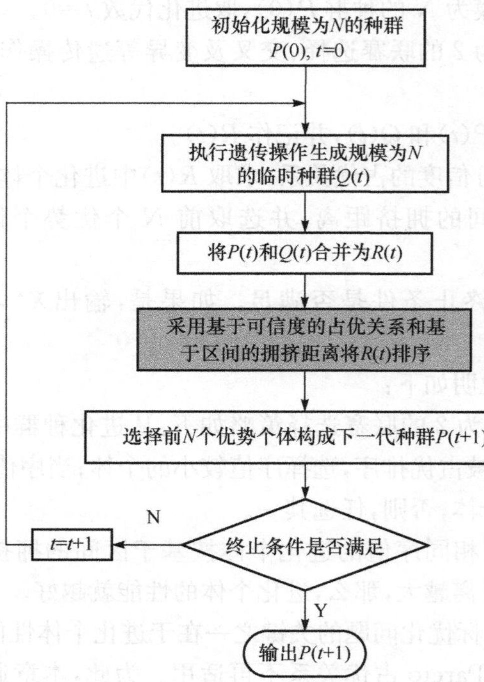
初始化规模为N的种群
P(0), t=0
执行遗传操作生成规模为N
的临时种群Q(t)
将P(t)和Q(t)合并为R(t)
采用基于可信度的占优关系和基
于区间的拥挤距离将R(t)排序
选择前N个优势个体构成下一代种群P(t+1)
终止条件是否满足
N
t=t+1
Y
输出P(t+1)

图 2.2　算法流程

2.6　在数值函数优化的应用

本章方法在 Pentium(R)Dual-Core 电脑上用 VB6.0 编程实现，通过优化 4 个基准区间多目标优化问题 ZDT_I1、ZDT_I2、ZDT_I4 及 ZDT_I6，并与 IP-MOEA[2] 比较，验证本章方法的有效性。对于每一优化问题，每种方法均独立运行 20 次，记录运行结果，并统计这些运行结果的平均值。

2.6.1　参数设置

为了公平比较两种方法的性能，采用相同的参数设置。根据文献[2]，取种群规模为 20，进化代数为 100，采用算术交叉和均匀变异[17]，且交叉和变异概率分别为 0.9 和 0.1。此外，ZDT_I1 和 ZDT_I2 的决策变量个数为 30，ZDT_I4 和 ZDT_I6 的决策变量个数为 10。需要说明的是，不同的参数设置会影响优化方法的性能，但这不是本章研究的重点，因此，仅考虑在某些固定的参数取值下优化方法的性能。

2.6.2　性能指标

采用如下 4 个指标比较本章方法和 IP-MOEA 方法的性能：

(1) 超体积[2]中点，简称 mH 测度。

(2) 不确定度[2]，简称 I 测度。

(3) 为了衡量算法得到的 Pareto 前沿与真实 Pareto 前沿的逼近程度，定义如下 AD($\boldsymbol{X}^*$)测度，简称 AD 测度，采用下式表示：

$$\mathrm{AD}(\boldsymbol{X}^*)=\frac{m(H(\boldsymbol{X}^*))}{m(H(\boldsymbol{X}^*_{\mathrm{true}}))} \tag{2.10}$$

式中，$\boldsymbol{X}^*$ 表示算法得到的 Pareto 最优解集；$\boldsymbol{X}^*_{\mathrm{true}}$表示优化问题的真实 Pareto 最优解集。从式(2.10)容易看出，某方法得到的 AD 测度越大，表示该方法得到的 Pareto 前沿越接近于真实 Pareto 前沿，方法的收敛性越好。

(4) 为了衡量算法得到的 Pareto 前沿分布的均匀程度，定义如下 DD($\boldsymbol{X}^*$)测度，简称 DD 测度：

$$\mathrm{DD}(\boldsymbol{X}^*)=\frac{1}{|\boldsymbol{X}^*|-1}\sqrt{\sum\nolimits_{\boldsymbol{x}^*\in\boldsymbol{X}^*}(\overline{C}-C(\boldsymbol{x}^*))^2} \tag{2.11}$$

式中，$\boldsymbol{X}^*$表示算法得到的 Pareto 最优解集；$|\boldsymbol{X}^*|$ 表示$\boldsymbol{X}^*$包含解的个数；$\overline{C}=\frac{1}{|\boldsymbol{X}^*|}\sum\nolimits_{\boldsymbol{x}^*\in\boldsymbol{X}^*}C(\boldsymbol{x}^*)$。式(2.11)定义的 DD($\boldsymbol{X}^*$)测度是 Schott 提出的分布度在区间多目标优化问题中的推广[18]，显然，某方法得到的 DD 测度越小，Pareto 前沿分布越均匀。

2.6.3　实验结果与分析

本节实验考察本章方法和 IP-MOEA 优化 4 个区间基准多目标优化问题时在上述 4 个性能指标上的差异。

图 2.3 给出两种方法得到的mH 测度随进化代数的变化曲线。由图 2.3 可以看出：①对于所有优化问题，随着进化代数的增加，两种方法得到的 mH 测度均不断增大。这说明两种方法得到的 Pareto 最优解集的性能都不断提高，求取的 Pareto 前沿越来越接近于真实 Pareto 前沿。②对于相同的进化代数，本章方法得到的 mH 测度均大于 IP-MOEA，特别是优化 $\mathrm{ZDT_I6}$ 时，本章方法得到的 mH 测度比 IP-MOEA 大得多。这说明本章方法得到的 Pareto 最优解集优于 IP-MOEA。

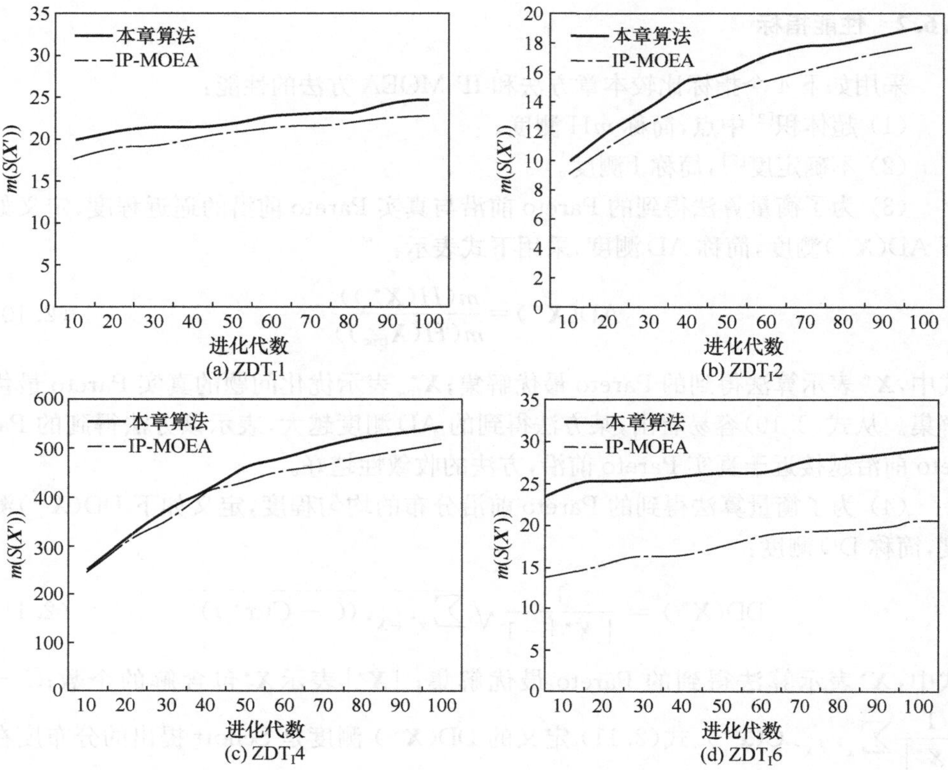

图 2.3 mH 测度随进化代数的变化曲线

图 2.4 给出两种方法得到的 I 测度随进化代数的变化曲线。由图 2.4 可知：①随着种群的不断进化，两种方法得到的 I 测度有时大一些，有时小一些。这说明虽然两种方法得到的 Pareto 最优解集的性能不断提高，但这些解的不确定度却时大时小。②对于相同的进化代数，本章方法得到的 I 测度均远小于 IP-MOEA。这说明本章方法得到的 Pareto 最优解集的不确定性远小于 IP-MOEA。

表 2.1 列出两种方法求解 4 个基准优化问题时得到的 AD 测度。事实上，对于区间基准优化问题，真实 Pareto 最优解集是未知的。但是，由于区间基准优化问题的目标函数是由确定型基准优化问题的目标函数加入扰动所得(具体方法请参见 1.4.2 节)，而确定型基准优化问题的真实 Pareto 最优解集是已知的[19]，因此，能够推断出本章采用优化问题的真实 Pareto 最优解集所在的范围，并计算它们的真实 Pareto 前沿中点占优的区域，然后，根据式(2.10)能够得到两种方法的 AD 测度。

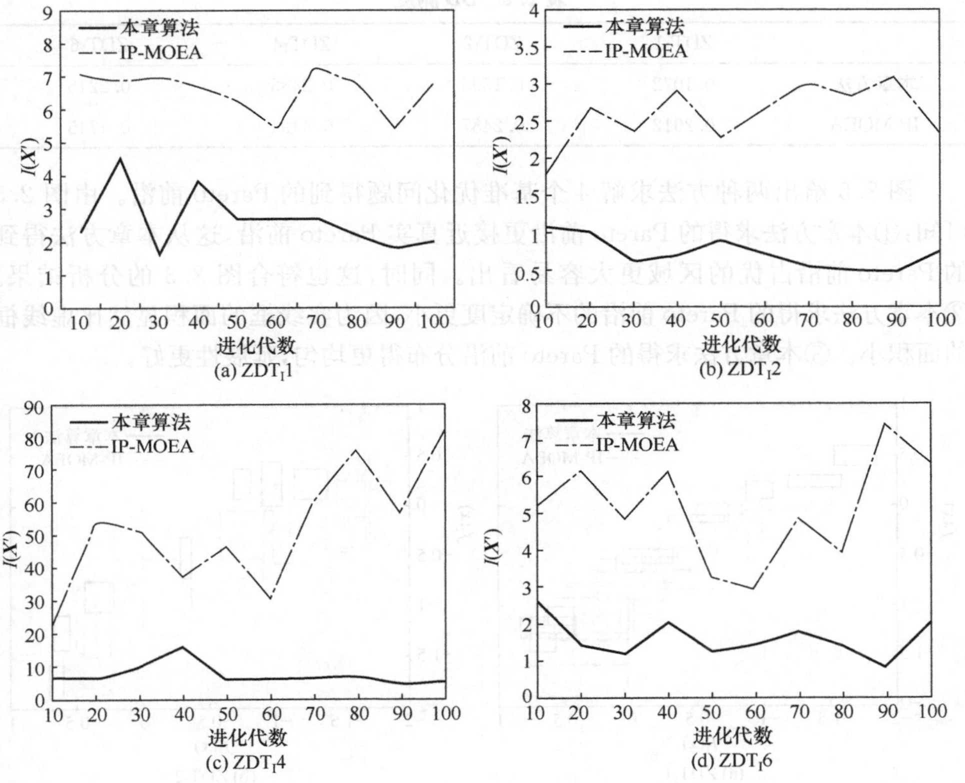

图 2.4　I 测度随进化代数的变化曲线

表 2.1　AD 测度

	ZDT$_I$1	ZDT$_I$2	ZDT$_I$4	ZDT$_I$6
本章方法	0.9349	0.8947	0.8517	0.8526
IP-MOEA	0.8930	0.8663	0.8256	0.7505

由表 2.1 可知,对于所有 4 个优化问题,本章方法得到的 AD 测度均大于 IP-MOEA,最小值是 0.8517,约是 IP-MOEA 的 1.03 倍;最大值是 0.9349,约是 IP-MOEA 的 1.05 倍,因此,采用本章方法得到的 Pareto 前沿更接近真实 Pareto 前沿。这表明本章方法的收敛性优于 IP-MOEA。

表 2.2 列出两种方法求解 4 个基准优化问题得到的 DD 测度。由表 2.2 可知,对于所有 4 个优化问题,本章方法得到的 DD 测度均小于 IP-MOEA,最小值是 0.1072,约是 IP-MOEA 的 0.3 倍;最大值是 0.2485,约是 IP-MOEA 的 0.5 倍。这说明本章方法得到的 Pareto 前沿的分布比 IP-MOEA 更均匀。

表 2.2　DD 测度

	ZDT_I1	ZDT_I2	ZDT_I4	ZDT_I6
本章方法	0.1072	0.1595	0.2485	0.2215
IP-MOEA	0.2912	0.2487	0.4494	0.4745

图 2.5 给出两种方法求解 4 个基准优化问题得到的 Pareto 前沿。由图 2.5 可知:①本章方法求得的 Pareto 前沿更接近真实 Pareto 前沿,这从本章方法得到的 Pareto 前沿占优的区域更大容易看出。同时,这也符合图 2.3 的分析结果。②本章方法求得的 Pareto 前沿的不确定度更小,因为实线框的面积显然比虚线框的面积小。③本章方法求得的 Pareto 前沿分布得更均匀,延展性更好。

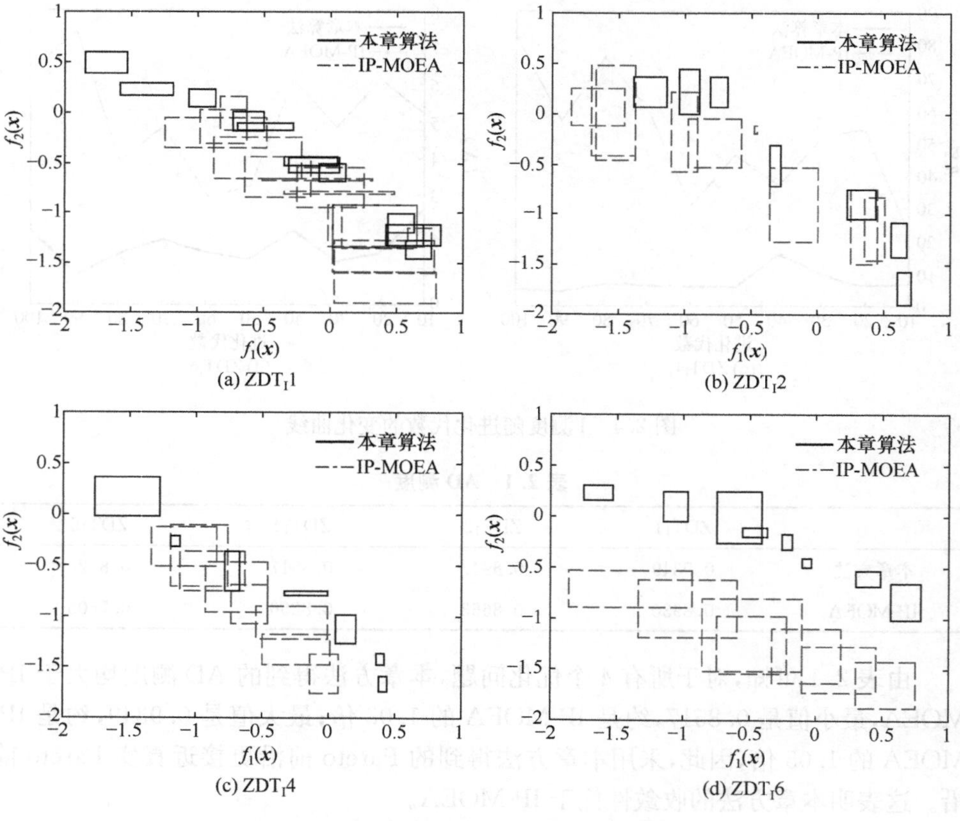

图 2.5　两种方法得到的 Pareto 前沿

上述实验结果与分析表明,与 IP-MOEA 比较,采用本章方法求解区间多目标优化问题得到的 Pareto 最优解集质量高,不确定性小,且分布均匀。因此,本章方法能够有效解决区间多目标优化问题。

2.7 本章小结

本章研究区间多目标优化问题，并提出一种有效解决该问题的进化优化方法，该方法的核心在于进化种群个体的比较。为此，本章采用提出的基于可信度的占优关系，修改 NSGA-Ⅱ的非被占优排序方法，从而得到进化个体的序值；对于具有相同序值的进化个体，采用提出的基于区间目标函数的拥挤距离，进一步区分它们的性能。将本章方法应用到 4 个基准区间多目标优化问题，并与 IP-MOEA 比较。实验结果表明，本章方法得到的 Pareto 最优解集质量高，不确定性小，且分布均匀。

我们知道，区间可信度反映一个区间 a 大于或等于另一个区间 b 的可能性。可信度越大，那么，$a \geqslant b$ 的可能性就越大。为了更细致刻画区间序关系，以精确比较两个区间的优劣，下一章将基于可信度下界定义区间序关系，使得区间序关系具有柔性，从而基于可信度下界开发的区间多目标进化优化方法，能够通过调整可信度下界的取值满足不同的优化要求。

参考文献

[1] Deb K, Pratap A, Agarwal S, et al. A fast and elitist multi-objective genetic algorithm: NSGA-Ⅱ [J]. IEEE Transactions on Evolutionary Computation, 2002, 6(2): 182－197.

[2] Limbourg P, Aponte D E S. An optimization algorithm for imprecise multi-objective problem function [C]//Proceedings of IEEE Congress on Evolutionary Computation. New York: IEEE Press, 2005: 459－466.

[3] Gong D W, Qin N N, Sun X Y. Evolutionary optimization algorithm for multi-objective optimization problems with interval parameters [C]//Proceedings of 5th IEEE International Conference on Bio-Inspired Computing: Theories and Applications. New York: IEEE Press, 2010: 411－420.

[4] Wu H C. The Karush-Kuhn-Tucker optimality conditions in multi-objective programming problems with interval-valued objective functions [J]. European Journal of Operational Research, 2009, 196(1): 49－60.

[5] Chanas S, Kuchta D. Multi-objective programming in optimization of the interval objective functions: A generalized approach [J]. European Journal of Operational Research, 1996, 94(3): 594－598.

[6] Liu S T, Wang R T. A numerical solution method to interval quadratic programming [J]. Applied Mathematics and Computation, 2007, 189(2): 1274－1281.

[7] Li W, Tian X L. Numerical solution method for general interval quadratic programming [J]. Applied Mathematics and Computation, 2008, 202(2): 589－595.

[8] 程志强，戴连奎，孙优贤. 区间参数不确定系统优化的可行性分析 [J]. 自动化学报，2004，30(3)：455－459.

[9] 蒋峥，戴连奎，吴铁军. 区间非线性规划问题的确定化描述及其递阶求解 [J]. 系统工程理论与实践，2005，25(1)：110－116.

[10] Jiang C, Han X, Guan F J, et al. An uncertain structural optimization method based on nonlinear interval number programming and interval analysis method [J]. Engineering Structures, 2007, 29 (11): 3168－3177.

[11] 徐改丽,吕跃进. 不确定性多属性决策中区间数排序的一种新方法 [J]. 统计与决策,2008,(19):154−157.

[12] 徐泽水,达利庆. 区间数的排序方法研究 [J]. 系统工程,2001,19(6):94−96.

[13] 兰继斌,刘芳. 区间数可能度的二维定义 [J]. 数学的实践与认识,2007,37(24):119−123.

[14] 冯向前. 区间数不确定多属性决策方法研究 [D]. 南京:南京航空航天大学博士学位论文,2007.

[15] Knowles J,Corne D. On metrics for comparing nondominated sets [C]//Proceedings of IEEE Congress on Evolutionary Computation. New York:IEEE Press,2002:711−716.

[16] Moore R E,Kearfott R B,Cloud M J. Introduction to Interval Analysis [M]. Philadelphia:SIAM Press,2009.

[17] 周明,孙树栋. 遗传算法原理及应用 [M]. 北京:国防工业出版社,1999.

[18] Schott J R. Fault tolerant design using single and multicriteria genetic algorithms optimization [D]. Cambridge:Massachusetts Institute of Technology,1995.

[19] 郑金华. 多目标进化算法及其应用 [M]. 北京:科学出版社,2007.

第 3 章　基于可信度下界的区间多目标进化优化方法

针对区间多目标优化问题，第 2 章提出一种有效求解该问题的进化优化方法，该方法的核心是进化种群个体的比较，通过区间可信度比较目标函数值为区间的进化个体的性能，并以此修改 NSGA-Ⅱ[1]的非被占优排序策略；此外，还给出目标函数值为区间的进化个体拥挤距离计算方法，并以此进一步比较具有相同序值进化个体的优劣。通过将所提方法应用于基准区间多目标数值函数优化问题，并与 IP-MOEA[2]比较可知，所提方法能够得到一个逼近性好、不确定度小且分布均匀的 Pareto 最优解集。

本章仍然利用区间可信度，比较进化种群个体的性能。但是，对进化个体之间优劣的程度，提出更高的要求。更确切地讲，要求一个进化个体以不低于某一可信度优于另一个进化个体。因此，这里利用的是区间可信度的下界。

为此，本章首先定义区间可信度下界；然后，给出区间多目标优化问题基于该下界的占优关系及其 Pareto 最优解集的性质；最后，基于新提出的占优关系，修改 NSGA-Ⅱ的快速非被占优排序策略，开发求解区间多目标问题的进化优化方法，并分析该方法的性能。将所提方法应用于 6 个基准区间多目标优化问题，并与 2 个典型优化方法比较，实验结果表明了所提方法的优越性。本章主要内容来自文献[3]。

3.1　方法的提出

前面已经说明，采用进化优化方法求解区间多目标优化问题的关键之一在于目标函数值为区间时进化种群个体的比较。由于目标函数值为区间，因此，进化个体的比较与区间序关系密切。容易理解，如果区间序定义得不合理，那么，将影响进化个体性能的比较。

1.3.3 节阐述了 Limbourg 和 Aponte 给出的基于区间序的占优关系[2]。除了上述占优关系之外，Eskandari 等考虑目标函数含有噪声的多目标优化问题[4]，在假设噪声服从正态分布的前提下，得到给定置信水平下随机目标函数的置信区间，并基于该区间定义解的随机占优关系。因此，有理由认为，该占优关系也适用于区间多目标优化问题不同解的性能比较。下面详细阐述该占优关系。

考虑如下随机多目标最大化问题：

$$\max f(\boldsymbol{x},\boldsymbol{\zeta})=(f_1(\boldsymbol{x},\boldsymbol{\zeta}_1),f_2(\boldsymbol{x},\boldsymbol{\zeta}_2),\cdots,f_m(\boldsymbol{x},\boldsymbol{\zeta}_m))$$

$$\text{s.t.}\quad x \in S \subseteq R^n \tag{3.1}$$
$$\zeta_i=(\zeta_{i1},\zeta_{i2},\cdots,\zeta_{il})^{\mathrm{T}},\zeta_{ik}\sim N(\mu_{ik},\sigma_{ik}^2),k=1,2,\cdots,l$$

式中，$\boldsymbol{x}$ 为 n 维决策变量；S 为 $\boldsymbol{x}$ 的决策空间；$f_i(\boldsymbol{x},\boldsymbol{\zeta}_i)(i=1,2,\cdots,m)$ 为第 i 个含有随机参数的目标函数；$\boldsymbol{\zeta}_i$ 为随机向量参数；ζ_{ik} 为$\boldsymbol{\zeta}_i$ 的第 k 个分量，且服从均值为 μ_{ik}、方差为 σ_{ik}^2 的正态分布。由于目标函数含有随机参数，因此，问题(3.1)的各目标函数值均是随机的。

对于问题(3.1)的两个解$\boldsymbol{x}_1$和$\boldsymbol{x}_2$，对应的第 i 个目标函数在给定置信水平下的置信区间分别为 $\mathrm{CI}(f_i(\boldsymbol{x}_1,\boldsymbol{\zeta}_i))$ 和 $\mathrm{CI}(f_i(\boldsymbol{x}_2,\boldsymbol{\zeta}_i))$，$i=1,2,\cdots,m$，区间中点分别为 $m(\mathrm{CI}(f_i(\boldsymbol{x}_1,\boldsymbol{\zeta}_i)))$ 和 $m(\mathrm{CI}(f_i(\boldsymbol{x}_2,\boldsymbol{\zeta}_i)))$。

定义 3.1 称$\boldsymbol{x}_1$随机占优$\boldsymbol{x}_2$，记为$\boldsymbol{x}_1\succ_{\mathrm{RP}}\boldsymbol{x}_2$，当且仅当$\boldsymbol{x}_1$的任一目标函数区间的中点均分别大于$\boldsymbol{x}_2$相应目标函数区间的中点，即

$$\boldsymbol{x}_1\succ_{\mathrm{RP}}\boldsymbol{x}_2\Leftrightarrow\forall\, i\in\{1,2,\cdots,m\},\ni:m(\mathrm{CI}(f_i(\boldsymbol{x}_1,\boldsymbol{\zeta}_i)))>m(\mathrm{CI}(f_i(\boldsymbol{x}_2,\boldsymbol{\zeta}_i))) \tag{3.2}$$

如果$\boldsymbol{x}_1$既不随机占优$\boldsymbol{x}_2$，且$\boldsymbol{x}_2$也不随机占优$\boldsymbol{x}_1$，那么，称$\boldsymbol{x}_1$和$\boldsymbol{x}_2$是互不随机占优的，记为$\boldsymbol{x}_1\,||_{\mathrm{RP}}\,\boldsymbol{x}_2$。

容易看出，式(3.2)定义的随机占优关系利用了目标函数置信区间的中点。如果这些区间退化为点，那么，式(3.2)定义的占优关系将与传统的 Pareto 占优关系不同，更确切地讲，比传统的 Pareto 占优关系要求的条件更苛刻。

鉴于已有区间占优关系的不足，基于上述占优关系比较进化个体，并开发的区间多目标进化优化方法的性能尚需进一步改进。

我们知道，区间占优可信度是一个区间 a 大于另一个区间 b 的概率，也称$a\geqslant b$ 的可信度，或可能度。当 $a\geqslant b$ 的可信度大于 0.5 时，能够认为 a 大于 b。第 2 章即利用该思想，定义基于可信度的 Pareto 占优关系。但是，当决策者对占优的程度要求比较高时，$a\geqslant b$ 的可信度大于 0.5，并不足以让决策者接受 a 是大于 b 的。这时，只有提高占优可信度，才能使决策者相信 a 大于 b 的事实。这一使决策者相信 a 大于 b 的最小可信度称为可信度下界。3.2 节将给出区间占优可信度下界的正式定义。

3.2 区间占优可信度下界

区间占优可信度有多种形式的定义[5~8]，本节采用徐泽水和达利庆给出的如下定义。

定义 3.2[6] 考虑区间 $a=[\underline{a},\overline{a}]$ 和 $b=[\underline{b},\overline{b}]$，其宽度分为记为 $w(a)$ 和 $w(b)$，则称

$$p(a \geqslant b) \stackrel{\text{def}}{=} \max\{1-\max\{\frac{\overline{b}-\underline{a}}{w(a)+w(b)},0\},0\} \tag{3.3}$$

为 a 大于或等于 b（记为 $a \geqslant b$），的可信度。

性质 3.1　区间占优可信度具有如下性质：

(1) $p(a \geqslant b)+p(b \geqslant a)=1$；

(2) $p(a \geqslant b) \geqslant 0.5$，当且仅当 $\overline{a}+\underline{a} \geqslant \overline{b}+\underline{b}$，或等价于 $m(a) \geqslant m(b)$。

基于区间占优可信度定义及上述性质，定义如下区间序关系。

定义 3.3　a 大于或等于 b，当且仅当 a 大于或等于 b 的可信度大于或等于 0.5，或者 a 的中点大于或等于 b 的中点，即

$$a \geqslant b \Leftrightarrow p(a \geqslant b) \geqslant 0.5 \Leftrightarrow m(a) \geqslant m(b)$$

由上述定义的区间序关系可知，两个区间的比较能够转化为这两个区间中点的比较。由于区间中点是精确数值，因此，这种比较方法非常容易。进一步，两个区间的中点相差越大，那么，一个区间大于或等于另一个区间的可信度越大，从而这两个区间的序关系越明显，使得决策者对于区间序关系的接受程度越大。基于此，给出如下区间占优可信度下界的定义。

定义 3.4　对于 $\gamma \in [0.5,1]$，如果 $p(a \geqslant b) \geqslant \gamma$ 时，认为 a 大于或等于 b，那么，称 γ 为 a 大于或等于 b 的可信度下界，也称 a 以不低于 γ 的可信度大于或等于 b。

由上述定义可知，区间占优可信度下界是一个反映区间序关系的数值。当一个区间 a 大于或等于另一个区间 b 的可信度大于或等于该值时，能够明显确定这两个区间的序关系。对于该定义，给出如下更详细的说明：

(1) 区间占优可信度下界的引入使得区间序关系具有柔性。我们说区间 a 大于或等于区间 b，是与可信度下界 γ 相关的。当 γ 取较小的数值时，a 大于或等于 b，并不意味着 γ 取较大的数值时，a 也大于或等于 b。因此，适当增大 γ 的取值，可以使"a 大于或等于 b"更可信。

(2) 区间占优可信度下界引入后，使得区间序关系的刻画更细致。考虑图 1.6 所示的两个区间 $f(\boldsymbol{x}_1)$ 和 $f(\boldsymbol{x}_2)$，由于 $m(f(\boldsymbol{x}_2))>m(f(\boldsymbol{x}_1))$，因此，$p(f(\boldsymbol{x}_2) \geqslant f(\boldsymbol{x}_1)) \geqslant 0.5$。如果取 $\gamma=0.5$，那么，区间 $f(\boldsymbol{x}_2)$ 以不低于 γ 的可信度大于或等于 $f(\boldsymbol{x}_1)$。但是，如果采用 Limbourg 和 Aponte 给出的区间序关系[2]，那么，$f(\boldsymbol{x}_1)$ 和 $f(\boldsymbol{x}_2)$ 是不可比的。

基于本节给出的区间占优可信度下界的定义，3.3 节定义一种新的区间占优关系。

3.3 基于可信度下界的占优关系

对于问题(1.6)的两个解$\boldsymbol{x}_1$和$\boldsymbol{x}_2$，其对应的第i个目标函数值分别为$f_i(\boldsymbol{x}_1,\boldsymbol{c}_i)$和$f_i(\boldsymbol{x}_2,\boldsymbol{c}_i)$，$i=1,2,\cdots,m$，现在研究它们的占优关系。

定义 3.5 对于任一目标函数$f_i(\boldsymbol{x},\boldsymbol{c}_i)$，$i=1,2,\cdots,m$，如果$f_i(\boldsymbol{x}_1,\boldsymbol{c}_i)$均以不小于$\gamma$的可信度大于或等于$f_i(\boldsymbol{x}_2,\boldsymbol{c}_i)$，且至少存在一个$f_k(\boldsymbol{x},\boldsymbol{c}_k)$，使得$f_k(\boldsymbol{x}_1,\boldsymbol{c}_k)$以大于0.5的可信度大于或等于$f_k(\boldsymbol{x}_2,\boldsymbol{c}_k)$，那么，称$\boldsymbol{x}_1$以不低于$\gamma$的可信度占优$\boldsymbol{x}_2$，记为$\boldsymbol{x}_1 \succ_\gamma \boldsymbol{x}_2$，即

$$\begin{aligned}\boldsymbol{x}_1 \succ_\gamma \boldsymbol{x}_2 \Leftrightarrow & \forall i\in\{1,2,\cdots,m\}, \ni : p(f_i(\boldsymbol{x}_1,\boldsymbol{c}_i)\geqslant f_i(\boldsymbol{x}_2,\boldsymbol{c}_i))\geqslant\gamma,\\ & \exists k\in\{1,2,\cdots,m\}, \ni : p(f_k(\boldsymbol{x}_1,\boldsymbol{c}_k)\geqslant f_k(\boldsymbol{x}_2,\boldsymbol{c}_k))>0.5\end{aligned} \tag{3.4}$$

如果$\boldsymbol{x}_1$既不以不低于γ的可信度占优$\boldsymbol{x}_2$，且$\boldsymbol{x}_2$也不以不低于γ的可信度占优$\boldsymbol{x}_1$，那么，称$\boldsymbol{x}_1$和$\boldsymbol{x}_2$是互不以不低于γ的可信度占优的，记为$\boldsymbol{x}_1 \parallel_\gamma \boldsymbol{x}_2$。

首先，考察本章定义的占优关系与 Limbourg 和 Aponte 定义的区间占优关系[2]之间的联系。如果对于$\forall i\in\{1,2,\cdots,m\}$，有$f_i(\boldsymbol{x}_1,\boldsymbol{c}_i)\succ_{\text{IN}} f_i(\boldsymbol{x}_2,\boldsymbol{c}_i)$或者$f_i(\boldsymbol{x}_1,\boldsymbol{c}_i)\parallel f_i(\boldsymbol{x}_2,\boldsymbol{c}_i)$，且$\exists i\in\{1,2,\cdots,m\}$，使得$f_i(\boldsymbol{x}_1,\boldsymbol{c})\succ_{\text{IN}} f_i(\boldsymbol{x}_2,\boldsymbol{c})$，那么，$\boldsymbol{x}_1\succ_{\text{IP}}\boldsymbol{x}_2$。此时，对于$\forall i\in\{1,2,\cdots,m\}$，不管$f_i(\boldsymbol{x}_1,\boldsymbol{c})$和$f_i(\boldsymbol{x}_2,\boldsymbol{c})$的位置关系如何，只要$m(f_i(\boldsymbol{x}_1,\boldsymbol{c}))\geqslant m(f_i(\boldsymbol{x}_2,\boldsymbol{c}))$，就有$p(f_i(\boldsymbol{x}_1,\boldsymbol{c})\geqslant f_i(\boldsymbol{x}_2,\boldsymbol{c}))\geqslant 0.5$，即$\boldsymbol{x}_1\succ_{0.5}\boldsymbol{x}_2$。这说明满足$\boldsymbol{x}_1\succ_{\text{IP}}\boldsymbol{x}_2$的两个解也有可能满足$\boldsymbol{x}_1\succ_{0.5}\boldsymbol{x}_2$。

然后，考察本章定义的占优关系与 Eskandari 等定义的随机占优关系[4]之间的联系。如果对于$\forall i\in\{1,2,\cdots,m\}$，有$m(\text{CI}(f_i(\boldsymbol{x}_1,\boldsymbol{\zeta}_i)))>m(\text{CI}(f_i(\boldsymbol{x}_2,\boldsymbol{\zeta}_i)))$，那么，$\boldsymbol{x}_1\succ_{\text{RP}}\boldsymbol{x}_2$。此时，对于$\forall i\in\{1,2,\cdots,m\}$，有$p(\text{CI}(f_i(\boldsymbol{x}_1,\boldsymbol{\zeta}_i))\geqslant\text{CI}(f_i(\boldsymbol{x}_2,\boldsymbol{\zeta}_i)))>0.5$，且$\exists i\in\{1,2,\cdots,m\}$和$\gamma$，使得$p(\text{CI}(f_i(\boldsymbol{x}_1,\boldsymbol{\zeta}_i))\geqslant\text{CI}(f_i(\boldsymbol{x}_2,\boldsymbol{\zeta}_i)))\geqslant\gamma$，因此，$\boldsymbol{x}_1\succ_\gamma\boldsymbol{x}_2$。这意味着存在$\gamma$，使得满足$\boldsymbol{x}_1\succ_{\text{RP}}\boldsymbol{x}_2$的两个解也满足$\boldsymbol{x}_1\succ_\gamma\boldsymbol{x}_2$。

容易知道，应用进化优化方法求解某多目标优化问题时，采用不同的占优关系比较进化个体的性能，将获得不同的 Pareto 最优解集。下面给出基于可信度下界的 Pareto 最优解集的相关定义。

定义 3.6 对于式(1.6)描述的区间多目标优化问题，如果对于$\boldsymbol{x}_\gamma^*\in S$，不存在$\boldsymbol{x}'\in S$，使得$\boldsymbol{x}'\succ_\gamma\boldsymbol{x}_\gamma^*$，那么，称$\boldsymbol{x}_\gamma^*$为该优化问题基于可信度下界$\gamma$的 Pareto 最优解，简称$\gamma$-Pareto 最优解。

定义 3.7 所有γ-Pareto 最优解的集合称为γ-Pareto 最优解集，记为$\boldsymbol{X}_\gamma^*$。

定义 3.8 所有γ-Pareto 最优解对应的目标函数区间(超体)的集合称为γ-Pareto 前沿。

现在考察γ-Pareto 最优解集的性质，有如下定理。

定理 3.1　对于 $\gamma_1,\gamma_2\in[0.5,1]$，且 $\gamma_1\geqslant\gamma_2$，有 $\boldsymbol{X}_{\gamma_2}^*\subseteq\boldsymbol{X}_{\gamma_1}^*$。

直观上看，当 $\gamma_1\geqslant\gamma_2$ 时，一个解以不低于 γ_1 的可信度占优另一个解，一定以不低于 γ_2 的可信度占优另一个解。这意味着以不低于 γ_2 的可信度互不占优的解，一定是以不低于 γ_1 的可信度互不占优的解。但是，以不低于 γ_1 的可信度互不占优的解，不一定是以不低于 γ_2 的可信度互不占优的解，这使得 $\boldsymbol{X}_{\gamma_2}^*\subseteq\boldsymbol{X}_{\gamma_1}^*$。下面给出定理的详细证明过程。

证明　对于 $\forall\,\boldsymbol{x}_2^*\in\boldsymbol{X}_{\gamma_2}^*$，需要证明 $\boldsymbol{x}_2^*\in\boldsymbol{X}_{\gamma_1}^*$。为此，只需证明对于 $\forall\,\boldsymbol{x}_1^*\in\boldsymbol{X}_{\gamma_1}^*$，且 $\boldsymbol{x}_1^*\neq\boldsymbol{x}_2^*$，有 $\boldsymbol{x}_1^*\,||_{\gamma_1}\,\boldsymbol{x}_2^*$。

记 $p_{2,1}=\min\limits_{i\in\{1,2,\cdots,m\}}\{p(f_i(\boldsymbol{x}_2^*,\boldsymbol{c}_i)\geqslant f_i(\boldsymbol{x}_1^*,\boldsymbol{c}_i))\}$。下面分两种情况讨论 $\boldsymbol{x}_1^*$ 和 $\boldsymbol{x}_2^*$ 以不低于 γ_1 的可信度的占优关系：① $\boldsymbol{x}_1^*\in\boldsymbol{X}_{\gamma_2}^*$；② $\boldsymbol{x}_1^*\notin\boldsymbol{X}_{\gamma_2}^*$。

(1) $\boldsymbol{x}_1^*\in\boldsymbol{X}_{\gamma_2}^*$。如果 $\boldsymbol{x}_2^*\succ_{\gamma_1}\boldsymbol{x}_1^*$，那么，$p_{2,1}\geqslant\gamma_1$。由于 $\gamma_1\geqslant\gamma_2$，因此，$p_{2,1}\geqslant\gamma_2$，这意味着 $\boldsymbol{x}_2^*\succ_{\gamma_2}\boldsymbol{x}_1^*$。但是，由 $\boldsymbol{x}_1^*,\boldsymbol{x}_2^*\in\boldsymbol{X}_{\gamma_2}^*$ 可知，$\boldsymbol{x}_1^*\,||_{\gamma_2}\,\boldsymbol{x}_2^*$。因此，$\boldsymbol{x}_2^*$ 不能以不低于 γ_1 的可信度占优 $\boldsymbol{x}_1^*$。同理证明，$\boldsymbol{x}_1^*$ 也不能以不低于 γ_1 的可信度占优 $\boldsymbol{x}_2^*$，即 $\boldsymbol{x}_1^*\,||_{\gamma_1}\,\boldsymbol{x}_2^*$，这说明 $\boldsymbol{x}_2^*\in\boldsymbol{X}_{\gamma_1}^*$。

(2) $\boldsymbol{x}_1^*\notin\boldsymbol{X}_{\gamma_2}^*$。由于 $\boldsymbol{x}_2^*\in\boldsymbol{X}_{\gamma_2}^*$，因此，$\boldsymbol{x}_2^*$ 以不低于 γ_2 可信度占优 $\boldsymbol{x}_1^*$，这样一来，有 $p_{2,1}\geqslant\gamma_2$。现在证明 $\boldsymbol{x}_1^*\,||_{\gamma_1}\,\boldsymbol{x}_2^*$。分如下两种情况讨论：

① 如果 $\boldsymbol{x}_2^*\succ_{\gamma_1}\boldsymbol{x}_1^*$，那么，$\boldsymbol{x}_2^*$ 以不低于 γ_1 的可信度占优 $\boldsymbol{x}_1^*$，这表明 $\boldsymbol{x}_1^*$ 不是 γ_1-Pareto 最优解，即 $\boldsymbol{x}_1^*\notin\boldsymbol{X}_{\gamma_1}^*$。因此，$\boldsymbol{x}_2^*$ 不能以不低于 γ_1 的可信度占优 $\boldsymbol{x}_1^*$。

② 如果 $\boldsymbol{x}_1^*\succ_{\gamma_1}\boldsymbol{x}_2^*$，那么，$p_{1,2}\geqslant\gamma_1$。由于 $\gamma_1\geqslant\gamma_2$，因此，$p_{1,2}\geqslant\gamma_2$，使得 $p_{2,1}<\gamma_2$，这与 $p_{2,1}\geqslant\gamma_2$ 矛盾。因此，$\boldsymbol{x}_1^*$ 也不能以不低于 γ_1 的可信度占优 $\boldsymbol{x}_2^*$。

由①和②可知，$\boldsymbol{x}_1^*\,||_{\gamma_1}\,\boldsymbol{x}_2^*$。定理得证。

为便于理解，下面用一个实例说明定理的正确性。对于某区间 2 目标优化问题，记 $\boldsymbol{x}_1$，$\boldsymbol{x}_2$ 和 $\boldsymbol{x}_3$ 为问题的三个不同解，它们的目标函数区间向量分别为([1,5]，[3,4])、([1,8]，[3,4])、([2,3]，[3.1,3.6])。当 $\gamma_1=0.5$ 时，$\boldsymbol{X}_{\gamma_1}^*=\{\boldsymbol{x}_2\}$；当 $0.5<\gamma_2\leqslant0.6$ 时，$\boldsymbol{X}_{\gamma_2}^*=\{\boldsymbol{x}_1,\boldsymbol{x}_2\}$；当 $\gamma_3>0.6$ 时，$\boldsymbol{X}_{\gamma_3}^*=\{\boldsymbol{x}_1,\boldsymbol{x}_2,\boldsymbol{x}_3\}$。因此，$\boldsymbol{X}_{\gamma_1}^*\subseteq\boldsymbol{X}_{\gamma_2}^*\subseteq\boldsymbol{X}_{\gamma_3}^*$。

本节定义一个具有柔性的占优关系，并研究基于该占优关系的 Pareto 最优解集的性质。3.4 节将基于该占优关系开发解决区间多目标优化问题的进化优化方法。

3.4　算 法 描 述

将 3.3 节提出的占优关系与 NSGA-Ⅱ结合，能够得到基于可信度下界的多目标进化优化方法，该方法的思想是：采用 NSGA-Ⅱ范式，实现种群进化；比较不同进化个体的性能时，利用基于可信度下界的占优关系，代替传统的 Pareto 占优关系，从而得到不同进化个体的序值。具体步骤如下：

步骤 1：初始化规模为 N 的种群 $P(0)$，取进化代数 $t=0$，设置可信度下界 γ。

步骤 2：用规模为 2 的联赛选择、交叉及变异等遗传操作，生成相同规模的临时种群 $Q(t)$。

步骤 3：合并种群 $P(t)$ 和 $Q(t)$，并记作 $R(t)$。

步骤 4：采用基于可信度下界的占优关系，求取 $R(t)$ 中进化个体的序值，计算具有相同序值个体的基于区间的拥挤度[2]，并选取前 N 个优势个体，构成下一代种群 $P(t+1)$。

步骤 5：判定算法终止条件是否满足。如果是，输出 $\boldsymbol{X}_\gamma^*$；否则，令 $t=t+1$，转步骤 2。

图 3.1 是算法流程，其中，灰色部分是本章所提方法。从流程图可以直观看出，本章方法与 NSGA-Ⅱ 的区别在于采用基于可信度下界的占优关系，求取合并种群 $R(t)$ 中进化个体的序值，这也是与 IP-MOEA 的区别所在。如前所述，由于区间占优可信度下界能够更细致地刻画区间序关系，因此，本章方法能够让性能较高的进化个体脱颖而出，进入下一代种群，参与后续的进化操作，使种群持续高效地产生高性能的进化个体。此外，可信度下界 γ 是一个具有柔性的数值，不同的 γ 取值将影响 Pareto 最优解集的构成，从而影响进化优化方法的性能。3.5 节将从理论上分析不同的 γ 取值对本章方法性能的影响。

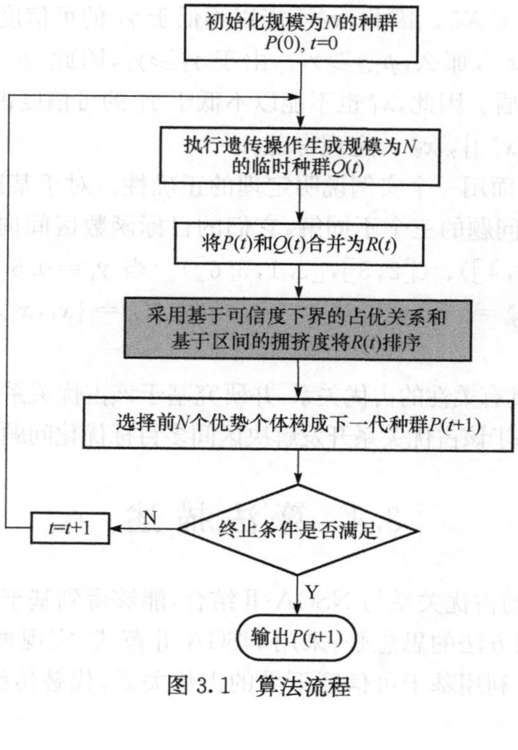
初始化规模为N的种群
P(0), t=0
执行遗传操作生成规模为N
的临时种群Q(t)
将P(t)和Q(t)合并为R(t)
采用基于可信度下界的占优关系和
基于区间的拥挤度将R(t)排序
选择前N个优势个体构成下一代种群P(t+1)
终止条件是否满足
N
t=t+1
Y
输出P(t+1)

图 3.1　算法流程

3.5 性能分析

本节首先通过本章方法的时间复杂度考察不同 γ 取值对运行时间的影响；然后，通过超体积随不同 γ 取值的变化情况考察不同 γ 取值对收敛性的影响。

3.5.1 γ 取值对运行时间的影响

由于在 NSGA-Ⅱ框架下，实现种群进化，因此，与 NSGA-Ⅱ一样，一次迭代包括三个基本操作：非被占优排序、拥挤度计算及基于拥挤度的排序。其中，非被占优排序和基于拥挤度排序的时间复杂度分别为 $O(m\,(2N)^2)$ 和 $O(\kappa\log\kappa)$，这里，κ 为具有相同序值的进化个体数，且 $\kappa\leqslant 2N$；而计算拥挤度相当于计算超体积，按照文献[9]的方法可知，拥挤度计算的时间复杂度为 $O(\kappa^{m-1})$。当目标函数的个数不多于 4 时，$O(\kappa^{m-1})$ 和 $O(\kappa\log\kappa)$ 相对于 $O(m\,(2N)^2)$ 可以忽略不计，因此，当目标函数的个数不多于 4 时，所提方法的时间复杂度为 $O(mN^2)$。

不同的 γ 取值将得到不同数量的具有相同序值的进化个体，但是，不管 γ 取值如何，非被占优排序的时间复杂度都是相同的，因此，γ 取值对所提方法性能的影响主要取决于拥挤度计算和基于拥挤度的排序这两个操作。由 3.3 节定理可知，γ 越大，具有相同序值的个体数 κ 越多。因此，γ 越大，拥挤度计算和基于拥挤度排序的时间越长。

基于上述分析，能够得到如下结论：本章方法的运行时间随着可信度下界的增大而变长。

3.5.2 γ 取值对收敛性的影响

考虑可信度下界 γ 的两个取值 γ_1 和 γ_2。当 $\gamma_1\geqslant\gamma_2$ 时，有 $\boldsymbol{X}_{\gamma_2}^*\subseteq\boldsymbol{X}_{\gamma_1}^*$。记 $H(\boldsymbol{X}_{\gamma_1}^*)$ 和 $H(\boldsymbol{X}_{\gamma_2}^*)$ 分别为 $\boldsymbol{X}_{\gamma_1}^*$ 和 $\boldsymbol{X}_{\gamma_2}^*$ 对应的 γ-Pareto 前沿的超体积，由于超体积关于 Pareto 占优严格单调[10]，因此，$H(\boldsymbol{X}_{\gamma_2}^*)\leqslant H(\boldsymbol{X}_{\gamma_1}^*)$，也即 $\boldsymbol{X}_{\gamma_1}^*$ 对应的 γ-Pareto 前沿比 $\boldsymbol{X}_{\gamma_2}^*$ 更接近真实的 Pareto 前沿。

由此说明，所提方法得到的 γ-Pareto 前沿的超体积随可信度下界的增大而增加，也即可信度下界越大，算法的收敛性越好。

本节分析了不同 γ 取值对本章方法性能的影响。3.6 节将通过求解 6 个基准区间多目标优化问题进一步验证所提方法的性能。

3.6 在数值函数优化的应用

本章方法在 Pentium(R)Dual-Core 电脑上用 Matlab7.0.1 编程实现，通过求

解 6 个基准区间多目标优化问题，即区间 2 目标优化问题 ZDT_I1、ZDT_I2、ZDT_I4、ZDT_I6 和区间 3 目标优化问题 $DTLZ_I1$ 和 $DTLZ_I2$，并与 IP-MOEA[2] 和 SPGA[4] 比较，验证本章方法的性能。这里的 SPGA 是将本章方法基于可信度下界的占优关系换成随机占优关系得到的方法。对每一优化问题，每种方法均独立运行 20 次，并求取这些运行结果的平均值。

3.6.1 参数设置

为了公平比较不同方法的优化结果，本章方法采用与 IP-MOEA 相同的参数设置，即：种群规模为 20；对于 2 目标优化问题，种群进化 100 代，而对于 3 目标优化问题，种群进化 200 代；采用模拟二进制交叉和多项式变异算子[1]，交叉和变异概率分别为 0.9 和 0.03，且它们的分布指标均为 20；此外，所有优化问题的决策变量均为 30 个，且取值范围均为[0,1]。需要说明的是，为了便于显示优化结果，$DTLZ_I1$ 的值为实际函数值除以 1000。

3.6.2 性能指标

采用如下三个指标比较不同方法的性能：

(1) 最好超体积[2]，简称 bH 测度。

(2) 不确定度[2]，简称 I 测度。

(3) CPU 时间，简称 T 测度。

此外，按照如下顺序比较不同方法的性能：首先比较 bH 测度，当方法 1 在 bH 测度上优于方法 2 时，就认为方法 1 优于方法 2；当两种方法的 bH 测度无差异时，再比较 I 测度；最后，当 I 测度也无差异时，比较 T 测度。

3.6.3 实验结果与分析

本章实验分为两组，其中，第 1 组考察不同 γ 取值对本章方法性能的影响；第 2 组比较本章方法与 IP-MOEA 及 SPGA 在三个性能指标上的差异。

1. 不同的 γ 取值对方法性能的影响

图 3.2 给出本章方法在 γ 分别取 0.6、0.8、1 时求解 6 个基准优化问题得到的 bH 测度随进化代数的变化曲线。由图 3.2 可以看出：①对于相同的 γ，bH 测度随着进化代数的增加而增大。这说明随着进化代数的增加，本章方法得到的 γ-Pareto 前沿逐渐接近真实的 Pareto 前沿，且 γ-Pareto 最优解的分布逐渐均匀。②对于相同的进化代数，除了求解优化问题 $DTLZ_I1$ 之外，bH 测度随着 γ 的增加而增大。这是因为随着 γ 的增加，γ-Pareto 最优解集包含的个体数不断增多。

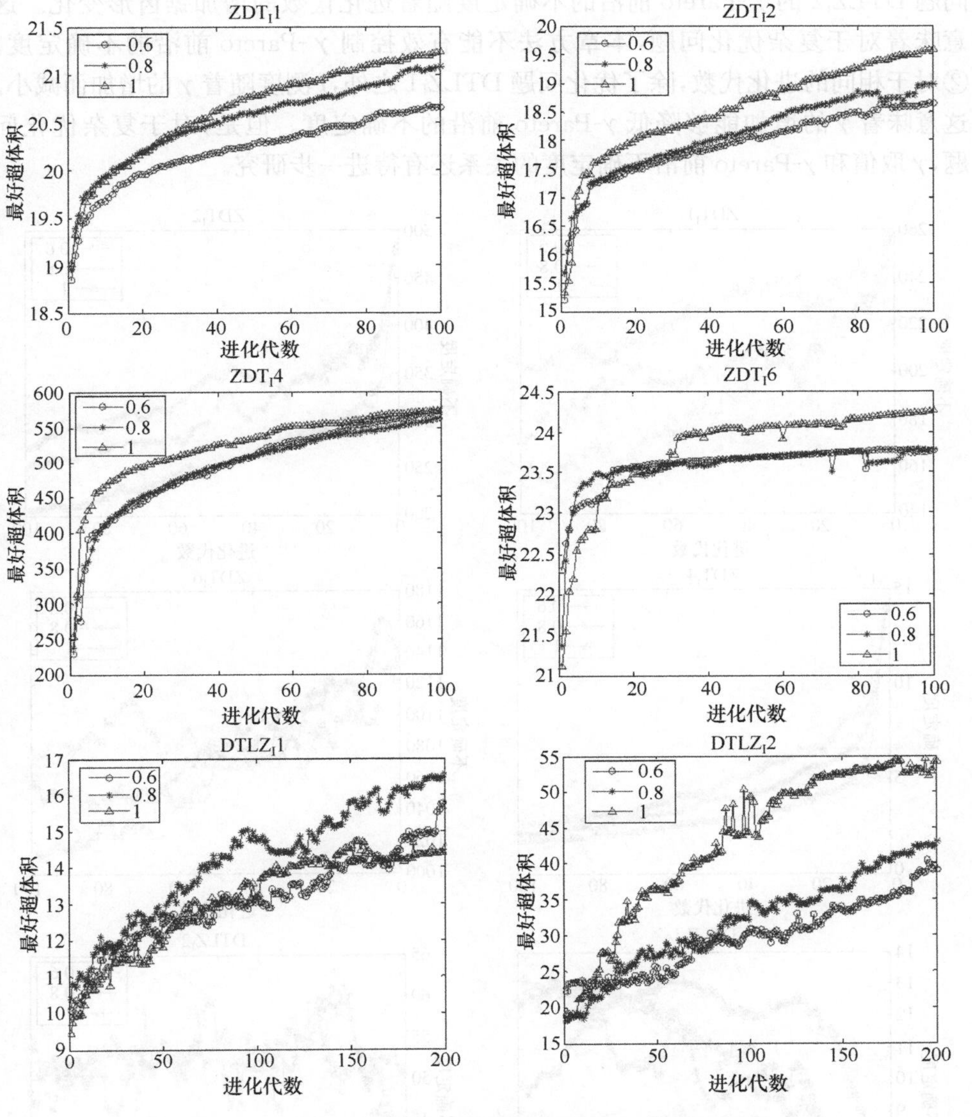

图 3.2　不同 γ 取值 bH 测度随进化代数的变化曲线

图 3.3 给出本章方法在 γ 分别取 0.6、0.8、1 时求解 6 个基准优化问题得到的 I 测度随进化代数的变化曲线。由图 3.3 可以看出：①从总体上看，对于相同的 γ，求解 2 目标优化问题得到的 I 测度随着进化代数的增加而减小。这说明随着进化代数的增加，本章方法得到的 γ-Pareto 前沿的不确定度越来越小。但是，对于优化问题 $DTLZ_I1$，γ-Pareto 前沿的不确定度却随着进化代数的增加而增加；而优化

问题 $DTLZ_I2$ 的 γ-Pareto 前沿的不确定度随着进化代数的增加锯齿形变化。这意味着对于复杂优化问题，本章方法不能有效控制 γ-Pareto 前沿的不确定度。②对于相同的进化代数，除了优化问题 $DTLZ_I1$ 之外，I 测度随着 γ 的增加而减小。这意味着 γ 的增加能够降低 γ-Pareto 前沿的不确定度。但是，对于复杂优化问题，γ 取值和 γ-Pareto 前沿不确定度的关系还有待进一步研究。

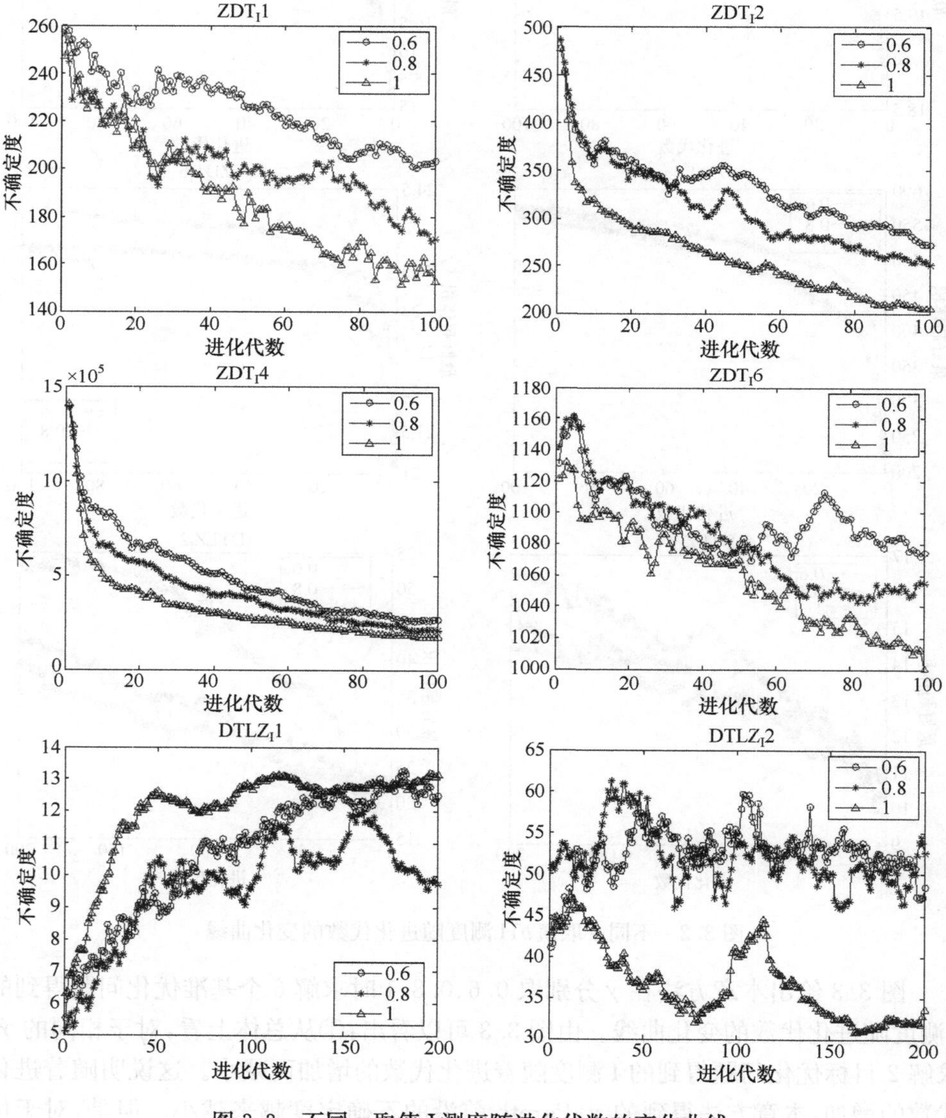

图 3.3　不同 γ 取值 I 测度随进化代数的变化曲线

表 3.1 列出 γ 分别取 0.5、0.6、0.8、1 时本章方法求解 6 个优化问题的 T 测度。由表 3.1 可以看出：①对于相同的优化问题，T 测度随着 γ 的增加而增大。这是由于 γ 的增加使得 γ-Pareto 最优解的数量增多，从而将具有相同序值的进化个体排序需要的时间增长，这与 3.5.1 节的分析完全一致。②对于相同的 γ，优化问题的难度影响需要的 CPU 时间。一般来讲，求解难度越大，需要的 CPU 时间越长。

表 3.1　不同的 γ 取值对 T 测度的影响　(单位：s)

	0.5	0.6	0.8	1
ZDT_I1	8.00	10.06	11.60	16.83
ZDT_I2	5.00	9.34	11.04	19.52
ZDT_I4	5.13	8.06	9.84	14.10
ZDT_I6	4.80	9.45	11.62	17.57
$DTLZ_I1$	9.07	15.61	17.40	17.54
$DTLZ_I2$	8.81	14.85	15.70	15.60

由此能够得到如下结论：对于 ZDT_I1、ZDT_I2、ZDT_I4、ZDT_I6 及 $DTLZ_I2$，本章方法当 γ 取 1 时最优，取 0.8 时次之，而取 0.6 时最差；对于 $DTLZ_I1$，本章方法当 γ 取 0.8 时最优，取 1 时次之，而取 0.6 时最差。这意味着适当增加 γ 的取值，能够提高本章方法的性能。

2. 不同方法的性能比较

本组实验中，取 $\gamma=0.8$。图 3.4 给出三种方法求取的区间 2 目标优化问题的 Pareto 前沿。其中，实线、点线、折线分别表示本章方法、IP-MOEA、SPGA 求取的 Pareto 最优解对应的目标函数值；星号、叉号、加号分别表示它们的中点。

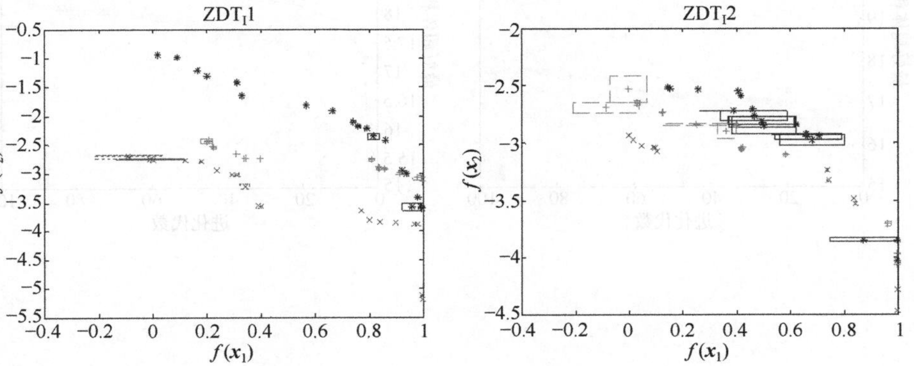

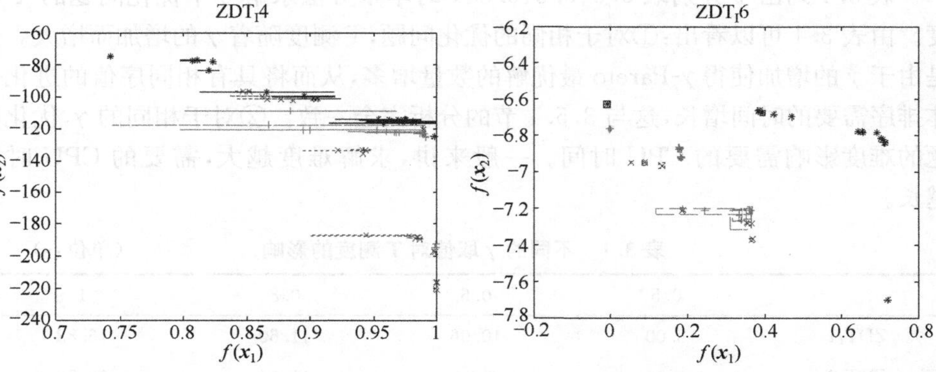

图 3.4　不同方法求取的区间 2 目标优化问题的 γ-Pareto 前沿

由图 3.4 可以看出，本章方法求取的 Pareto 前沿的收敛性、分布性及延展性均优于其他两种方法。相应地，本章方法求取的 Pareto 最优解集的质量也是最好的。

图 3.5 给出了不同方法求解 6 个基准优化问题得到的 bH 测度随进化代数的变化曲线。由图 3.5 可以看出：①所有方法得到的 bH 测度均随着进化代数的增加而增大。这说明这些方法得到的 γ-Pareto 前沿越来越接近真实的 Pareto 前沿。②从总体上看，对于相同的进化代数，本章方法求解 6 个基准优化问题得到的 bH 测度大于 IP-MOEA 和 SPGA，特别是求解 ZDT$_I$1、ZDT$_I$6、DTLZ$_I$2 时。这意味着本章方法得到的 γ-Pareto 前沿最接近真实的 Pareto 前沿。

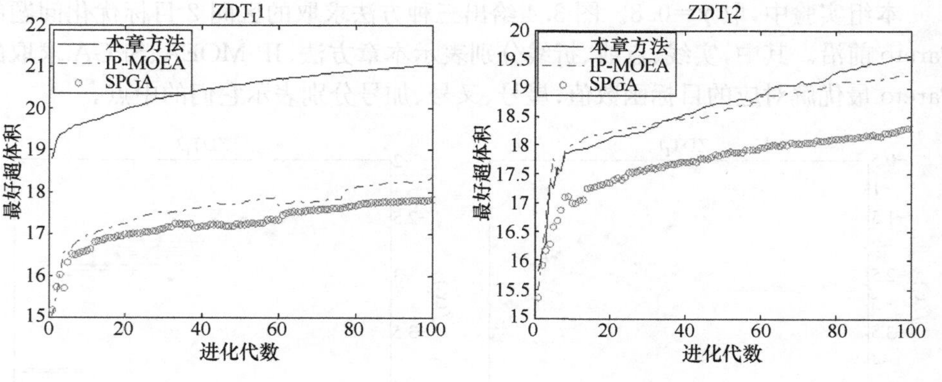

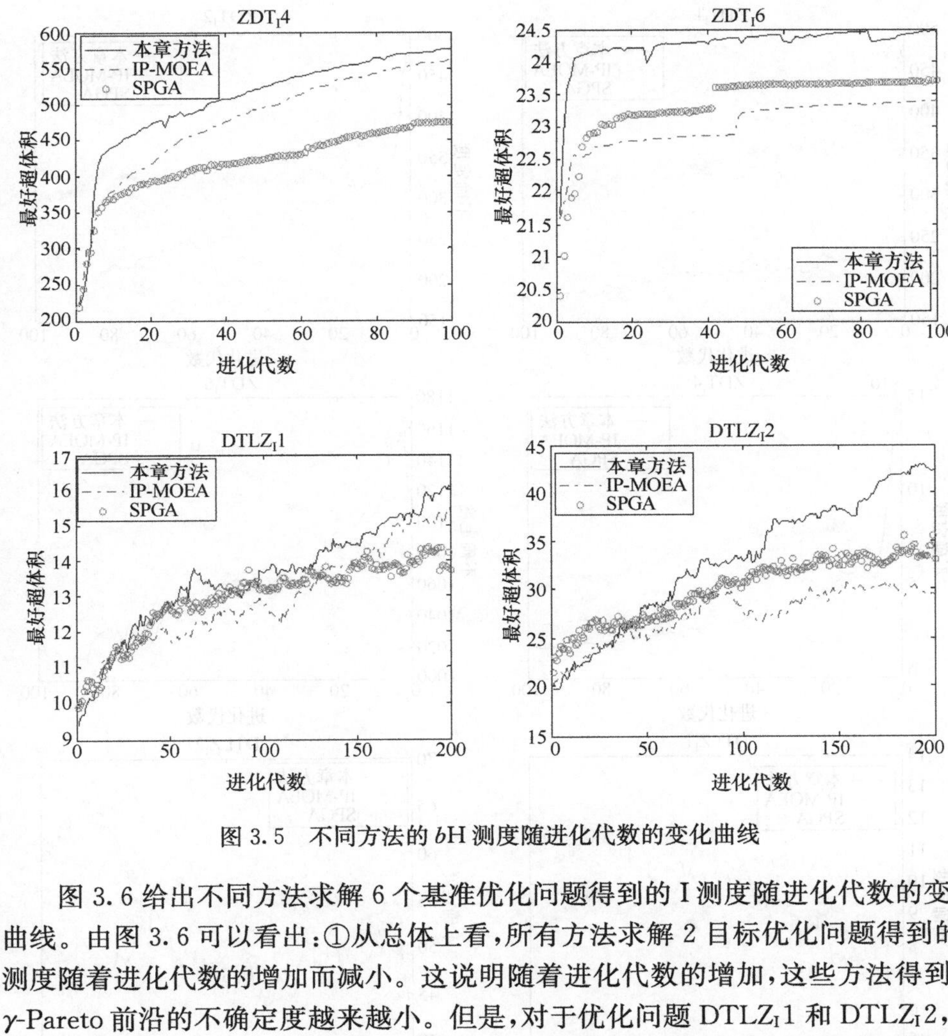

图 3.5　不同方法的 bH 测度随进化代数的变化曲线

图 3.6 给出不同方法求解 6 个基准优化问题得到的 I 测度随进化代数的变化曲线。由图 3.6 可以看出:①从总体上看,所有方法求解 2 目标优化问题得到的 I 测度随着进化代数的增加而减小。这说明随着进化代数的增加,这些方法得到的 γ-Pareto 前沿的不确定度越来越小。但是,对于优化问题 DTLZ$_I$1 和 DTLZ$_I$2,不同方法得到的 γ-Pareto 前沿的不确定度随着进化代数的增加具有不同的变化趋势。这意味着三种方法都不能有效控制复杂优化问题 γ-Pareto 前沿的不确定度。②从总体上看,对于相同的进化代数,除了优化问题 DTLZ$_I$1 之外,本章方法得到的 I 测度均小于 IP-MOEA 和 SPGA,特别是优化 ZDT$_I$1、ZDT$_I$6 及 DTLZ$_I$2 时。这意味着本章方法得到的 γ-Pareto 前沿的不确定度最小。由 3.6.2 节的性能比较准则可知,即使对于 DTLZ$_I$1,本章方法也优于 IP-MOEA。

表 3.2 列出不同方法求解 6 个基准优化问题的 T 测度,其中,加粗显示的数据是每行的最小值。由表 3.2 可以看出,对于所有优化问题,本章方法的 CPU 时间多于 IP-MOEA;对于 2 目标优化问题,本章方法的 CPU 时间也多于 SPGA;只

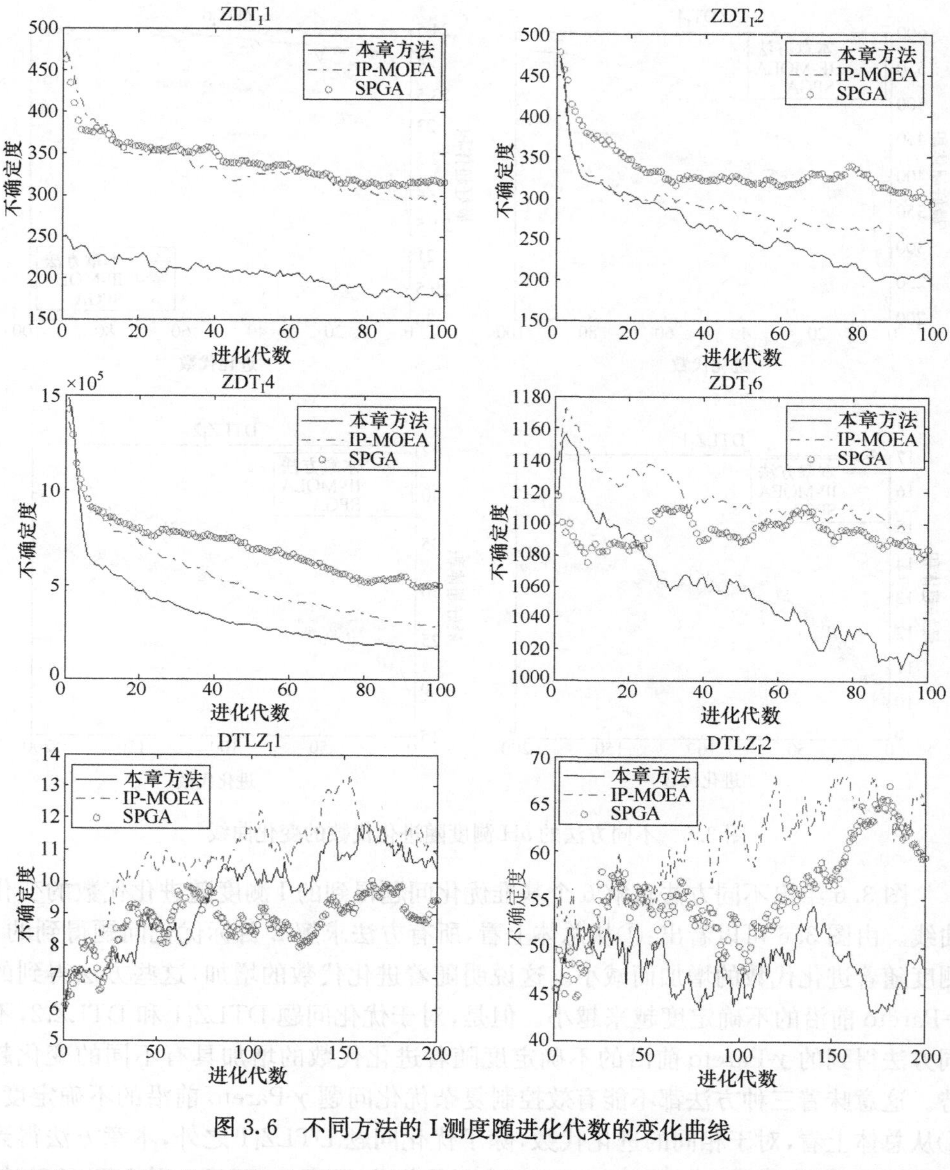

图 3.6　不同方法的 I 测度随进化代数的变化曲线

是对于 3 目标优化问题，本章方法的 CPU 时间才少于 SPGA。这说明虽然本章方法在 *b*H 和 I 测度上优于 IP-MOEA 和 SPGA，但是，该方法却需要更多的 CPU 时间。

由表 3.1 和表 3.2 可以看出，当 $\gamma=0.5$ 时，本章方法的 CPU 时间将大幅度下降，此时，对于绝大多数优化问题，本章方法的 CPU 时间明显优于 IP-MOEA 和 SPGA。

表 3.2　不同方法的 T 测度　　（单位：s）

	本章方法	IP-MOEA	SPGA
ZDT_I1	11.60	**9.64**	11.20
ZDT_I2	11.04	**5.25**	7.47
ZDT_I4	9.84	**7.38**	7.58
ZDT_I6	11.62	**4.59**	8.55
$DTLZ_I1$	17.40	**10.25**	19.52
$DTLZ_I2$	15.70	**9.92**	16.96

由此能够得到如下结论：对于 bH 测度，本章方法优于 IP-MOEA 和 SPGA；对于 I 测度，本章方法优于 IP-MOEA；除了优化问题 $DTLZ_I1$ 外，本章方法也优于 SPGA；但是，本章方法需要的 CPU 时间普遍较多。根据性能指标比较的顺序可知，本章方法优于 IP-MOEA 和 SPGA。

需要指出的是，上述结果是在本章方法中 γ 取 0.8 时得到的，此时，本章方法的 bH 和 I 测度并不是最优的。因此，当某优化问题对 bH 和 I 测度要求较高时，可以适当增加 γ 的取值；当对 T 测度要求较高时，可以适当减小 γ 的取值。这说明本章方法具有一定的柔性，能够通过 γ 的不同取值满足不同的优化要求。

3.7　本章小结

本章是第 2 章工作的延续，解决的问题仍然是区间多目标优化问题，目的仍然是得到一个逼近性好、分布均匀且具有好的延展性的 Pareto 最优解集，采用的方法是基于可信度下界的区间多目标进化优化方法，该方法的核心是：基于区间占优可信度下界，比较进化个体的性能。为了克服已有基于区间的占优关系的不足，本章提出一种基于区间可信度下界的占优关系，并用于 NSGA-Ⅱ框架下的非被占优解排序。

在本章方法中，区间占优可信度下界 γ 是一个非常重要的参数，对方法得到的超体积和 CPU 时间都有很大影响。理论分析和实验结果均表明，总体来讲，当 γ 的取值较大时，所提方法得到的超体积较优，但是，需要的 CPU 时间也较多。

将本章方法应用于 6 个基准区间多目标优化问题，并与两个典型不确定优化方法（即 IP-MOEA 和 SPGA）在最好超体积、不确定度、CPU 时间等三个性能指标上比较，实验结果表明，总体上讲，虽然本章方法需要的 CPU 时间稍长，但是，在最好超体积和不确定度上优于其他两种方法。

第 2 章和第 3 章研究的优化问题的目标函数都能够用明确定义的函数表示，这些目标函数称为显式目标函数，对应的性能指标称为定量指标。然而，现实世界的很多优化问题，除了包含上述定量指标之外，往往还包含定性指标，这些指标对应的目标函数无法用明确定义的函数表示，而只能由语言叙述、个人观点或者想法描述，且会因人、因时、因地而异。同时包含上述两类性能指标的优化问题称为混合指标优化问题[11]。由于评价定性指标的特殊性，第 2 章和第 3 章提出的方法显然无法求解该类问题，需要采用有针对性的进化优化方法。在接下来的第 4 章至第 6 章，即研究解决混合指标优化问题的进化优化方法。

参 考 文 献

[1] Deb K, Pratap A, Agarwal S, et al. A fast and elitist multi-objective genetic algorithm: NSGA-Ⅱ [J]. IEEE Transactions on Evolutionary Computation, 2002, 6(2): 182—197.

[2] Limbourg P, Aponte D E S. An optimization algorithm for imprecise multi-objective problem function [C]//Proceedings of IEEE Congress on Evolutionary Computation. New York: IEEE Press, 2005: 459—466.

[3] Sun J, Gong D W. Solving interval multi-objective optimization problems using evolutionary algorithms with lower limit of possibility degree [J]. Chinese Journal of Electronics, 2013, 22(2): 269—272.

[4] Eskandari H, Geiger C D, Bird R. Handling uncertainty in evolutionary multi-objective optimization: SPGA [C]//Proceedings of IEEE Congress on Evolutionary Computation. New York: IEEE Press, 2007: 4130—4137.

[5] 徐改丽，吕跃进. 不确定性多属性决策中区间数排序的一种新方法 [J]. 统计与决策，2008，19：154—157.

[6] 徐泽水，达利庆. 区间数的排序方法研究 [J]. 系统工程，2001，19(6)：94—96.

[7] 兰继斌，刘芳. 区间数可能度的二维定义 [J]. 数学的实践与认识，2007，37(24)：119—123.

[8] 冯向前. 区间数不确定多属性决策方法研究 [D]. 南京：南京航空航天大学博士学位论文，2007.

[9] While L, Hingston P, Barone L, et al. A faster algorithm for calculating hypervolume [J]. IEEE Transactions on Evolutionary Computation, 2006, 10(1): 29—38.

[10] Bader J, Zitzler E. HypE: An algorithm for fast hypervolume-based many-objective optimization [J]. Evolutionary Computation, 2011, 19(1): 45—76.

[11] Funes P, Bonabeau E, Herve J, et al. Interactive multi-participant tour allocation [C]//Proceedings of IEEE Congress on Evolutionary Computation. New York: IEEE Press, 2004: 1699—1705.

第 4 章　混合指标优化问题的大种群进化优化方法

优化问题的复杂性不但体现在目标函数的个数上，还体现在目标函数的表达形式上。与传统的多目标优化问题相比，混合指标优化问题的求解更加困难[1]。这类问题的显著特点是：有的性能指标能够用明确定义的函数表示，而有的则不能。如果这类问题的目标函数含有区间参数，或者决策者对定性指标的评价结果为区间，那么，该问题称为区间混合指标优化问题，其求解的难度就更大。

遵循从易到难的原则，本章将研究确定型混合指标优化问题，提出有效求解该问题的进化优化方法；第 5 章和第 6 章将研究区间混合指标优化问题，并提出用于求解该问题的进化优化方法。

采用进化优化方法求解混合指标优化问题时，评价某进化个体对两类指标满足程度的主体不同，分别是计算机和决策者（用户）。容易知道，评价相同数量的进化个体，计算机需要的时间较短，且不知疲倦；而用户需要的时间较长，且易于疲劳。因此，用户疲劳问题是影响该问题顺利解决的关键。

本章提出解决确定型混合指标优化问题的大种群进化优化方法，该方法采用的进化种群包含很多个体，因此，称之为大种群。首先，根据计算机计算定量指标耗时和用户评价定性指标耗时的比值确定每代提交给用户评价的进化个体数，以提高计算机的使用效率；然后，采用 K-均值聚类[2]，将进化种群分成若干类，由计算机计算所有进化个体的定量指标值，用户评价每类中心个体对定性指标的满足程度，并估计用户未评价个体的定性指标值，以减轻用户疲劳；最后，在 NSGA-Ⅱ框架下[3]实现种群进化，以得到定性和定量指标权衡的 Pareto 最优解集。将本章方法应用于室内布局这一典型混合指标优化问题，并与小种群进化优化方法比较，实验结果表明了本章方法的优越性。本章主要内容来自文献[4]。

4.1　方法的提出

尽管进化优化方法能够求解很多实际优化问题，但是，该方法成功应用的前提是优化问题的性能指标能够用明确定义的函数表示，也就是说，是定量指标，这是因为进化优化方法通过适应度函数引导种群进化。只有优化问题的性能指标是定量的，才能给出适应度函数的计算方法，从而计算进化种群中个体的适应值。然而，在实际应用中，不少问题涉及人的主观因素，如图像检索、音乐创作及艺术设计，它们的性能指标难以甚至无法用明确定义的函数表示，因此，也就无法应用传统的进化优化方法求解。

为了求解该问题，1986 年，Dawkins 提出交互式进化优化的思想，通过人机交互界面，把人的评价结果作为进化个体的适应值参与进化过程，并用于生成生物图形，为采用进化优化方法解决定性指标优化问题提供了新的思路[5]。

对于本章研究的混合指标优化问题，由于无法采用计算机评价某进化个体对定性指标的满足程度，因此，传统的多目标进化优化方法不再适用。鉴于此，需要在已有多目标进化优化方法的基础上，引入用户评价进化个体满足定性指标程度的机制，即定量指标仍然由计算机计算，只是对于定性指标，才由用户评价。基于此，采用传统的进化策略实现种群进化。

但是，上述方法需要用户参与整个进化过程，并给出进化个体对定性指标的满足程度，因此，用户疲劳问题成为制约该方法性能的核心问题[6]。采用合适的方法减轻用户疲劳，能够不同程度的提高该方法的性能，从而更好的解决实际优化问题。

目前，已有很多减轻用户疲劳的方法，典型的包括：采用神经网络、支持向量机及基于进化个体编码等方法，估计进化个体对定性指标的满足程度，从而减少用户评价进化个体的次数[7~10]；采用离散值表示进化个体对定性指标的满足程度，减轻用户评价进化个体的心理压力[11]；通过缩减搜索区域，加快种群收敛[12]；利用其他种群的进化结果，减少种群进化代数[13]。

鉴于混合指标优化问题的普遍性，近年来，已有很多成果采用进化优化方法求解该问题。到目前为止，混合指标进化优化理论与方法仍然是进化优化界的热点研究方向之一。周勇等对采用不同评价方式得到的指标值进行标度变换，通过加权得到进化个体适应值，并应用于服装设计问题[14]。Kamalian 等首先针对多个定量指标，采用传统的多目标遗传算法进化一定代数后，再由用户评价所得最优解对定性指标的满足程度，并基于用户的评价产生后续进化种群，从而打破了由于用户的交互而对进化种群规模和进化代数的限制，减轻了用户疲劳[15]；并且基于传统的多目标遗传算法，每隔一定进化代数，提交一部分进化个体供用户评价，由此改变这些进化个体的序值[16]。Brintrup 等考虑多定性指标优化问题，将交互式进化优化和模糊推理相结合，评价进化个体的定性指标值，并与定量指标一起，构成多目标优化问题，然后采用 NSGA-Ⅱ求解，并用于房间布局问题[17]；而且又进一步比较了上述两种方法的性能，并通过工厂布局问题，验证后者的性能优于前者[18]。最近，我们提出一种混合指标优化问题的遗传算法，将优化过程分成多个进化阶段，每一阶段根据被优化指标之间的关系，采用不同的优化方法，从而将一个复杂优化问题转化为多个简单串行优化问题，有效减轻了用户疲劳[19]。

上述方法为混合指标优化问题的求解提供了多种可行途径，但是，尚存在如下不足之处：①采用交互式进化优化方法优化定性指标时，种群规模和进化代数小，限制了方法的搜索性能；②由于分阶段优化两类指标，因此，优化结果难以保证对这两类指标同时较优；③采用交互式进化优化方法求解混合指标优化问题时，没有合理分配人机评价任务，导致计算机大量的空闲时间，降低了使用效率。

本章研究混合指标优化问题，并提出有效解决该问题的进化优化方法，该方法的目的是：通过合理分配评价进化个体对定性和定量指标满足程度的人机任务，在改进方法的搜索性能的同时，提高计算机的使用效率，并减轻用户疲劳。为便于阐述本章提出的方法，首先给出混合指标优化问题的数学表示。

4.2　混合指标优化问题

本章考虑式(4.1)描述的混合指标优化问题：

$$\begin{array}{ll} \min & f_1(\boldsymbol{x}), f_2(\boldsymbol{x}), \cdots, f_p(\boldsymbol{x}) \\ \max & f_{p+1}(\boldsymbol{x}), f_{p+2}(\boldsymbol{x}), \cdots, f_{p+q}(\boldsymbol{x}) \\ \text{s.t.} & \boldsymbol{x} \in S \subseteq R^n \end{array} \tag{4.1}$$

式中，$\boldsymbol{x}$ 为 n 维决策变量；S 为 $\boldsymbol{x}$ 的可行域；$f_i(\boldsymbol{x})(i=1,2,\cdots,p)$ 为定量指标对应的目标函数；$f_j(\boldsymbol{x})(j=p+1,p+2,\cdots,p+q)$ 为定性指标。需要说明的是，由于定性指标无法用明确定义的函数表示，因此，这里仅给出该指标的形式表示。如果 $p=0$，那么，式(4.1)仅包含定性指标，能够采用交互式进化优化方法求解[17]；如果 $q=0$，那么，式(4.1)仅包含定量指标，能够采用传统的多目标进化优化方法求解[3]；如果 $p>0,q>0$，那么，式(4.1)为混合指标优化问题。容易知道，第三种情况是前两种情况的一般形式，因此，其解决方法也适用于前两种情况。

本章给出一种求解混合指标优化问题的进化优化方法，该方法需要解决如下两个关键技术：①人机评价任务的分配；②基于相似度[20]的进化个体定性指标值估计。这些技术将在 4.3 节和 4.4 节分别详细阐述。

4.3　人机评价任务分配

采用交互式进化优化方法求解混合指标优化问题时，由计算机和用户分别评价进化个体对定量和定性指标的满足程度。容易知道，评价相同数量的进化个体，计算机需要的时间较短，而用户需要的时间较长。鉴于此，本节从计算机和用户完成任务耗时的角度出发，充分利用计算机的空闲时间，合理分配两者的评价任务，以提高计算机的使用效率，从而扩大搜索范围，增强算法的探索性能。本节中，计算机的主要任务是计算种群中所有进化个体的定量指标值，而用户的主要任务是评价由计算机提交的每类中心个体对定性指标的满足程度。

一般来讲，采用交互式进化优化方法求解定性指标优化问题时，用户评价的进化个体数与人机交互界面的大小相关。为了提高计算机的使用效率，应保证每代计算机和用户完成各自的任务，需要的时间大致相当，即计算机计算每代进化种群中所有个体的定量指标值的耗时与用户评价每类中心个体对定性指标满足程度的耗时大致相当。因此，用户每代评价的进化个体数与上一代计算机和用户耗时密切相关。由于两者耗时的比值是变化的，相应的，每代用户评价的进化个体数也是变化的。本节固定计算机评价的进化个体数，根据人机评价任务耗时的比值，确定用户每代评价的进化个体数。具体方法如下：

记进化种群规模为 N，用户评价第 t 代进化种群的个体数为 $N_c(t)$，计算机计算 N 个进化个体的定量指标值的耗时为 $T(t)$，用户评价 $N_c(t)$ 个进化个体的定性指标的耗时为 $T'(t)$，那么，用户评价一个进化个体的平均耗时为 $\frac{T'(t)}{N_c(t)}$。为了保证在每一代计算机的评价耗时和用户的评价耗时大致相当，用户评价的第 t 代进化种群的个体数为

$$N_c(t)=\min\left\{\left\lceil \frac{T(t-1)}{T'(t-1)}N_c(t-1)\right\rceil, N_{\max}\right\} \tag{4.2}$$

式中，$\lceil\cdot\rceil$ 为向上取整函数；$N_{\max}$ 为交互界面最多能显示的进化个体数。本章取 $N_c(0)=N_{\max}$。

根据上述方法确定了用户评价的每代进化种群的个体数，接下来选择用户评价的进化个体。在交互式进化优化方法中，当采用大进化种群时，为了获得所有进化个体的适应值，且不增加用户的评价负担，一般采用合适的分类策略，对大种群进行分类后，由用户评价每类的代表个体，然后基于用户已评价的少量进化个体的适应值，估计种群中其余个体的适应值。本章也采用同样的策略，具体方法如下：首先，根据式(4.2)获得用户评价的第 t 代进化种群的个体数 $N_c(t)$，将其作为大进化种群的分类数；由于分类数已知，因此，采用 K-均值聚类方法[2] 对种群分类；然后，把每类的中心个体提交给用户，评价其定性指标值；在用户评价进化个体定性指标的同时，计算机计算进化种群中所有个体的定量指标值；最后，根据用户已评价进化个体的定性指标值，估计进化种群中其他个体的定性指标值。4.4 节将给出进化个体定性指标值的估计策略。

4.4 进化个体定性指标值估计

由 4.3 节人机评价任务的分配方法可知，在当前大进化种群中，有大量进化个体只有定量指标值，而没有定性指标值。为了实现种群进化，有必要根据已有的信息估计其余个体的定性指标值。本节即根据某待估计个体与其所在类的中心个体(即用户评价个体)之间的相似度估计该进化个体的定性指标值。

容易理解，某类中待估计个体与该类中心个体的相似度越高，那么，其定性指标值应越接近中心个体的定性指标值，且估计值越精确；反之，类中某待估计个体与该类中心个体的相似度越低，那么，估计值越偏离中心个体的定性指标值，且估计值越不精确。基于此，采用如下进化个体定性指标值估计方法：

记第 t 代进化种群为 $x(t)=\{x_1(t),x_2(t),\cdots,x_N(t)\}$。假设进化个体 $x_i(t)$ $(i=1,2,\cdots,N)$有 M 个基因意义单元[21]，其基因型为 $x_{i1}x_{i2}\cdots x_{iM}$，那么，$x(t)$中两个进化个体 $x_j(t)$和 $x_i(t)$的相似度能够表示为[20]

$$\alpha(x_j(t),x_i(t))=\frac{1}{M}\sum_{k=1}^{M}\alpha_k(x_j(t),x_i(t)) \tag{4.3}$$

式中，$\alpha_k(x_j(t),x_i(t))=\begin{cases}1, & x_{jk}(t)=x_{ik}(t)\\ 0, & x_{jk}(t)\neq x_{ik}(t)\end{cases}$。

记第 t 代种群的第 i 类为$\{c_i(t)\}$，中心个体为 $c_i(t)$，$i=1,2,\cdots,N_c(t)$，此即用户已评价的进化个体，其定性指标值为$(f_{p+1}(c_i(t)),f_{p+2}(c_i(t)),\cdots,f_{p+q}(c_i(t)))$。记类$\{c_i(t)\}$中第 j 个进化个体 $x_j(t)(x_j(t)\neq c_i(t))$的定性指标估计值为$(\hat{f}_{p+1}(x_j(t)),\hat{f}_{p+2}(x_j(t)),\cdots,\hat{f}_{p+q}(x_j(t)))$。根据 $x_j(t)$与 $c_i(t)$的相似度 $\alpha(x_j(t),c_i(t))$，$x_j(t)$的第 k 个定性指标的估计值可表示为

$$\hat{f}_{p+k}(x_j(t))=f_{p+k}(c_i(t))\mathrm{e}^{-(1-\alpha(x_j(t),c_i(t)))} \tag{4.4}$$

由此可知，获取进化个体的定性指标值可以通过两种途径，分别是用户评价和基于式(4.4)的估计。这样一来，就能够得到任一进化个体的指标值。基于这些值，能够采用任一种进化多目标优化方法优化这两类指标，本章采用 NGSA-Ⅱ求取优化问题(4.1)的 Pareto 最优解集。需要注意的是，每代进化种群的个体都需要获取定量和定性指标值，具体算法流程将在 4.5 节阐述。

4.5　算法描述

在 NSGA-Ⅱ框架下进化种群，并采用本章所提方法评价进化个体的性能，能够得到有效求解混合指标优化问题的大种群进化优化方法，该方法的步骤如下：

步骤 1：设置进化控制参数，生成初始种群。

步骤 2：计算机根据用户评价个体数对进化种群分类。

步骤 3：人机并行执行评价任务，在用户评价每类中心个体的定性指标的同时，计算机计算进化种群中所有个体的定量指标值。

步骤 4：根据用户已评价的中心个体的定性指标值，采用 4.4 节的方法，估计进化种群中用户未评价个体的定性指标值。

步骤 5：根据进化个体的两类指标值，采用传统的 Pareto 占优和拥挤距离[3]比较不同进化个体的性能，并实施进化操作，以生成下一代种群。

步骤 6:判断是否满足停机准则。若是,输出优化结果,算法结束;否则,根据式(4.2)更新用户评价的下一代进化种群的个体数,转步骤 2。

图 4.1 是本章算法的流程图,其中,灰色部分是本章提出的方法。从流程图可以直观看出,本章方法的显著特点是人机协同完成评价任务。

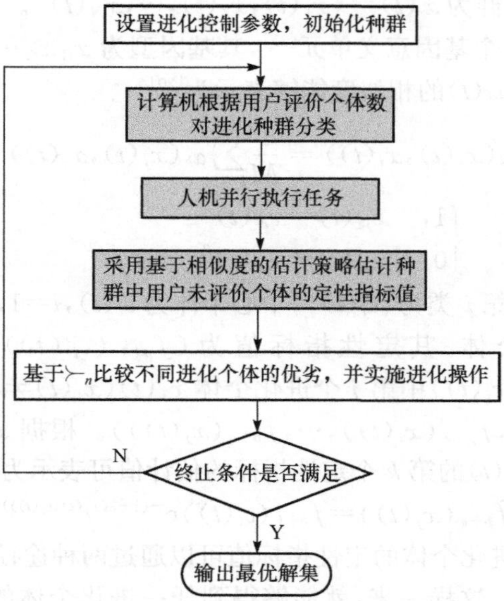

图 4.1　算法流程

4.6　性能分析

本节比较本章方法与传统交互式进化优化方法求解混合指标优化问题的性能差异,主要比较如下两个指标:①搜索到的进化个体数,用于说明不同方法的搜索性能;②用户评价的进化个体数,用于说明不同方法对减轻用户疲劳的影响。

4.6.1　搜索到的进化个体数

记传统交互式进化优化方法求解混合指标优化问题的种群规模为 $N_{\max}$。受交互界面大小的限制,$N_{\max}=N$。此外,记种群最大进化代数为 T,那么,种群进化 $T_0(T_0\leqslant T)$代之后,本章方法搜索到的进化个体数为 NT_0,而传统交互式进化优化方法搜索到的进化个体数为 $N_{\max}T_0$。由于 $N_{\max}=N$,因此,本章方法搜索到的进化个体数远大于传统交互式进化优化方法。这说明与传统交互式进化优化方法相比,本章方法能够有更多的机会找到用户满意的进化个体。

4.6.2　用户评价的进化个体数

种群进化 T_0 代之后，本章方法用户评价的进化个体数为 $\sum_{t=1}^{T_0} N_c(t)$，其余 $NT_0 - \sum_{t=1}^{T_0} N_c(t)$ 个进化个体由计算机按照 4.4 节的估计策略得到；对于传统交互式进化优化方法，用户评价的个体数为 $N_{\max} T_0$。由式(4.2) 可知，$N_c(t) \leqslant N_{\max}$，因此，$\sum_{t=1}^{T_0} N_c(t) \leqslant N_{\max} T_0$。这意味着采用本章方法，用户评价的进化个体数并不会增加，从而能够减轻用户疲劳。

根据上述分析，得到如下结论：与传统交互式进化优化方法相比，本章方法在不增加用户疲劳的前提下，能够搜索到更多的进化个体，从而有更多的机会找到用户满意的个体。4.7 节将本章方法应用于室内布局优化系统中，并通过对比试验验证所提方法的性能。

4.7　在室内布局优化系统的应用

4.7.1　问题描述

考虑一套普通居室的布局问题，如图 4.2 所示，该居室由 3 个卧室、1 个客厅、1 个厨房、1 个卫生间及过道构成，该居室的开间 W(总宽)和进深 L(总长)是已知的，因此，其面积也是已知的。优化的目标是：合理分配每一部分的开间和进深，使得该居室的造价最低，且满足用户的审美需求。很明显，这是一个典型的混合指标优化问题，该问题包含 1 个定量指标，即居室的造价，记为 $f_1(\boldsymbol{x})$；此外，还包含 1 个定性指标，即用户的审美需求，记为 $f_2(\boldsymbol{x})$。可以看出，$f_2(\boldsymbol{x})$无法用明确定义的函数表示。

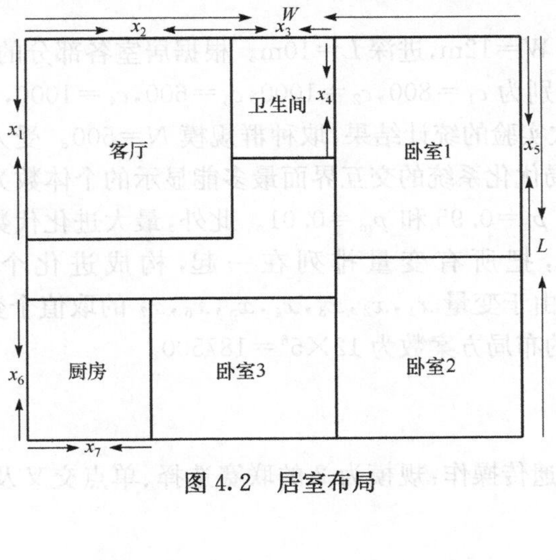

图 4.2　居室布局

现在建立该问题的数学模型。由于居室各部分的功能不同，因此，各部分单位面积的造价也不同。记客厅、卫生间、卧室 1、厨房、卧室 3、卧室 2 及过道的单位面积造价分别为 $c_1, c_2, \cdots, c_7$，那么，居室的总造价可以表示为

$$C(\boldsymbol{x})=c_1x_1x_2+c_2x_3x_4+c_3(W-x_2-x_3)x_5+c_4x_6x_7+c_5x_6(x_2+x_3-x_7)\\+c_6(W-x_2-x_3)(L-x_5)+c_7((x_2+x_3)(L-x_1-x_6)+(x_1-x_4)x_3) \tag{4.5}$$

式中，$\boldsymbol{x}=(x_1,x_2,\cdots,x_7)^{\mathrm{T}}$，各分量分别表示图 4.2 中对应部分的开间或进深，记

$$f_1(\boldsymbol{x})=C(\boldsymbol{x}) \tag{4.6}$$

如果将 $\boldsymbol{x}$ 作为室内布局问题的决策变量，那么，该问题能够建模为如下优化问题：

$$\begin{aligned}
\min\quad & f_1(\boldsymbol{x})=c_1x_1x_2+c_2x_3x_4+c_3(W-x_2-x_3)x_5+c_4x_6x_7+c_5x_6(x_2+x_3-x_7)\\
& \qquad +c_6(W-x_2-x_3)(L-x_5)+c_7((x_2+x_3)(L-x_1-x_6)+(x_1-x_4)x_3)\\
\max\quad & f_2(\boldsymbol{x})\\
\text{s.t.}\quad & x_1\in\{4.0,4.3,4.6,4.9,5.2\}\\
& x_2\in\{4.0,4.3,4.6,4.9,5.2,5.5,5.8,6.1,6.4,6.7,7.0,7.3\}\\
& x_3\in\{2.0,2.3,2.6,2.9,3.2\}\\
& x_4\in\{2.0,2.4,2.8,3.2,3.6\}\\
& x_5\in\{1.0,2.0,3.0,4.0,5.0\}\\
& x_6\in\{2.6,2.9,3.2,3.5,3.8\}\\
& x_7\in\{1.0,2.0,3.0,4.0,5.0\}
\end{aligned} \tag{4.7}$$

在建筑标准中，各部分的开间和进深通常取一些离散值，所以，本节优化问题的决策变量只能在特定的离散数构成的集合中选取。

4.7.2 参数设置

取居室的开间 $W=12\text{m}$，进深 $L=10\text{m}$。根据居室各部分的功能，设定每部分的单位面积造价分别为 $c_1=800, c_2=1000, c_3=600, c_4=1000, c_5=600, c_6=600, c_7=500$。通过多次实验的统计结果，取种群规模 $N=500$。受人机交互界面大小的限制，取室内布局优化系统的交互界面最多能显示的个体数为 $N_{\max}=12$。交叉和变异概率分别为 $p_c=0.95$ 和 $p_m=0.01$。此外，最大进化代数 $T=10$。本章采用实数编码方式，把所有变量排列在一起，构成进化个体的基因型，即 $x_1x_2x_3x_4x_5x_6x_7$。由于变量 $x_1, x_2, x_3, x_4, x_5, x_6, x_7$ 的取值个数分别为 5、12、5、5、5、5、5，因此，总的布局方案数为 $12\times5^6=187500$。

4.7.3 遗传操作

本节采用如下遗传操作：规模为 2 的联赛选择、单点交叉及单点变异[22]。根

据 Pareto 序值和拥挤距离比较不同进化个体的性能，具体方法请读者参阅文献[3]。需要说明的是，尽管采用实数编码方式把所有变量排列在一起，构成进化个体的基因型，但是，由于每个变量的值是从其对应的离散集合中选取的，因此，这里的单点交叉和单点变异操作类似于二进制编码。具体的讲，对于单点交叉操作，随机选择一个交叉点，两个父代个体交换从交叉点之后的编码串，从而产生两个新的进化个体；单点变异操作是随机选择一个变异点，从该变异点的基因对应的离散集合中，随机选择一个值代替父代个体该变异点的基因，从而产生一个新的进化个体。

4.7.4　交互界面设计及操作方法

图 4.3 给出采用 Visual Basic 6.0 在 Windows XP 平台上开发的室内布局优化系统的交互界面，包括如下四部分：①室内布局各部分的名称；②种群进化信息，如进化代数、用户评价的进化个体数、评价时间、交叉和变异概率；③进化个体的表现型和适应值；④进化命令按钮，如“开始”、“下一代”、“结束”。用户评价进化个体的定性指标采用百分制，且分值越高，用户对该进化个体越满意。

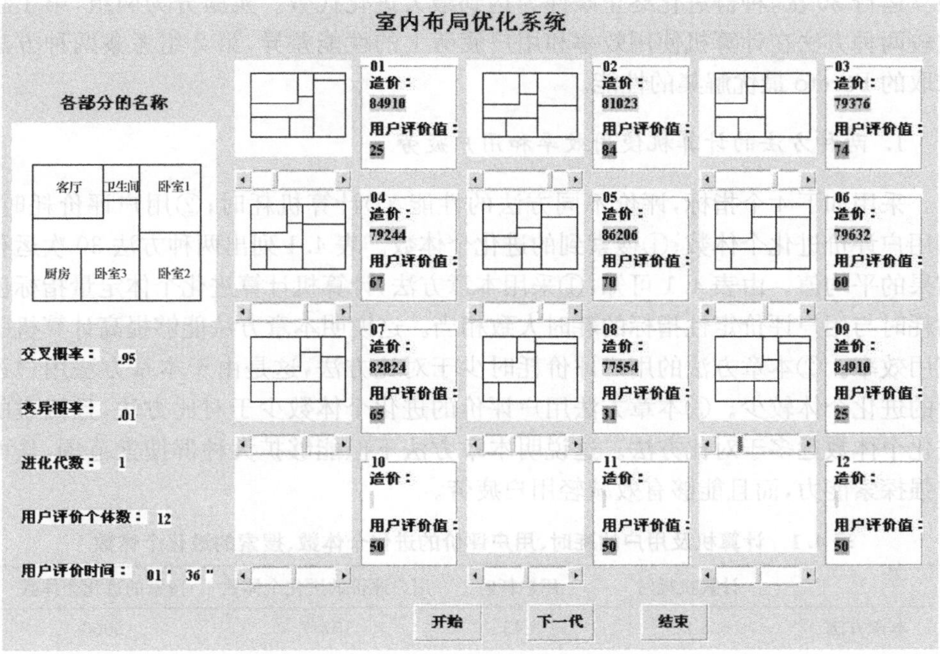

图 4.3　人机交互界面

用户点击“开始”按钮，室内布局优化系统的交互界面呈现给用户 $N_c(0)=N_{max}$ 个进化个体。用户评价完所有进化个体后，点击“下一代”按钮。在这个过程中，计算机记录 $T(0)$ 和 $T'(0)$，并根据式(4.2)计算用户评价的第 1 代进化种群的个体数 $N_c(1)$。在第 1 代中，首先，计算机根据用户评价的进化个体数 $N_c(1)$ 对种群分类，并提交每类的中心个体供用户评价，在用户评价的同时，计算机计算进化种群所有个体的定量指标值；然后，根据用户已评价的进化个体，利用式(4.4)估计类中其他进化个体的定性指标值；最后，采用 Pareto 占优和拥挤距离[3]比较进化个体的优劣，并通过实施遗传操作生成下一代进化种群。这时，计算机根据式(4.2)更新用户评价的下一代进化种群的个体数，重复第 1 代的操作，直到满足停机准则，停止进化，得到优化结果。

4.7.5 实验结果与分析

本小节通过对比实验验证本章方法的优越性。比较对象为一种典型的、能有效解决混合指标优化问题的交互式进化优化方法，关于该方法的详细内容，请读者参阅文献[17]。该方法优化两类指标时，采用小种群，受交互界面大小的限制，这里取种群规模为 12。其他参数的设置同本章方法，如 4.7.2 节所述。每种方法均独立运行 30 次，种群进化终止条件为达到最大进化代数。实验分为两组，第 1 组比较两种方法在计算机使用效率和用户疲劳上的性能差异，第 2 组考察两种方法求取的 Pareto 最优解集的性能。

1. 两种方法的计算机使用效率和用户疲劳

采用如下 4 个指标，评价不同方法的性能：①计算机耗时；②用户评价耗时；③用户评价进化个体数；④搜索到的进化个体数。表 4.1 列出两种方法 30 次运行结果的平均值。由表 4.1 可知：①采用本章方法，计算机计算进化个体定量指标值的耗时与用户评价定性指标的耗时大致相当。这说明本章方法能够提高计算机的使用效率。②本章方法的用户评价耗时少于对比方法，这是由于本章方法用户评价的进化个体较少。③本章方法用户评价的进化个体数少于对比方法，且搜索的进化个体数远多于对比方法。这说明本章方法不但能够扩大种群搜索范围，从而增强探索能力，而且能够有效减轻用户疲劳。

表 4.1　计算机及用户的耗时、用户评价的进化个体数、搜索的进化个体数

	计算机耗时	用户耗时	用户评价的进化个体数	搜索的进化个体数
本章方法	8′20″	8′43″	107.7	5000
文献[17]方法	2′	9″32″	120	120

考虑本章方法用户评价的进化个体数和耗时，对 30 次实验结果用户评价的每代进化种群个体数和耗时取平均值，得到如图 4.4 所示的曲线。由图 4.4 可以看出，种群进化过程中，用户评价的进化个体数随用户的评价耗时动态变化，如果用

户在当前代的耗时长，那么，用户在下一代评价的进化个体数将减少；反之，如果用户在当前代的耗时短，那么，用户在下一代评价的进化个体数将增多。这与式(4.2)的设计目的完全一致。

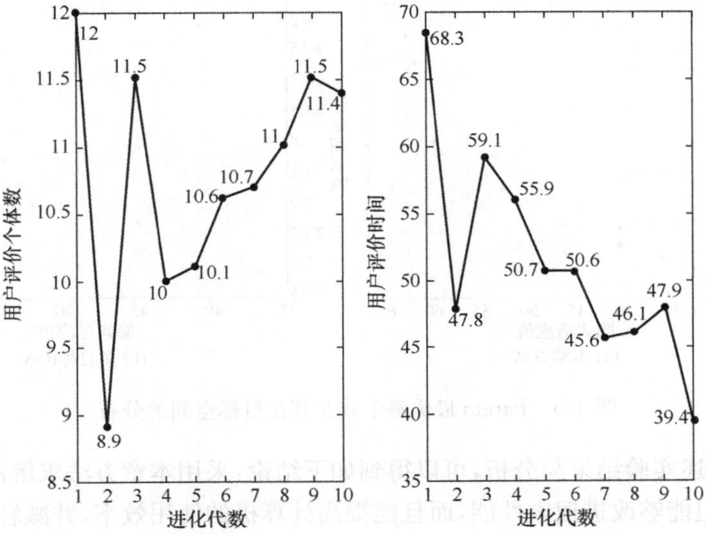

图 4.4　用户评价的进化个体数和评价时间随进化代数的变化曲线

2. 两种方法得到的 Pareto 最优解集

采用如下三个指标，评价不同方法得到的 Pareto 最优解集的性能：①Pareto 最优解个数；②分布度[23]，简称 D 测度；③指标平均值。表 4.2 列出两种方法各运行 30 次得到的上述指标的平均值。由表 4.2 可以得到：①本章方法得到的 Pareto 最优解远多于对比方法。这说明本章方法能够为用户提供更多的选择。②本章方法得到的 D 测度小于对比方法。这意味着本章方法得到的 Pareto 最优解集的分布比对比方法均匀。③本章方法得到的定量指标平均值小于对比方法，且定性指标平均值大于对比方法。这暗示着本章方法得到的 Pareto 最优解集的质量更高。

表 4.2　不同方法得到的 Pareto 最优解集

	最优解个数	D 测度	定量指标平均值	定性指标平均值
本章方法	11.7	260.47	78490.93	54.29
文献[17]方法	5.6	309.38	79232.55	50.36

图 4.5 为两种方法在第 10 代得到的 Pareto 最优解的个数及其在目标空间的分布，其中，图 4.5(a)和图 4.5(b)分别为本章方法和对比方法得到的 Pareto 前

沿。比较两图可知，本章方法得到的 Pareto 最优解多于对比方法，且 Pareto 前沿的分布比对比方法均匀。

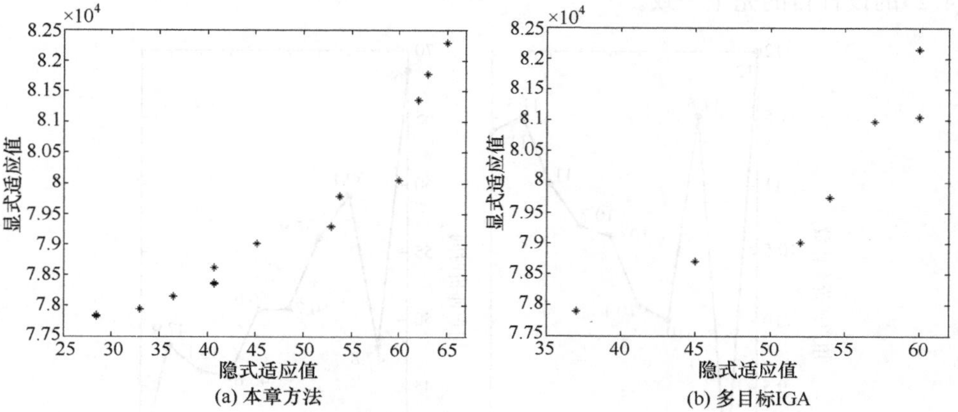

图 4.5　Pareto 最优解个数及其在目标空间的分布

通过上述实验结果与分析，可以得到如下结论：采用本章方法求解混合指标优化问题，不但能够改进搜索性能，而且能提高计算机的使用效率，并减轻用户疲劳。此外，还能够得到性能优越的 Pareto 最优解集。总之，本章方法能够有效解决混合指标优化问题。

4.8　本章小结

与第 2 章和第 3 章不同，本章解决的问题是同时含有定量和定性指标的优化问题，采用的方法除了对定性指标的评价主体不同之外，其他与传统的多目标进化优化方法完全相同。

鉴于两类指标评价的主体分别是计算机和人，且不同主体评价同一进化个体需要的时间不同，本章从合理分配两者任务的角度出发，提出一种求解混合指标优化问题的大种群进化优化方法。该方法采用大种群进化，增强了搜索能力；根据计算机计算定量指标值耗时和用户评价定性指标耗时的比值，动态调整用户评价的每代进化个体数，提高了计算机的使用效率；采用基于相似度的估计方法，估计种群中用户未评价个体的定性指标值，减轻了用户疲劳；此外，采用 Pareto 占优关系与拥挤距离比较不同进化个体的优劣，保证了定量和定性指标取得权衡，最终得到收敛性好且分布均匀的 Pareto 最优解集。

将本章方法应用于室内布局这一典型的混合指标优化问题，并与一种传统的交互式进化优化方法比较，实验结果验证了所提方法的有效性。

本章解决的优化问题尽管同时含有定量和定性两类指标，使得问题的求解变得困难，但是，定量指标不含有任何不确定参数，此外，用户对定性指标的评价结果也是一个确定数值，因此，这两类指标值均是确定的。也就是说，本章研究的问题是确定型混合指标优化问题，提出的求解方法也仅适用于该问题。

如果优化问题的性能指标由于含有区间参数，或者由于用户的评价，使得它们的取值不再是确定数值，而是区间，那么，该问题即是区间混合指标优化问题，其求解将更加困难，且本章提出的方法也不再适用。鉴于此，有必要研究求解区间混合指标优化问题的有效方法。第 5 章将在本章工作的基础上研究区间混合指标优化问题，并提出一种有效求解该问题的进化优化方法。

参考文献

[1] Funes P, Bonabeau E, Herve J, et a1. Interactive multi-participant tour allocation [C]//Proceedings of IEEE Congress on Evolutionary Computation. New York: IEEE Press, 2004: 1699－1705.

[2] Lee J Y, Cho S B. Sparse fitness evaluation for reducing user burden in interactive algorithm [C]//Proceedings of IEEE Congress on Fuzzy Systems. New York: IEEE Press, 1999, (2): 998－1003.

[3] Deb K, Pratap A, Agarwal S, et al. A fast and elitist multi-objective genetic algorithm: NSGA-Ⅱ [J]. IEEE Transactions on Evolutionary Computation, 2002, 6(2): 182－197.

[4] 巩敦卫，秦娜娜，孙晓燕. 混合性能指标优化问题的大种群规模进化算法 [J]. 控制理论与应用，2010, 27(6): 769－774.

[5] Dawkins R. The Blind Watchmaker [M]. Essex: Longman, 1986.

[6] Takagi H. Interactive evolutionary computation: Fusion of the capabilities of EC optimization and human evaluation [C]//Proceedings of IEEE. New York: IEEE Press, 2001, 89(9): 1275－1296.

[7] 周勇，巩敦卫，郝国生. 交互式遗传算法基于 NN 的个体适应度分阶段估计 [J]. 控制与决策，2005, 20(2): 234－236.

[8] Llora X, Alias F, For1miga L, et al. Evaluation consistency in IGAs: User contradictions as cycles in partial-ordering graphs[R]. Urbana: University of Illinois at Urbana-Champaign, 2005.

[9] 郝国生，巩敦卫，史有群. 交互式遗传算法的机器代替用户方法 [J]. 模式识别与人工智能，2006, 19(1): 111－115.

[10] 王上飞，薛佳，王煦法. 基于绝对尺度预测的交互式进化算法 [J]. 模式识别与人工智能，2006, 19(3): 417－421.

[11] Takagi H, Ohya K. Discrete fitness values for improving the human interface in an interactive GA [C]//Proceedings of IEEE Congress on Evolutionary Computation. New York: IEEE Press, 1996: 109－112.

[12] Gong D W, Hao G S, Shi Y, et al. Interactive genetic algorithm with holding down survival of the fittest based on extinction mechanism [J]. International Journal of Information Technology, 2005, 11(10): 11－20.

[13] Gong D W, Zhou Y, Li T. Cooperative interactive genetic algorithm based on user's preference [J]. International Journal of Information Technology, 2005, 11(10): 1－10.

[14] 周勇，巩敦卫，张勇. 混合性能指标优化问题的进化优化方法及应用 [J]. 控制与决策，2007, 22(3): 352－356.

[15] Kamalian R, Takagi H, Agogino A M. Optimized design of MEMS by evolutionary multi-objective opti-

mization with interactive evolutionary computation [C]//Proceedings of Genetic and Evolutionary Computation Conference. New York: ACM Press, 2004: 1030－1041.

[16] Kamalian R, Zhang Y, Takagi H, et al. Reduced human fatigue interactive evolutionary computation for micro-machine design [C]//Proceedings of 4th International Conference on Machine Learning and Cybernetics. New York: IEEE Press, 2005: 5666－5671.

[17] Brintrup A, Ramsden J, Tiwari A. Integrated qualitativeness in design by multi-objective optimization and interactive evolutionary computation [C]//Proceedings of IEEE Congress on Evolutionary Computation. New York: IEEE Press, 2005: 2154－2160.

[18] Brintrup A, Ramsden J, Tiwari A. An interactive genetic algorithm-based framework for handling qualitative criteria in design optimization [J]. Computers in Industry, 2007, 58(3): 279－291.

[19] 巩敦卫，唐雷. 混合性能指标优化问题的分阶段进化优化 [J]. 系统仿真学报，2007，21(19)：4936－4939.

[20] Gong D W, Yuan J, Ma X P. Interactive genetic algorithms with large population size [C]//Proceedings of IEEE Congress on Evolutionary Computation. New York: IEEE Press, 2008: 1678－1685.

[21] 郝国生，巩敦卫，史有群，等. 基于满意域和禁忌域的交互式遗传算法 [J]. 中国矿业大学学报，2005，34(2)：204－208.

[22] 周明，孙树栋. 遗传算法原理及应用 [M]. 北京：国防工业出版社，1999.

[23] Schoot J R. Fault tolerant design using single and multicriteria genetic algorithms optimization [D]. Cambridge: Massachusetts Institute of Technology, 1995.

第5章 区间混合指标优化问题的大种群进化优化方法

第4章针对确定型混合指标优化问题提出一种有效求解该问题的大种群进化优化方法,但是,对于区间混合指标优化问题,该方法并不适用。鉴于区间混合指标优化问题的普遍性,有必要研究求解该问题的有效方法。

与确定型混合指标优化问题相比,区间混合指标优化问题的显著特点在于定量或(和)定性指标值为区间。因此,容易想到,如果采用合适的方法,将区间指标值转化为确定的数值,那么,可以利用第4章提出的进化优化方法求解转化后的优化问题,从而区间混合指标优化问题也能够顺利解决。这说明求解区间混合指标优化问题的关键在于区间指标值的转化。

本章研究区间混合指标优化问题,并提出有效解决该问题的大种群进化优化方法。首先,采用区间分析[1],将区间混合指标优化问题转化为确定型混合指标优化问题;然后,针对转化后的优化问题,提出一种有效解决该问题的交互式进化优化方法,该方法基于进化种群的相似度和进化代数,确定大进化种群的分类数,并利用4.4节提出的策略,估计用户未评价进化个体的定性指标值,此外,采用Pareto占优和拥挤距离[2],比较不同进化个体的优劣。对4.7节的室内布局问题引入区间不确定性,并将本章方法应用于该问题,实验结果证实了本章方法的有效性。本章主要内容来自文献[3]。

5.1 方法的提出

为了提出求解区间混合指标优化问题的进化优化方法,首先剖析需要解决的优化问题。前面已经说明,与第4章研究的混合指标优化问题相比,本章研究的优化问题除了同时含有定量和定性指标之外,这些指标值还采用区间表示。但是,不同类型的指标包含的不确定性产生的根源不同。对于定量指标,包含的不确定性主要来源于参数,确切地讲,含有的参数取值不是精确数值,而是区间;对于定性指标,包含的不确定性主要来源于用户的评价,也就是说,用户对候选解(进化个体)满足定性指标的评价结果不是精确数值,而是区间。此外,这两类指标包含的不确定性引入的时机不同。对于定量指标,在采用某方法求解优化问题之前就已经存在;而定性指标包含的不确定性,则是在求解该优化问题过程中引入的。

对于区间定量指标优化问题,或者说前面考虑的区间(多)目标优化问题,目前已有很多进化优化方法用于求解。但是,对于区间定性指标优化问题,已有的求解方法却很少。除了区间定性指标优化问题之外,根据用户对定性指标评价结果的表示形式,目前研究的不确定定性指标优化问题还有模糊定性指标优化问题、随机定性指标优化问题、模糊随机定性指标优化问题等。但是,通过合适的方法,后面这三类问题都能够转化为区间定性指标优化问题。因此,从这个意义上讲,研究解决区间定性指标优化问题的方法是非常有意义的。这同时也说明研究区间混合指标优化问题具有广泛的应用背景和广阔的应用前景。

为了便于读者了解已有的不确定定性指标进化优化方法,现在对相关工作进行简要的综述。我们利用交互式进化优化方法求解定性指标优化问题时,曾采用区间表示进化个体适应值,并基于区间概率占优比较进化个体的性能,有效反映了用户认知的不确定性[4]。进一步,考虑到用户对评价对象认知的模糊性,我们又采用通过高斯型隶属函数描述的模糊数表示进化个体适应值,并基于模糊截集和区间概率占优比较进化个体的优劣[5]。用户评价过程中,除了含有模糊不确定性之外,还可能含有随机不确定性。鉴于此,Sun 等采用模糊随机数表示用户对进化个体的评价结果,并基于置信水平和模糊截集将模糊随机数转化为区间,进一步利用区间概率占优比较进化个体的质量[6]。此外,郭广颂等还采用灰度表示进化个体满足定性指标的程度[7]。

上述方法能够很好反映用户对进化个体满足定性指标程度的评价,且降低了用户评价时的心理负担,因而能够在有效减轻用户疲劳的同时,增强算法的性能。但是,对于本章研究的区间混合指标优化问题,由于包含的指标数量多、类型不同,且这些指标还含有区间不确定性,因此,上述方法无法有效解决该问题。

从第 1 章至第 4 章对已有研究成果的综述可知,目前采用进化优化方法解决的问题,要么是区间(多)定量或定性指标优化问题,要么是确定型混合指标优化问题,适用于区间混合指标优化问题的进化优化方法还很少。

鉴于此,本章研究有效求解区间混合指标优化问题的进化优化方法。首先,采用区间分析,将区间混合指标优化问题转化为确定型混合指标优化问题;然后,采用提出的大种群进化优化方法,求解转化后的确定型优化问题。鉴于第 4 章已经提出进化个体的评价方法,因此,本章仅需要解决如下两个关键技术:区间混合指标转化和大进化种群分类。5.2 节将详细阐述区间混合指标转化的方法。

5.2 区间混合指标转化

本节首先给出区间混合指标优化问题的数学模型;然后利用区间分析[1],将其转化为确定型混合指标优化问题。

考虑如下区间混合指标优化问题:

$$
\begin{aligned}
&\min \quad f_1(\boldsymbol{x},\boldsymbol{c}_1), f_2(\boldsymbol{x},\boldsymbol{c}_2), \cdots, f_p(\boldsymbol{x},\boldsymbol{c}_p) \\
&\max \quad f_{p+1}(\boldsymbol{x}), f_{p+2}(\boldsymbol{x}), \cdots, f_{p+q}(\boldsymbol{x}) \\
&\text{s. t.} \quad \boldsymbol{x} \in S \subseteq R^n \\
&\qquad \boldsymbol{c}_i = (c_{i1}, c_{i2}, \cdots, c_{il})^{\mathrm{T}}, c_{ik} = [\underline{c}_{ik}, \overline{c}_{ik}], k=1,2,\cdots,l
\end{aligned} \tag{5.1}
$$

式中，$\boldsymbol{x}$ 为 n 维决策向量；S 为 $\boldsymbol{x}$ 的可行域；$f_i(\boldsymbol{x},\boldsymbol{c}_i)(i=1,2,\cdots,p)$ 为含区间参数的定量指标对应的目标函数（$f_j(\boldsymbol{x})(j=p+1,p+2,\cdots,p+q)$ 为定性指标，其值为区间，是用户对候选解（进化个体）满足定性指标程度的评价结果；$\boldsymbol{c}_i$ 为区间向量参数，其中，c_{ik} 为 $\boldsymbol{c}_i$ 的第 k 个分量，$\underline{c}_{ik}$ 和 $\overline{c}_{ik}$ 分别为 c_{ik} 的下限和上限。

如果 $p=0$，那么，式(5.1)为区间定性指标优化问题；如果 $q=0$，那么，式(5.1)为区间定量指标优化问题，或区间多目标优化问题；如果 $p>0$，$q>0$，那么，式(5.1)为区间混合指标优化问题。容易看出，前两种情况均是第三种情况的特殊形式，因此，适用于第三种情况的优化方法，也能够有效求解前两种情况描述的优化问题。

下面利用区间分析将两类区间指标转化为确定型指标。

5.2.1　区间定量指标转化

Jiang 等研究区间多目标最小化问题[8]，采用中点和半径表示区间后，将原优化问题转化为区间目标中点和半径最小化问题，从而将区间多目标优化问题转化为确定型多目标优化问题，使得已有的进化优化方法能够用于求解转化后的优化问题。

事实上，除了中点和半径能够表示区间目标函数之外[9]，还可以采用其他方法，如采用区间上限和下限[1]。容易理解，不同的区间目标函数表示方法，对研究问题的侧重点不同，反映了决策者的期望目标。本章采用区间中点和半径表示目标函数值，其中，区间中点反映区间目标函数值的平均性能，而区间半径反映区间目标函数值的不确定度。相应的，期望目标包括如下两个方面：①区间目标函数值的平均性能尽可能的好；②区间目标函数值的不确定度尽可能的小。

考虑式(5.1)的第 i 个定量指标对应的目标函数 $f_i(\boldsymbol{x},\boldsymbol{c}_i)$，$i=1,2,\cdots,p$，采用上述方法，把区间定量指标 $f_i(\boldsymbol{x},\boldsymbol{c}_i)$ 最小化问题转化为确定型目标函数的中点 $m(f_i(\boldsymbol{x},\boldsymbol{c}_i))$ 和半径 $R(f_i(\boldsymbol{x},\boldsymbol{c}_i))$ 最小化问题。如果这两个目标函数的取值范围不同，可以采用归一化方法统一其标度[10]。具体方法如下：记 $f_i(\boldsymbol{x},\boldsymbol{c}_i)$ 中点的最小和最大值分别为 $\varphi_{\min}=\min m(f_i(\boldsymbol{x},\boldsymbol{c}_i))$ 和 $\varphi_{\max}=\max m(f_i(\boldsymbol{x},\boldsymbol{c}_i))$，半径的最小和最大值分别为 $\Psi_{\min}=\min R(f_i(\boldsymbol{x},\boldsymbol{c}_i))$ 和 $\Psi_{\max}=\max R(f_i(\boldsymbol{x},\boldsymbol{c}_i))$，它们随着优化进程而变化。求取 $\dfrac{m(f_i(\boldsymbol{x},\boldsymbol{c}_i))-\Psi_{\min}}{\Psi_{\max}-\Psi_{\min}}$ 和 $\dfrac{R(f_i(\boldsymbol{x},\boldsymbol{c}_i))-\Psi_{\min}}{\Psi_{\max}-\Psi_{\min}}$ 后，采用加权法将 2 目标优化问题转化为单目标优化问题。这样一来，转化后的目标函数可以表示为

$$\min \tilde{f}_i(\boldsymbol{x})=\beta\frac{m(f_i(\boldsymbol{x},\boldsymbol{c}_i))-\varphi_{\min}}{\varphi_{\max}-\varphi_{\min}}+(1-\beta)\frac{R(f_i(\boldsymbol{x},\boldsymbol{c}_i))-\Psi_{\min}}{\Psi_{\max}-\Psi_{\min}} \tag{5.2}$$

式中，$\beta\in[0,1]$为权值，反映用户对$m(f_i(\boldsymbol{x},\boldsymbol{c}_i))$的偏好；而$1-\beta$则反映用户对$R(f_i(\boldsymbol{x},\boldsymbol{c}_i))$的偏好。

5.2.2　区间定性指标值转化

用户对候选解(进化个体)满足定性指标程度的评价结果为区间，为叙述方便，也采用区间中点和半径表示评价结果，即定性指标值。对于式(5.1)的定性指标$f_j(\boldsymbol{x}),j=p+1,p+2,\cdots,p+q$，当用户评价$\boldsymbol{x}$的性能时，只需给出定性指标值的中点和半径，即$m(f_j(\boldsymbol{x}))$和$R(f_j(\boldsymbol{x}))$，其中，$m(f_j(\boldsymbol{x}))$反映$\boldsymbol{x}$对定性指标$f_j(\boldsymbol{x})$满足程度的平均值；$R(f_j(\boldsymbol{x}))$反映用户评价的不确定度。需要特别指出的是，这两个值均是精确数值。

当用户评价$\boldsymbol{x}$的定性指标$f_j(\boldsymbol{x})$时，存在如下4种情况：①用户对$\boldsymbol{x}$非常满意，这时，用户通常给出一个较大的$m(f_j(\boldsymbol{x}))$和较小的$R(f_j(\boldsymbol{x}))$；②用户对$\boldsymbol{x}$满意但不确定，这时，用户通常给出一个较大的$m(f_j(\boldsymbol{x}))$和$R(f_j(\boldsymbol{x}))$；③用户对$\boldsymbol{x}$非常不满意，这时，用户通常给出一个较小的$m(f_j(\boldsymbol{x}))$和$R(f_j(\boldsymbol{x}))$；④用户对$\boldsymbol{x}$不满意但不确定，这时，用户通常给出一个较小的$m(f_j(\boldsymbol{x}))$和较大的$R(f_j(\boldsymbol{x}))$。

采用与区间定量指标转化完全相同的方法，将式(5.1)的区间定性指标值最大化问题转化为区间中点最大化和区间不确定度最小化问题；然后，采用加权法将上述确定型2目标优化问题进一步转化为单目标优化问题。这样一来，转化后的目标函数可以表示为

$$\max \tilde{f}_j(\boldsymbol{x})=r\frac{m(f_j(\boldsymbol{x}))-\upsilon_{\min}}{\upsilon_{\max}-\upsilon_{\min}}-(1-r)\frac{R(f_j(\boldsymbol{x}))-\xi_{\min}}{\xi_{\max}-\xi_{\min}} \tag{5.3}$$

式中，$\upsilon_{\min}=\min m(f_j(\boldsymbol{x}))$，$\upsilon_{\max}=\max m(f_j(\boldsymbol{x}))$，$\xi_{\min}=\min R(f_j(\boldsymbol{x}))$，$\xi_{\max}=\max R(f_j(\boldsymbol{x}))$分别表示用户评价的某代进化种群定性指标值的最小值、最大值和不确定度的最小值、最大值，它们也随着优化进程而变化；$r\in[0,1]$为权值，根据用户对$m(f_j(\boldsymbol{x}))$和$R(f_j(\boldsymbol{x}))$的偏好确定。

采用上述方法转化两类指标后，式(5.1)能够转化为如下确定型混合指标优化问题：

$$\begin{aligned}&\min\quad \tilde{f}_1(\boldsymbol{x}),\tilde{f}_2(\boldsymbol{x}),\cdots,\tilde{f}_p(\boldsymbol{x})\\&\max\quad \tilde{f}_{p+1}(\boldsymbol{x}),\tilde{f}_{p+2}(\boldsymbol{x}),\cdots,\tilde{f}_{p+q}(\boldsymbol{x})\end{aligned} \tag{5.4}$$

式中，当$i=1,2,\cdots,p$时，$\tilde{f}_i(\boldsymbol{x})$的表达形式为式(5.2)；当$j=p+1,p+2,\cdots,p+q$时，$\tilde{f}_j(\boldsymbol{x})$的表达形式为式(5.3)。

容易看出，一方面，式(5.4)的每个目标函数都是确定函数(值)，不再为区间。

这样一来,能够采用已有的确定型混合指标优化问题的进化优化方法求解;另一方面,虽然式(5.4)的目标函数个数与式(5.1)相同,但是,目标函数的含义已经发生变化。因此,求得式(5.4)的优化解后,还需要通过式(5.1)求取相应的目标函数值。

5.3 进化种群分类数确定

第 4 章从合理分配人机评价任务的角度出发,提出一种大进化种群分类方法。本章根据种群相似度和进化代数确定大进化种群的分类数。容易理解,在种群进化初期,进化个体之间的相似度低,进化种群的多样性好,因而,进化种群的分类数应多;随着种群的不断进化,进化个体之间的相似度逐渐增加,进化种群的多样性逐渐降低,此时,进化种群的分类数应逐渐减少。鉴于此,提出如下大进化种群分类数的确定方法:

假设进化个体的基因型包含 M 个基因意义单元[11]。记第 t 代进化种群为 $x(t)$,种群规模为 N,$x(t)$被分成 $N_c(t)$类,且 $N_c(t)\leqslant N_{max}$,其中,N_{max}是交互界面最多能呈现的进化个体数。记 $x_i(t)(i=1,2,\cdots,N)$为种群的第 i 个进化个体,其基因编码为 $x_{i1}x_{i2}\cdots x_{iM}$,那么,进化个体 $x_i(t)$和 $x_j(t)$的相似度如式(4.3)。根据上述思想,进化种群 $x(t)$的相似度可以表示为

$$A(x(t))=\frac{1}{N(N-1)}\sum_{i=1}^{N}\sum_{j=1,j\neq i}^{N}\alpha(x_i(t),x_j(t)) \tag{5.5}$$

由式(5.5)可知,$A(x(t))\in[0,1]$。进化种群的个体相似度越小,$A(x(t))$越接近 0,进化种群的分类数 $N_c(t)$应越多。如果进化种群的所有个体都不同,那么,$A(x(t))=0$,$N_c(t)$应取最大值,即 N_{max};反之,进化种群的个体越相似,$A(x(t))$越接近 1,$N_c(t)$应越少。如果进化种群的所有个体都相同,那么,$A(x(t))=1$,$N_c(t)$应为 1。基于此,$N_c(t)$的计算公式可以表示为

$$N_c(t)=\lceil(A(x(t))+N_{max}(1-A(x(t))))e^{-\frac{t}{T}}\rceil \tag{5.6}$$

式中,$\lceil\cdot\rceil$为向上取整函数;T 为最大进化代数;$e^{-\frac{t}{T}}$用于调节种群的分类数。

根据进化种群的相似度和进化代数,式(5.6)给出大进化种群的分类数。基于此,可以采用聚类方法对大进化种群分类。虽然 K-均值聚类方法[12]自身存在一些不足,如对初始点的选择非常敏感,但是,对 K-均值聚类方法的改进已超出本章的范围。因此,本章仍采用 K-均值聚类方法对大进化种群分类。分类完成之后,可以采用 4.4 节的估计策略获取进化个体的定性指标值,进而采用已有的遗传操作实现种群进化。5.4 节将给出详细的算法描述。

5.4 算法描述

算法的基本思想是:采用大种群进化,根据进化种群的相似度和进化代数确定进化种群的分类数,并采用 K-均值聚类方法对进化种群分类;计算机计算所有进化个体的定量指标值,而用户仅评价每类中心个体对定性指标的满足程度,并采用中心和不确定度表示评价结果;其他进化个体对定性指标的满足程度,根据用户已评价的中心个体,采用基于相似度的估计策略得到;采用 Pareto 占优和拥挤距离[2]比较不同进化个体的优劣。具体步骤如下:

步骤 1:设置进化控制参数,生成初始种群。

步骤 2:根据 5.3 节方法确定进化种群分类数,采用 K-均值聚类方法对大进化种群分类。

步骤 3:解码进化个体,用户评价每类中心个体的定性指标,计算机计算所有进化个体的定量指标值;采用 5.2 节方法将上述区间定量和定性指标值转化为精确数值。

步骤 4:根据 4.4 节方法估计进化种群中用户未评价进化个体的定性指标值。

步骤 5:采用 Pareto 占优和拥挤距离比较不同进化个体的优劣,实施进化操作,以生成下一代种群;转步骤 2。

步骤 6:判断算法是否满足停机准则。若是,输出优化结果;否则,转步骤 2。

图 5.1 是本章算法的流程图,其中,灰色部分是本章所提方法。从流程图可以

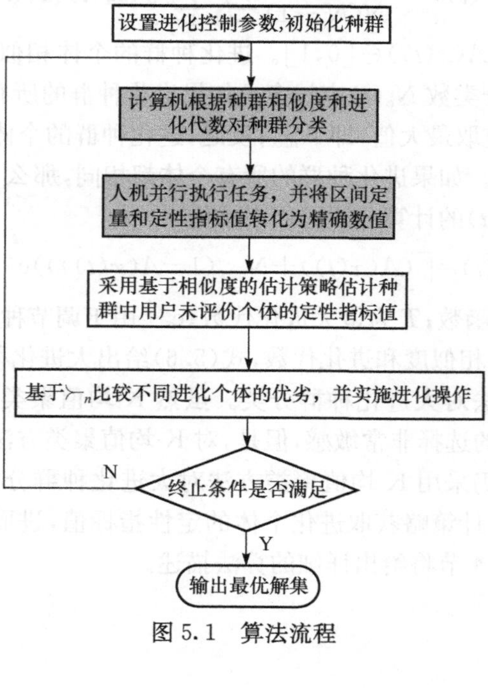

图 5.1 算法流程

直观看出，本章方法与第 4 章的不同之处有如下两个方面：①本章根据种群相似度和进化代数将大进化种群分类；②本章需要将区间指标值转化为精确数值，然后采用传统的 Pareto 占优关系比较进化个体的优劣。

5.5　在室内布局优化系统的应用

5.5.1　问题描述

考虑一套普通居室的布局问题，如图 4.2 所示，优化的目标是：合理分配每一部分的开间和进深，使得该居室的造价最少，且满足用户的审美需求。与 4.7.1 节描述的室内布局问题不同，本节考虑问题的性能指标含有区间不确定性。

该问题包含 1 个定量指标，即居室造价，该造价是各部分造价之和，由于受市场供求关系等因素的影响，每部分单位面积的造价不是精确值，而是在某一范围内波动的，即整个居室的造价是包含区间参数的目标函数，记为 $f_1(\boldsymbol{x},\boldsymbol{c})$；1 个定性指标，即满足用户的审美需求，记为 $f_2(\boldsymbol{x})$，由于 $f_2(\boldsymbol{x})$ 无法用明确定义的函数表示，且用户对评价对象的认知具有不确定性，这里采用区间表示用户的评价结果，即 $f_2(\boldsymbol{x})$ 的值为区间。

记 $\boldsymbol{x}$ 为室内布局问题的决策变量，那么，该问题可以建模为如下区间混合指标优化问题：

$$
\begin{aligned}
\min\ f_1(\boldsymbol{x},\boldsymbol{c}) = {} & c_1x_1x_2+c_2x_3x_4+c_3(W-x_2-x_3)x_5+c_4x_6x_7+c_5x_6(x_2+x_3-x_7) \\
& +c_6(W-x_2-x_3)(L-x_5)+c_7((x_2+x_3)(L-x_1-x_6)+(x_1-x_4)x_3) \\
\max\ & f_2(\boldsymbol{x}) \\
\text{s.t.}\ & x_1\in\{4.0,4.3,4.6,4.9,5.2\} \\
& x_2\in\{4.0,4.3,4.6,4.9,5.2,5.5,5.8,6.1,6.4,6.7,7.0,7.3\} \\
& x_3\in\{2.0,2.3,2.6,2.9,3.2\} \\
& x_4\in\{2.0,2.4,2.8,3.2,3.6\} \\
& x_5\in\{1.0,2.0,3.0,4.0,5.0\} \\
& x_6\in\{2.6,2.9,3.2,3.5,3.8\} \\
& x_7\in\{1.0,2.0,3.0,4.0,5.0\}
\end{aligned}
\tag{5.7}
$$

与 4.7.1 节一样，在建筑标准中，各部分的开间和进深通常取一些离散值，因此，本章的决策变量在特定的离散数集中选取。

需要注意的是，问题(5.7)的指标值并不是进化个体的适应值，需要进行转化，其中，$f_1(\boldsymbol{x},\boldsymbol{c})$ 是包含区间参数 $\boldsymbol{c}$ 的目标函数。首先，根据参数和变量的取值，按照定义 1.2 的运算法则计算目标函数区间；然后，计算区间中点和半径；最后，根据式(5.2)得到定量指标值。对于中心个体的 $f_2(\boldsymbol{x})$，首先，由用户评价得到区间中心和不确定度；然后，根据式(5.3)得到定性指标值；用户未评价个体的定性指标值，根据 4.4 节的估计策略得到。

5.5.2 参数设置

取居室的开间 $W=12.5\text{m}$,进深 $L=10\text{m}$。每部分的单位面积造价为区间,分别取 $c_1\in[800,900]$,$c_2\in[900,1100]$,$c_3\in[600,700]$,$c_4\in[900,1100]$,$c_5\in[600,700]$,$c_6\in[600,700]$,$c_7\in[400,600]$。为了增强算法的搜索能力,取种群规模 $N=200$。受人机交互界面大小的限制,取室内布局系统的交互界面最多显示的个体数为 $N_{\max}=12$。交叉和变异概率分别为 $p_c=0.95$ 和 $p_m=0.01$。此外,最大进化代数 $T=15$。事实上,不同的进化控制参数取值会影响算法的性能,但是,这不是本章研究的重点。采用实数编码方式,把所有变量排列一起,构成进化个体的基因型 $x_1x_2x_3x_4x_5x_6x_7$。由于变量 x_1、x_2、x_3、x_4、x_5、x_6、x_7 可能取值的个数分别为 5、12、5、5、5、5、5,因此,总的布局方案数为 $12\times5^6=187500$。本系统从 187500 个布局中选择满足定量和定性指标要求的布局。

5.5.3 遗传操作

本章仍采用下列遗传操作:规模为 2 的联赛选择、单点交叉、单点变异[13];此外,根据 Pareto 序值和拥挤距离比较不同进化个体的性能。具体内容请参阅 4.7.3 节。

5.5.4 交互界面设计及操作方法

采用 Visual Basic 6.0,在 Windows XP 平台上开发的室内布局优化系统的人机交互界面如图 5.2 所示,包括如下四部分:①室内布局各部分的名称。②进化统计信息和参数设置,包括进化代数、用户评价的进化个体数、评价时间、交叉和变异概率等。③每类中心个体的表现型和指标值,其中,定量指标值采用转化后的精确数表示,反映进化个体的造价,该值越小,造价越低;用户评价的区间中心和不确定度分别从离散值集合{100,200,300,400,500,600,700,800,900}及 0~100 的整数集中选择,某进化个体的区间中心越大,不确定度越小,用户对该进化个体越满意。④进化操作命令按钮,包括“开始”、“下一代”、“结束”等。

用户点击“开始”按钮后,系统生成初始种群,选择 $K=N_{\max}$,对初始种群聚类,并通过交互界面呈现 $N_c(0)=N_{\max}$ 个中心个体供用户评价。用户赋予这些中心个体的定性指标值之后,由式(4.4)估计其余进化个体的定性指标值,并由系统自动计算所有进化个体的定量指标值。种群进化 $t-1$ 代之后,如果用户点击“下一代”按钮,那么,系统对第 $t-1$ 代进化种群的个体采用 Pareto 占优和拥挤距离比较优劣,并通过遗传操作生成第 t 代进化种群,根据式(5.6)计算第 t 代进化种群的分类数 $N_c(t)$,选择 $K=N_c(t)$,对第 t 代进化种群聚类,并通过交互界面呈现 $N_c(t)$

个中心个体供用户评价。用户赋予这些中心个体的定性指标值之后，由式(4.4)估计其余进化个体的定性指标值，并由系统自动计算所有进化个体的定量指标值。用户通过点击“结束”按钮，停止种群进化，并显示优化结果。

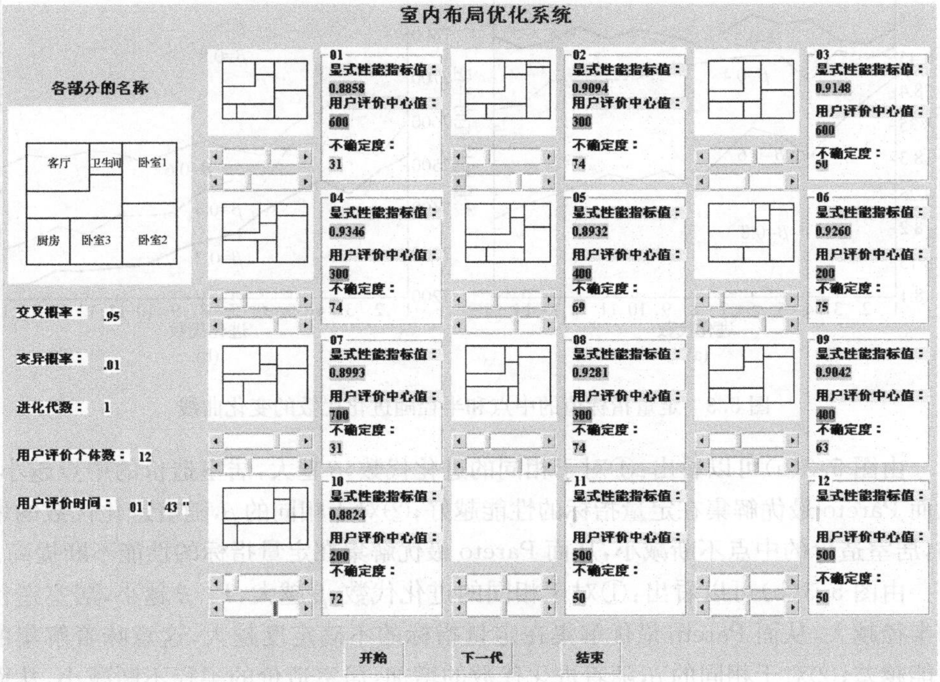

图 5.2　人机交互界面

5.5.5　实验结果与分析

本章实验分为三组：第 1 组考察不同权值对 Pareto 最优解集性能的影响；第 2 组考察用户认知随进化代数的变化情况；第 3 组验证本章方法解决确定型混合指标优化问题的性能。

1. 权值对 Pareto 最优解集性能的影响

本章通过加权区间中点和半径将区间混合指标优化问题转化为确定型混合指标优化问题。因此，权值对 Pareto 最优解集的性能有一定影响。这里，采用区间定量和定性指标各自的平均值评价求取的 Pareto 最优解集的性能。考虑到用户只评价每类中心个体，大部分进化个体的定性指标值通过估计得到，因此，本小节只分析不同权值对优化解定量指标值的影响。为此，取式(5.2)的 β 分别为 0.2、0.4、0.6 及 0.8，对每个权值独立进行 30 次实验，记录每代进化种群区间定量指标平均值的中点和半径，然后求 30 次结果的平均值。图 5.3 是这些平均值随进化代数的变化曲线。

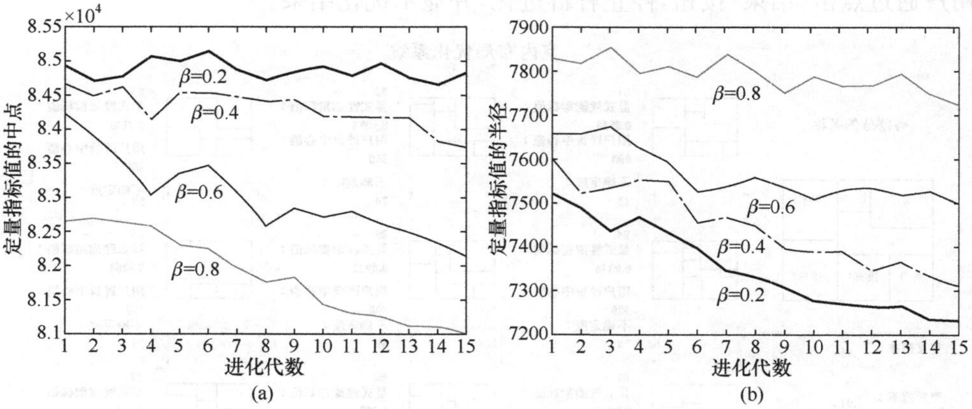

图 5.3　定量指标值的中点和半径随进化代数的变化曲线

由图 5.3(a)可以看出：①对于相同的进化代数，β 越大，居室造价的中点越小，从而 Pareto 最优解集在定量指标的性能越好；②对于相同的 β，随着进化代数的增加，居室造价的中点不断减小，从而 Pareto 最优解集在定量指标的性能不断提高。

由图 5.3(b)可以看出：①对于相同的进化代数，β 越大，$1-\beta$ 越小，居室造价的半径越大，从而 Pareto 最优解集在定量指标的不确定度越大，这意味着解集的性能越差；②对于相同的 β，随着进化代数的增加，居室造价的半径不断减小，从而 Pareto 最优解集在定量指标的不确定度越小，这说明解集的性能不断提高。

2. 用户认知随进化代数的变化

本小节考察用户认知随进化代数的变化规律。为此，取式(5.3)的 r 分别为 0.2、0.4、0.6、0.8。对每个权值独立进行 30 次实验，记录用户对每代进化种群中心个体评价的中点和不确定度，计算每代进化种群所有中心个体的平均中点和平均不确定度，然后求 30 次结果的平均值。图 5.4 是这些平均值随进化代数的变化曲线。

由图 5.4 可以看出：①在进化初期，用户赋予中心个体定性指标的中点较小，不确定度较大，这说明此时中心个体的性能不高，用户对进化个体评价结果的把握不大；②随着种群的不断进化，用户赋予中心个体定性指标的中点不断增大，不确定度不断减小，这说明系统找到了性能越来越好的进化个体，用户对评价对象的认知不断清晰。这意味着本章考虑定性指标评价结果的不确定性是合理的，且采用区间中点和不确定度表示定性指标值能够很好地反映用户的认知规律。

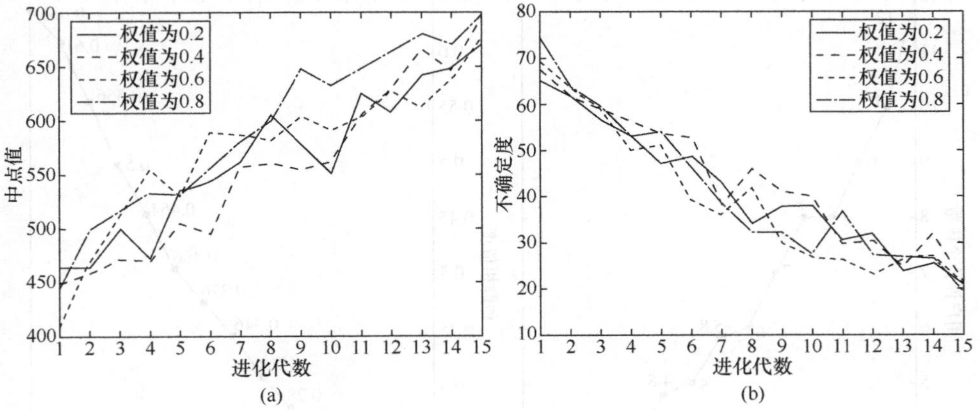

图 5.4 中心个体定性指标中点和不确定度随进化代数的变化曲线

3. 本章方法解决确定型混合指标优化问题的性能

通过对比实验验证本章方法解决确定型混合指标优化问题的性能。比较对象为到目前为止,有效解决确定型混合指标优化问题的进化优化方法,该算法采用小进化种群,详细内容请参阅文献[14]。受交互界面大小的限制,对比方法的进化种群规模取 12,其他参数设置如 5.5.2 节所述。取 $\beta=r=0.5$,且算法终止条件为种群进化达到最大代数。

首先,考察两种方法对用户疲劳的影响。采用如下三个指标,评价不同方法的性能:①用户评价耗时;②用户评价进化个体数;③搜索到的进化个体数。每种方法独立运行 30 次,记录上述三个性能指标,并计算它们的平均值,结果如表 5.1 所列。由表 5.1 可以看出:①本章方法的用户评价耗时为 8′59″,仅是对比方法的一半,这是因为本章方法用户评价的进化个体比较少;②本章方法用户评价的进化个体数为 91.6,是对比方法的一半,而搜索到的进化个体数为 3000,远多于对比方法的 180,这说明本章方法不但搜索能力强,而且能够大大减轻用户疲劳。

表 5.1 用户耗时、评价的进化个体数、搜索到的进化个体数

	用户耗时	用户评价进化个体数	搜索到的进化个体数
本章方法	8′59″	91.6	3000
文献[14]方法	17′18″	180	180

考虑本章方法用户评价的进化个体数和种群相似度的关系,对 30 次实验用户评价的每代进化个体数和种群相似度取平均值,得到它们随进化代数的变化曲线,如图 5.5 所示。

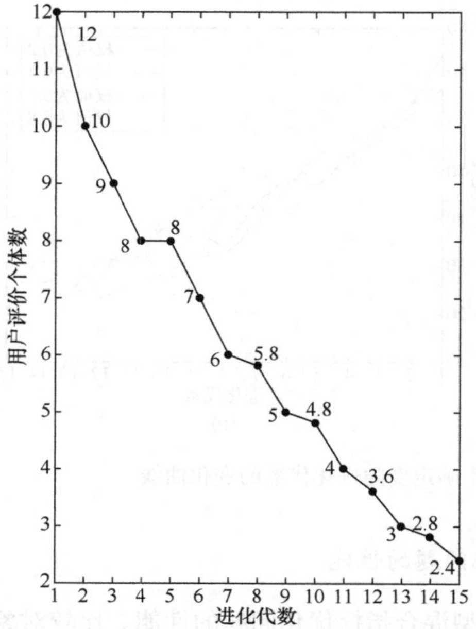

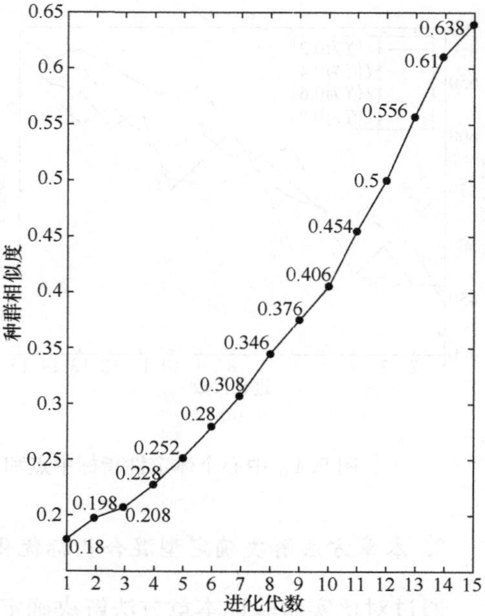

图 5.5 用户评价的进化个体数和种群相似度随进化代数的变化曲线

由图 5.5 可知:①随着种群的不断进化,进化种群的相似度不断增大,从第 1 代的 0.18 增大到第 15 代的 0.638;②随着种群的不断进化,进化种群的分类数,即用户评价的进化个体数不断减少,从第 1 代的 12 减少到第 15 代的 2.4。用户评价个体数的减少意味着用户疲劳程度的减轻,因此,本章方法能够有效减轻用户疲劳。此外,图中用户评价的进化个体数和种群相似度的定量关系与式(5.6)也是完全吻合的。

然后,考虑两种方法得到的 Pareto 最优解集。采用如下两个指标,评价不同方法得到的 Pareto 最优解集的性能:①最优解集包含个体数;②指标平均值。这里,指标平均值是将区间定性和定量指标值转化为精确数值的平均值。两种方法分别独立运行 30 次,记录上述两个指标,并取 30 次结果的平均,如表 5.2 所列。由表 5.2 可知:①本章方法得到 13.8 个 Pareto 最优解,远多于对比方法的 5.2,这说明本章方法能够为用户提供更多的选择;②本章方法得到的定量指标平均值为 0.9066,小于对比方法的 0.9444,而定性指标平均值为 0.3887,大于对比方法的 0.3159,这说明本章方法得到的 Pareto 最优解集的质量更高。

表 5.2 不同方法得到的 Pareto 最优解集

	最优解数	定量指标平均值	定性指标平均值
本章方法	13.8	0.9066	0.3887
文献[13]方法	5.2	0.9444	0.3159

图 5.6 为两种方法在第 15 代得到的 Pareto 最优解集在目标空间的分布，其中，图 5.6(a)和图 5.6(b)分别为本章方法和对比方法得到的 Pareto 前沿。通过比较容易知道，本章方法得到的 Pareto 前沿的分布明显比对比方法均匀。

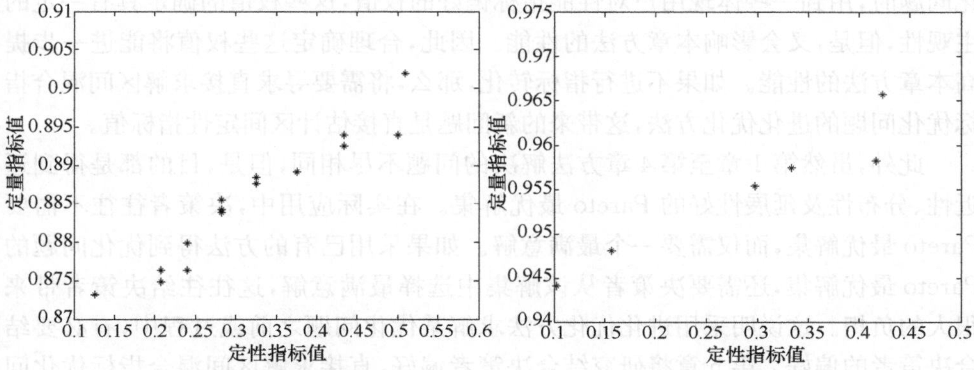

(a) 本章方法　　(b) 对比方法

图 5.6　不同方法得到的 Pareto 前沿

通过上述实验结果与分析可以得到如下结论：采用本章方法求解区间混合指标优化问题，在减轻用户疲劳的同时，能够得到高性能的 Pareto 最优解集。因此，本章方法能够有效解决该问题。

5.6 本章小结

本章解决的是区间混合指标优化问题，与第 4 章相比，该问题的复杂性主要体现在定量和定性指标值均为区间，因此，寻找合适的方法，将区间混合指标优化问题转化为确定型混合指标优化问题，并求解转化后的优化问题，是本章研究的重点。

为此，本章首先利用区间分析，将定量指标对应的目标函数和用户评价的定性指标值转化为区间中点和半径，并将区间中点和半径进一步加权成一个确定型指标，从而将区间混合指标优化问题转化为确定型混合指标优化问题；然后，针对转化后的优化问题，提出一种有效解决该问题的进化优化方法。与第 4 章方法的不同之处在于：本章基于进化种群的相似度和进化代数确定大进化种群的分类数；相同之处在于：用户评价的进化个体也是每类的中心个体，且基于中心个体的适应值和与中心个体的相似度估计用户未评价进化个体的定性指标值，此外，也采用 Pareto 占优和拥挤距离比较不同进化个体的优劣。

在本章方法的应用方面，在第 4 章室内布局问题的基础上引入区间不确定性。对比实验结果表明，采用本章方法求解区间混合指标优化问题不但能够减轻用户疲劳,而且能得到高性能的 Pareto 最优解集,这为该问题的顺利解决提供了一条可行途径。

需要说明的是,本章方法将区间混合指标优化问题转化为确定型混合指标优化问题时,用到一些体现用户对性能指标偏好的权值,这些权值的确定具有一定的主观性,但是,又会影响本章方法的性能。因此,合理确定这些权值将能进一步提高本章方法的性能。如果不进行指标转化,那么,将需要寻求直接求解区间混合指标优化问题的进化优化方法,这带来的新问题是直接估计区间定性指标值。

此外,虽然第 1 章至第 4 章方法解决的问题不尽相同,但是,目的都是得到逼近性、分布性及延展性好的 Pareto 最优解集。在实际应用中,决策者往往不需要 Pareto 最优解集,而仅需要一个最满意解。如果采用已有的方法得到优化问题的 Pareto 最优解集,还需要决策者从该解集中选择最满意解,这往往给决策者带来很大的负担。这说明采用进化优化方法求解某优化问题之前或过程中,有必要结合决策者的偏好。第 6 章将研究结合决策者偏好,直接求解区间混合指标优化问题的进化优化方法,以得到符合决策者偏好的一个最满意解。

参考文献

[1] Moore R E, Kearfott R B, Cloud M J. Introduction to Interval Analysis [M]. Philadelphia: SIAM Press, 2009.

[2] Deb K, Pratap A, Agarwal S, et al. A fast and elitist multi-objective genetic algorithm: NSGA-II [J]. IEEE Transactions on Evolutionary Computation, 2002, 6(2): 182—197.

[3] Gong D W, Qin N N, Sun X Y. Evolutionary algorithms for optimization problems with uncertainties and hybrid indices [J]. Information Sciences, 2011, 181(19): 4124—4138.

[4] Gong D W, Guo G S. Interactive genetic algorithms with interval fitness of evolutionary individuals [J]. Dynamics of Continuous, Discrete and Impulsive Systems, Series B: Complex Systems and Applications-modeling, Control and Simulations, 2007: 446—450.

[5] Gong D W, Yuan J, Sun X Y. Interactive genetic algorithms with individual's fuzzy fitness [J]. Computers in Human Behavior, 2011, 27(5): 1482—1492.

[6] Sun X Y, Gong D W. Interactive genetic algorithms with individual's fuzzy and stochastic fitness [J]. Chinese Journal of Electronics, 2009, 18(4): 619—624.

[7] 郭广颂,崔建峰. 基于进化个体适应值灰度的自适应交互式遗传算法 [J]. 计算机应用, 2008, 28(10): 2525—2528.

[8] Jiang C, Han X, Guan F J, et al. An uncertain structural optimization method based on nonlinear interval number programming and interval analysis method [J]. Engineering Structures, 2007, 29(11): 3168—3177.

[9] Ishibuchi H, Tanaka H. Multiobjective programming in optimization of the interval objective function [J]. European Journal of Operational Research, 1990, 48(2): 219—225.

[10] 周勇,巩敦卫,张勇. 混合性能指标优化问题的进化优化方法及应用 [J]. 控制与决策, 2007, 22(3): 352—356.

[11] 郝国生,巩敦卫,史有群,等. 基于满意域和禁忌域的交互式遗传算法 [J]. 中国矿业大学学报, 2005, 34

(2)：204－208.

[12] Lee J Y，Cho S B. Sparse fitness evaluation for reducing user burden in interactive algorithm[C]//Proceedings of IEEE Congress on Fuzzy Systems. New York：IEEE Press，1999，(2)：998－1003.

[13] 周明，孙树栋. 遗传算法原理及应用［M］. 北京：国防工业出版社，1999.

[14] Brintrup A，Ramsden J，Tiwari A. Integrated qualitativeness in design by multi-objective optimization and interactive evolutionary computation［C］//Proceedings of IEEE Congress on Evolutionary Computation. New York：IEEE Press，2005：2154－2160.

第 6 章　区间混合指标优化问题的区间偏好大种群进化优化方法

第 1 章至第 4 章针对区间多目标和(区间)混合指标优化问题分别给出求取 Pareto 最优解集的进化优化方法,这些方法的目的是找到逼近性、分布性及延展性好的 Pareto 最优解集。然而,在实际应用中,用户并不需要很多优化解,更多时候,仅需要其中之一。为此,需要根据用户偏好从众多 Pareto 最优解中选取最满意解。

近年来,在进化优化过程中融入用户偏好,并利用用户偏好指导种群的后续进化,已成为进化优化界的热点研究方向之一。但遗憾的是,对于区间多目标或区间混合指标优化问题,尚没有在进化优化过程中结合用户偏好求解的研究成果。鉴于此,在第 6 章至第 10 章中,即研究结合用户偏好,解决区间多目标或区间混合指标优化问题的进化优化方法,用户偏好采用三种方式表示。

本章研究区间混合指标优化问题,并提出有效解决该问题的区间偏好大种群进化优化方法,该方法采用大种群进化,以提高算法的搜索能力;利用基于相似度的策略,估计用户未评价进化个体的定性指标值,以减轻用户疲劳;采用区间表示用户对不同指标的偏好,并通过求解优化问题将上述区间偏好精确化;进一步,通过计算用户对具有相同序值进化个体的满意度引导种群向用户偏好的区域进化。将本章方法应用于室内布局这一典型的区间混合指标优化问题,并与其他 4 种方法比较,实验结果验证了所提方法的有效性。本章主要内容来自文献[1]。

6.1　方法的提出

虽然对于区间多目标和混合指标优化问题,目前已有很多求解方法,但是,关于区间混合指标优化问题的研究成果还很少。这是因为这类问题非常复杂,其复杂性主要体现在如下两个方面:①不但问题包含的指标数量多,而且类型不同;②每种类型的指标均含有区间不确定性。

尽管第 5 章提出一种有效解决区间混合指标优化问题的进化优化方法,但该方法尚存在很多局限性,主要包括:①该方法求解的是将区间混合指标优化问题转化后的确定型混合指标优化问题,由于问题转化过程中引入一些反映用户对性能指标偏好的权值,而这些权值的设定又具有主观性,因此,对于同一区间混合指标优化问题,不同的用户将得到不同的转化后确定型混合指标优化问题,从而原优化问题的解也不同。这意味着不进行问题转化而直接求解原来的区间混合指标优化问题或许是一种较好的途径。②采用基于相似度的方法估计用户未评价个体的定性指标值。这意味着已有的定性指标值估计方法不能够直接得到进化个体的区间定性指标值。③该方法经过一定代数的种群进化，得到的仅是收敛性、分布性、延展性好的 Pareto 最优解集。实际应用中，用户往往仅需要一个最满意解，此时，还需要用户从该最优解集中选取。如果该最优解集包含的解很多，那么，选取一个最满意解将消耗用户很多宝贵时间，并增加其评价负担。这些局限性充分说明，采用进化优化方法直接求解区间混合指标优化问题，并通过在求解过程中融入用户偏好，引导种群向用户偏好的区域进化，从而得到用户的最满意解，是十分必要的。

与求解单目标优化问题相比，求解多目标或者混合指标优化问题时，有两个同等重要的任务：搜索 Pareto 最优解集和从解集中选择最满意解[2]。这两个任务之间的先后关系决定了嵌入用户偏好的三种方法：第一种方法是先嵌入用户偏好，然后，基于用户偏好，转化原来的优化问题，并采取合适的优化方法，求解转化后的优化问题，这种方法称为用户偏好嵌入的先验方法，简称先验方法[3,4]；第二种方法是先采用合适的策略求解优化问题，得到一个满足期望性能的 Pareto 最优解集，然后，用户根据偏好从该解集中选择一或多个最满意解，这种方法称为用户偏好嵌入的后验方法，简称后验方法[5]；与前面两种用户偏好嵌入方法不同，第三种方法是采用某优化方法求解优化问题过程中嵌入用户偏好，由于用户偏好是通过与优化过程交互的方式嵌入的，因此，这种方法称为用户偏好嵌入的交互方法，简称交互方法[6~21]。

不管采用哪一种方式，要想得到用户的最满意解，必须嵌入其偏好。对于本章研究的区间混合指标优化问题，由于定性指标需要用户评价，因此，采用交互的方式嵌入用户偏好是很自然的。除了用户偏好的嵌入方式之外，偏好的表示形式也十分重要。虽然用户对不同指标赋予不同的权值是很常用的方式，但是，用户认知的不确定性使得先验地指定某指标的精确权值通常是很困难的。鉴于此，本章采用区间反映用户对指标偏好的不确定性。

基于上述考虑，本章求解区间混合指标优化问题时，采用交互方法嵌入用户对不同指标的偏好，并采用区间表示，称为区间偏好。此外，在 NSGA-Ⅱ[22] 范式下，采用大种群进化，并基于用户偏好反映进化个体的性能，在减轻用户疲劳的同时提高算法的搜索性能。

为使读者了解多目标进化优化中用户偏好的嵌入与应用方法，6.2 节将综述相关的研究成果。

6.2　嵌入用户偏好的多目标进化优化

近年来，融入用户偏好解决多目标优化问题[3~21] 成为进化优化界的热点研究方向之一。前已阐述,根据用户偏好嵌入方式的不同,融入用户偏好解决多目标优化问题的方法主要分为如下三类:先验方法、后验方法、交互方法。由于先验方法在解决优化问题之前需要用户提供偏好,因此,当用户对优化问题认知不够充分时,明确表达其偏好是非常困难的。后验方法需要用户从一个很大的 Pareto 最优解集中选择最满意解,除了提供大的 Pareto 最优解集需要很大计算量之外,用户选择也增加了评价负担。与前面两种方法相比,交互方法具有如下三个优点[2]:①表示用户偏好需要的信息比先验方法简单;②比后验方法需要的计算量小;③用户通过介入优化进程能够及时了解候选解,对得到的最满意解更加自信。这说明交互方法是解决多目标优化问题非常有潜力的方法。

鉴于文献[2]、文献[23]、文献[24]已经对多目标进化优化进行了详细综述,因此,本节仅简要评述近两年的研究工作。

Luque 等将参考点投射到 Pareto 最优解集上时,通过调整成就标量化函数的权重,反映用户偏好,以快速找到最满意解[6]。考虑过去的经验会影响用户期望,Miettinen 等提出 NAUTILUS 法,该方法从最低点开始,通过最小化成就标量化函数,每次迭代得到一个占优前一个的解,该标量化函数包含用户对目标函数值期望改进的偏好,且搜索定位在用户偏好的区域[7]。基于 Tchebycheff 方法、Wierzbicki 参考点方法,以及 Michalowski 和 Szapiro 过程,Luque 等给出了解决凸多目标规划的交互式方法。每次迭代,用户不仅能采用参考标准向量形式表达对目标函数的期望,也能采用保留向量形式表示对每个目标的最小可接受值[8]。这些方法基于参考点,采用数值方法求解多目标优化问题,最终得到用户最满意解。下面主要综述嵌入用户偏好的多目标进化优化方法。

张华军等提出一种最大化用户偏好的进化多目标优化方法,该方法采用加权法,将多目标优化问题转化为单目标优化问题后,利用遗传算法全局搜索,在满足反映用户偏好的约束条件下,每一代种群进化结束后,通过求解一个约束优化问题,获得种群综合适应值具有最大方差的权重组合,以选择综合最优的进化个体进行遗传操作[9]。Chen 等采用基于用户偏好的精英策略选择父代个体,从而提供更多接近用户偏好的解[10]。Chaudhuri 和 Deb 提出一种解决多目标优化问题的交互式进化优化方法,该方法结合多种进化多目标优化方法或多准则决策方法,采用边优化边决策的过程,开发功能强大且使用方便的交互式多目标进化优化算法软件[11]。此外,Deb 和 Kumar 结合参考方向法和进化优化方法,寻找用户最满意解,该方法需要用户提供一或多个参考方向,采用多目标进化优化方法,找到对应参考方向上的代表点集合,并进一步分析利用效用函数选择候选解的性能[12]。利用用户关于目标相对重要性的偏好,Rachmawati 和 Srinivasan 给出目标相对重要性的数学模型和提取算法,并提出结合用户偏好和 NSGA-Ⅱ的三种方法,提出的公理化模型把目标的相对重要性定义为严格偏好、同等重要和不可比,并在一致全局偏好和 Pareto 前沿之间建立一个函数关系，除了以先验方式提取用户偏好之外，也采用交互方式在搜索进程中修正全局偏好[13]。Said 等提出一种称为 r-占优的 Pareto 占优关系，能够在进化种群中建立全序关系，引导种群向用户偏好的区域搜索，用户偏好采用期望水平向量形式表示，并以先验和交互两种方式与 NSGA-Ⅱ结合，分别应用于 2 目标、3 目标、10 目标优化问题[14]。

从近两年的相关工作还可以看出，求解优化问题过程中，通过定期与用户交互，以逐渐获取其偏好，并构建用户偏好的代理模型，成为进化优化界的热点研究方向之一。构建用户偏好的代理模型方法可以分为如下三类：基于机器学习的方法[15,16]、基于拟合的方法[17,18]及基于偏好凸锥或多面体锥的方法[20,21]。

结合基于事例的有监督在线学习和进化算法，Krettek 等提出一种新的多目标交互式进化优化方法，该方法的种群每进化 n 代，将 Pareto 最优解集聚类，用户对每类的中心个体两两比较，并利用中心个体的相似性学习用户偏好，其优点是不需要确定用户偏好的表达形式[15]。Battiti 和 Passerini 采用反应式搜索方法，提出一种多目标交互式进化优化方法，该方法将在线机器学习作为自适应优化策略的组成部分，采用边优化边学习的方式，学习的目的是构建用户偏好的近似函数，以指导种群的后续进化[16]。这两种方法均在优化过程中获取用户偏好，并采用机器学习方法构建用户偏好的代理模型，以指导种群的后续进化。

Deb 等提出一种基于偏好的渐进多目标交互进化算法，在种群进化一定代数后，获取用户的偏好，以构建反映用户偏好的严格单调递增函数，利用基于偏好的占优关系，引导种群向用户最满意解搜索，该方法分别应用于 2 目标、3 目标、5 目标优化问题，结果表明了该方法的简单性和广阔前景[17]。该方法虽然能够得到用户偏好的表达形式，但是，需要用户事先给出函数类型。在文献[17]的基础上，Sinha 等提出一个拟合用户偏好的广义多项式函数，且该函数的乘积项个数可以任意变化，将提出的广义多项式函数应用于 PI-EMO-VF 框架，并在 3 目标和 5 目标约束优化问题上考察了所提方法的性能[18]。这两种方法均利用用户定期提供的偏好，采用一个优化过程拟合用户偏好，当用户给出拟合函数的类型时，能够得到用户偏好的数学表示。

假设用户偏好具有拟凹单调递增特性时，Korhonen 等提出一种解决确定型多准则决策问题的方法，该方法通过两两比较部分候选解生成凸多面体锥，由于用户不需要比较被凸锥占优的解，因此，能够大大减少用户评价的次数[19]。Fowler 等针对多目标背包问题，提出一种基于拟凹偏好函数的多目标交互式进化优化方法，该方法定期提交用户部分非被占优解，并利用获得的用户偏好生成偏好锥，对用户没有评价的非被占优解排序，从而引导种群向用户偏好的区域搜索，最终得到用户的最满意解[20]。Sinha 等利用多面体锥修改占优关系，提出一种基于用户偏好的多目标进化优化方法，该方法通过逐渐获取用户偏好，不断修改多面体锥，并利用该多面体锥缩减搜索空间，从而在感兴趣的区域寻找更好的优化解[21]。这些方法的共同特点是：不需要知道用户偏好的表达形式，仅利用用户从候选解中选出的最差或最好解，以及其他候选解，在目标空间构建反映用户偏好的凸锥或多面体锥，基于此，修改进化个体排序策略，将搜索集中在用户感兴趣的区域。与需要对所有候选解两两比较而言，基于凸锥或多面体锥的方法仅需要从候选解中选出最好和最差解，不仅能够大大减轻用户评价的负担，而且能避免因选择用户偏好函数带来的难题。

虽然本节综述的方法能够有效解决很多实际的多目标优化问题，从而得到用户的最满意解[14,17,21]，但是，这些方法只适用于求解确定型多目标优化问题。对于区间多目标优化问题，至今还没有结合用户偏好的求解方法，更不必说边优化边决策的方法。进化计算的权威期刊 *IEEE Transactions on Evolutionary Computation*(IEEE 进化计算汇刊)2010 年 10 月的特刊表明，以后的进化多目标优化方法将广泛地在优化过程中融入用户偏好[25]。因此，结合用户偏好解决区间多目标优化问题是非常富有挑战性和有意义的工作。

本章研究区间多目标优化问题，采用进化优化方法求解该问题过程中融入用户偏好。鉴于已有的研究成果，实现本章提出的方法尚需解决如下关键技术：①进化个体区间定性指标值估计；②用户区间偏好精确化；③进化个体排序。具体方法将在 6.3 节～6.5 节分别阐述。

6.3 进化个体区间定性指标值估计

4.4 节曾提出基于相似度[26]的定性指标值估计策略，该策略能够估计用户未评价个体的定性指标值，并采用精确值表示。但是，对于式(5.1)描述的区间混合指标优化问题，进化个体的定性指标值采用区间表示。因此，式(4.4)不适合估计本章研究问题的进化个体定性指标值。容易理解，当进化个体定性指标值采用区间表示时，对用户未评价个体的定性指标值估计要复杂得多。为此，本节提出一种进化个体区间定性指标值估计策略。

记第 t 代进化种群为 $x(t)$，第 i 个进化个体为 $x_i(t)$，其中，$i=1,2,\cdots,N$。对于两个进化个体 $x_i(t)$ 和 $x_j(t)$，采用式(4.3)可以得到它们的相似度，记为 $\alpha(x_i(t),x_j(t))$。为了将 $x(t)$ 分类，首先，根据人机交互界面和种群进化的进程确定分类数目，记为 N_c；然后，根据进化个体相似度，采用 K-均值聚类方法[27]的方法得到 $x(t)$ 的 N_c 个类，记为 $\{c_1(t)\},\{c_2(t)\},\cdots,\{c_{N_c}(t)\}$，相应地，这些类的中心个体分别是 $c_1(t),c_2(t),\cdots,c_{N_c}(t)$。

对于类 $\{c_i(t)\}$，由用户评价中心个体 $c_i(t)$ 的定性指标，得到用区间表示的定性指标值 $f_{p+1}(c_i(t)),f_{p+2}(c_i(t)),\cdots,f_{p+q}(c_i(t))$。而对于 $\{c_i(t)\}$ 的其他进化个

体,如 $x_j(t)$,$x_j(t)\neq c_i(t)$,采用如下策略估计它们的定性指标值:

记用户对 $c_i(t)$的第 k 个定性指标的评价值为$[\underline{f}_{p+k}(c_i(t)),\overline{f}_{p+k}(c_i(t))]$,基于该区间,可以得到 $x_j(t)$的第 k 个定性指标的估计值,也为一个区间,记为$[\underline{\hat{f}}_{p+k}(x_j(t)),\hat{\overline{f}}_{p+k}(x_j(t))]$。该区间应具有如下特性:$x_j(t)$与 $c_i(t)$的相似度越大,区间$[\underline{\hat{f}}_{p+k}(x_j(t)),\hat{\overline{f}}_{p+k}(x_j(t))]$越接近$[\underline{f}_{p+k}(c_i(t)),\overline{f}_{p+k}(c_i(t))]$,且区间宽度越小(但不小于$[\underline{f}_{p+k}(c_i(t)),\overline{f}_{p+k}(c_i(t))]$的宽度)。这意味着对 $x_j(t)$的第 k 个定性指标的估计值越准确。特别地,当 $x_j(t)$等于 $c_i(t)$时,区间$[\underline{\hat{f}}_{p+k}(x_j(t)),\hat{\overline{f}}_{p+k}(x_j(t))]$与$[\underline{f}_{p+k}(c_i(t)),\overline{f}_{p+k}(c_i(t))]$相等。鉴于此,$x_j(t)$的第 k 个定性指标的估计值可以表示为

$$\begin{aligned}\underline{\hat{f}}_{p+k}(x_j(t))&=\underline{f}_{p+k}(c_i(t))-\delta(\alpha(c_i(t),x_j(t)))\\ \hat{\overline{f}}_{p+k}(x_j(t))&=\overline{f}_{p+k}(c_i(t))+\delta(\alpha(c_i(t),x_j(t)))\end{aligned}\tag{6.1}$$

式中,

$$\delta(\alpha(c_i(t),x_j(t)))=K(1-\alpha(c_i(t),x_j(t)))\mathrm{e}^{-\alpha(c_i(t),x_j(t))}(f_{p+k}^{\max}-f_{p+k}^{\min})\tag{6.2}$$

式中,K 是一个用户设定的正值,在本章实验中,K 取 0.1;$f_{p+k}^{\min}$和 $f_{p+k}^{\max}$分别是第 k 个定性指标的最小和最大值,也由用户根据需要设定。

由式(6.1)和式(6.2)可以看出:①$\delta(\alpha(c_i(t),x_j(t)))$的取值随着 $\alpha(c_i(t),x_j(t))$值的增加而减少。这说明 $x_j(t)$与 $c_i(t)$的相似度越大,区间 $\underline{\hat{f}}_{p+k}(x_j(t)),\hat{\overline{f}}_{p+k}(x_j(t))]$的不确定度越小。由于$\delta(\alpha(c_i(t),x_j(t)))$的值大于或等于 0,因此,上述不确定度大于或等于区间$[\underline{f}_{p+k}(c_i(t)),\overline{f}_{p+k}(c_i(t))]$的不确定度,这与期望性质一致,并且也是符合常理的。②当 $x_j(t)$与 $c_i(t)$相似度较大时,即 $\alpha(c_i(t),x_j(t))$趋于 1 时,$\delta(\alpha(c_i(t),x_j(t)))$的取值趋于 0;当 $x_j(t)$与 $c_i(t)$相似度较小时,即 $\alpha(c_i(t),x_j(t))$趋于 0 时,$\delta(\alpha(c_i(t),x_j(t)))$的取值趋于 $K(f_{p+k}^{\max}-f_{p+k}^{\min})$,从而$\delta(\alpha(c_i(t),x_j(t)))$的取值范围为$[0,K(f_{p+k}^{\max}-f_{p+k}^{\min})]$。因此,式(6.2)的设计也符合期望性质。③$[\underline{\hat{f}}_{p+k}(x_j(t)),\hat{\overline{f}}_{p+k}(x_j(t))]$与$[\underline{f}_{p+k}(c_i(t)),\overline{f}_{p+k}(c_i(t))]$有相同的中点,这说明对第 k 个定性指标而言,$x_j(t)$和 $c_i(t)$具有相同的评价期望值。这是由于它们属于相同的类,而用户仅具有有限的分辨能力,因此,很难辨别两者的优劣。

比较式(4.4)和式(6.1)可以发现,利用式(4.4)估计 $x_j(t)$的定性指标值时,$x_j(t)$的定性指标估计值中点小于或等于 $c_i(t)$的定性指标评价值中点。这意味着中心个体的定性指标值中点在同类中是最大的。但是,由于事先不知道用户评价的适应值分布特性,因此,上述假定往往是没有依据的。然而,利用式(6.1)估计 $x_j(t)$的定性指标值时,同类个体具有相同的中点和不同的不确定度。这里,不必

假设类中心的定性指标评价值的中点是同类中最大的，因此，式(6.1)具有更广泛的适用范围。

6.4 用户区间偏好精确化

为反映用户认知的不确定性，用户对定量和定性指标的偏好采用区间表示。在将其融入优化过程前，本节给出一种将用户区间偏好精确化的方法。Wang 等曾解决权值不确定区间多属性决策问题，通过推导得到精确权值的计算方法，采用各属性加权和区间比较，确定不同决策方案的优劣[28]。本章借鉴文献[28]的思想，通过求解优化问题，对用户区间偏好进行精确化。

记用户对第 j 个指标的偏好为$[\underline{w}_j, \overline{w}_j]$。本节要解决的问题是：采用合适的方法，从$[\underline{w}_j, \overline{w}_j]$中选择一个精确数值，记为 w_j，使得某一设定的目标函数达到最优，这一精确数值称为用户对第 j 个指标的精确偏好。容易看出，这本质上是一个优化问题。

对于问题(5.1)，记种群进化 t 代后的保存集为$A(t)$，它是此时的 Pareto 最优解集，包含的最优解个数为$|A(t)|$，第 i 个最优解为$a_i(t)$，$i=1,2,\cdots,|A(t)|$，对应的第 j 个指标值为$[\underline{f}_j(a_i(t)), \overline{f}_j(a_i(t))]$。容易理解，对于不同的最优解，对应的第 j 个指标值也是不同的。对 $A(t)$中所有最优解而言，可以得到第 j 个指标值的最小下限和最大上限，分别记为 $\underline{f}_j^{\min}(A(t))$和 $\overline{f}_j^{\max}(A(t))$，则有

$$
\begin{aligned}
\underline{f}_j^{\min}(A(t)) &= \min_{i=1,2,\cdots,|A(t)|} \underline{f}_j(a_i(t)) \\
\overline{f}_j^{\max}(A(t)) &= \max_{i=1,2,\cdots,|A(t)|} \overline{f}_j(a_i(t))
\end{aligned}
\tag{6.3}
$$

记 $a_i(t)$的第 j 个归一化[29]指标值为$[\underline{f}'_j(a_i(t)), \overline{f}'_j(a_i(t))]$，容易得到其与原指标$[\underline{f}_j(a_i(t)), \overline{f}_j(a_i(t))]$的关系为

$$
\begin{aligned}
\underline{f}'_j(a_i(t)) &= \frac{\underline{f}_j(a_i(t)) - \underline{f}_j^{\min}(A(t))}{\overline{f}_j^{\max}(A(t)) - \underline{f}_j^{\min}(A(t))} \\
\overline{f}'_j(a_i(t)) &= \frac{\overline{f}_j(a_i(t)) - \underline{f}_j^{\min}(A(t))}{\overline{f}_j^{\max}(A(t)) - \underline{f}_j^{\min}(A(t))}
\end{aligned}
\tag{6.4}
$$

本节通过在$[\underline{w}_j, \overline{w}_j]$中选择 w_j，使得 $A(t)$中所有最优解的所有指标值中点的加权和最大。这意味着 w_j 的合理设定能够使 $A(t)$中所有最优解的所有指标值的聚集整体最优。由于 $A(t)$与进化代数 t 相关，因此，w_j 应该是 t 的函数，即 $w_j(t)$。

这意味着在不同的进化代，可以在$[\underline{w}_j, \overline{w}_j]$中选择不同的精确数值。因此，用户区间偏好的精确化问题能够转化为如下约束单目标优化问题[28]：

$$\max \sum_{i=1}^{|A(t)|} \sum_{j=1}^{p+q} \operatorname{mid}([\underline{f}'_j(a_i(t)), \overline{f}'_j(a_i(t))]) w_j(t)$$
$$\text{s. t. } \underline{w}_j \leqslant w_j(t) \leqslant \overline{w}_j \tag{6.5}$$
$$\sum_{j=1}^{p+q} w_j(t) = 1$$

求解上述最大化问题，能够得到一组优化后的权值 $w_1(t), w_2(t), \cdots, w_{p+q}(t)$。

由上述用户区间偏好的精确化过程可以看出，用户区间偏好的精确化与某进化代的保存集相关。因此，精确权值在给定偏好区间内，随种群进化的进程自适应变化，从而使得设定的优化目标达到最优，这意味着用户区间偏好具有一定的柔性。此外，用户赋予某指标的偏好可以不是一个精确数值，而是一个区间，这使得用户对指标偏好的表示更加容易，从而减轻了用户因赋予指标精确偏好而产生的负担。

对于 $a_i(t)$ 的所有指标值区间，关于权值 $w_1, w_2, \cdots, w_{p+q}$ 的加权和仍为一个区间，可以表示为$\left[\sum_{j=1}^{p+q} \underline{f}'_j(a_i(t)) w_j, \sum_{j=1}^{p+q} \overline{f}'_j(a_i(t)) w_j\right]$。6.5 节将给出一个基于上述精确权值将进化个体排序的方法。

6.5　进化个体排序

本节提出一种基于用户偏好比较不同进化个体性能的方法。如前所述，利用传统的 Pareto 占优关系，或第 2 章和第 3 章提出的基于区间的 Pareto 占优关系，能够将不同进化个体分层，每一层的个体均互不占优。为了实施后续的遗传操作，还需要利用其他指标，如 Deb 等提出的拥挤距离[22]、第 2 章基于区间的拥挤距离等，进一步区分具有相同序值的进化个体。本章则利用用户偏好。为此，基于 6.4 节得到的用户精确偏好，通过加权能够将 $p+q$ 个区间指标值转化为一个区间；然后利用区间序关系，如式(1.8) 等，即可比较这些进化个体的优劣。当然，也可以采用一定的方法，首先，将进化个体的区间指标值转化为精确数值，然后，通过比较这些精确数值的大小，确定进化个体的性能。由于精确数值的比较比区间比较容易得多，因此，本章采用后者。

本节需要解决的问题是：将某进化个体的指标加权区间转化为一个精确数值称为用户对该进化个体的满意度，从而进一步比较具有相同序值的进化个体。为了反映用户对进化个体的满意度，本节在指标空间中设定两个参考超体，分别称为优势超体和劣势超体。相应地,通过对指标值加权得到两个区间,分别称为优势区间和劣势区间。通过计算某进化个体的指标加权区间与优势区间和劣势区间之间的距离,得到用户对该个体的满意度。

考虑最大化问题,优势超体是由 $A(t)$ 中所有进化个体的指标最大值构成的超体;相反,劣势超体是由 $A(t)$ 中所有进化个体的指标最小值构成的超体。具体地讲,为了求取这两个超体,记 $A(t)$ 中进化个体的第 j 个指标区间的最小下限和最大上限分别为 $\underline{f}_j^{\min}(A(t))$ 和 $\overline{f}_j^{\max}(A(t))$,最大下限和最小上限分别为 $\underline{f}_j^{\max}(A(t))$ 和 $\overline{f}_j^{\min}(A(t))$,则有

$$\begin{aligned}\underline{f}_j^{\max}(A(t)) &= \max_{i=1,2,\cdots,|A(t)|} \underline{f}'_j(a_i(t)) \\ \overline{f}_j^{\min}(A(t)) &= \min_{i=1,2,\cdots,|A(t)|} \overline{f}'_j(a_i(t))\end{aligned} \tag{6.6}$$

那么,$\prod_{j=1}^{p+q}\otimes[\underline{f}_j^{\max}(A(t)),\overline{f}_j^{\max}(A(t))]$ 和 $\prod_{j=1}^{p+q}\otimes[\underline{f}_j^{\min}(A(t)),\overline{f}_j^{\min}(A(t))]$ 即分别为优势超体和劣势超体。

基于用户的精确偏好 $w_1(t),w_2(t),\cdots,w_{p+q}(t)$,能够得到优势和劣势区间,分别记为 $I_s(t)$ 和 $I_i(t)$,则有

$$\begin{aligned}I_s(t) &= [\sum_{j=1}^{p+q}\underline{f}'^{\max}_j(A(t))w_j(t),1] \\ I_i(t) &= [0,\sum_{j=1}^{p+q}\overline{f}'^{\min}_j(A(t))w_j(t)]\end{aligned} \tag{6.7}$$

式中,

$$\begin{aligned}\underline{f}'^{\max}_j(A(t)) &= \frac{\underline{f}_j^{\max}(A(t))-\underline{f}_j^{\min}(A(t))}{\overline{f}_j^{\max}(A(t))-\underline{f}_j^{\min}(A(t))} \\ \overline{f}'^{\min}_j(A(t)) &= \frac{\overline{f}_j^{\min}(A(t))-\underline{f}_j^{\min}(A(t))}{\overline{f}_j^{\max}(A(t))-\underline{f}_j^{\min}(A(t))}\end{aligned} \tag{6.8}$$

以 2 指标最大化问题为例,如图 6.1 所示,种群进化一定代数后,三个 Pareto 最优解对应指标空间的超体如 A、B 和 C 所示,D 和 E 分别为优势和劣势超体。容易看出,A、B 和 C 既不是优势超体,也不是劣势超体。

考虑 $x(t)$ 中的第 i 个进化个体 $x_i(t)$,记 $x_i(t)$ 的指标加权区间为 $I(x_i(t))$,即

$$I(x_i(t)) = [\sum_{j=1}^{p+q}\underline{f}'_j(x_i(t))w_j,\sum_{j=1}^{p+q}\overline{f}'_j(x_i(t))w_j] \tag{6.9}$$

式中,$[\underline{f}'_j(x_i(t)),\overline{f}'_j(x_i(t))]$是 $x_i(t)$ 的第 j 个指标的归一化值。

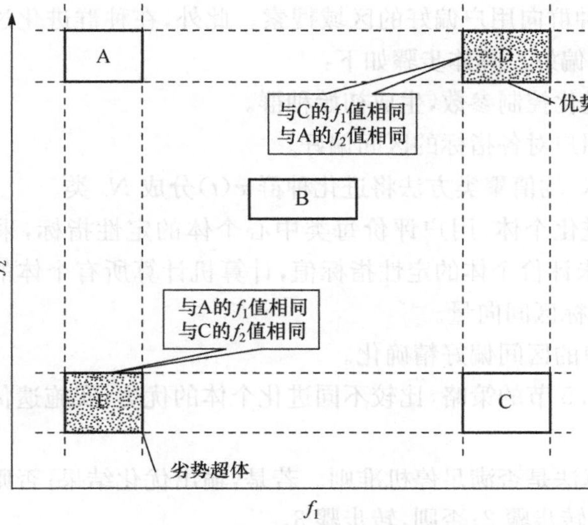

图 6.1　优势超体和劣势超体

采用文献[30]计算区间距离的方法，分别计算 $I(x_i(t))$ 与 $I_s(t)$ 和 $I_i(t)$ 之间的距离 $d(I(x_i(t)),I_s(t))$ 和 $d(I(x_i(t)),I_i(t))$，并通过下式求取用户对 $x_i(t)$ 的满意度，记为 $v(x_i(t))$：

$$v(x_i(t))=\frac{d(I(x_i(t)),I_i(t))}{d(I(x_i(t)),I_s(t))+d(I(x_i(t)),I_i(t))} \tag{6.10}$$

由式(6.10)可以看出，$v(x_i(t))$ 的取值在 $[0,1]$ 中，$I(x_i(t))$ 离优势区间越近，且离劣势区间越远，那么，用户对 $x_i(t)$ 的满意度越大，从而 $x_i(t)$ 的性能越好。特别地，当 $I(x_i(t))$ 等于 $I_s(t)$ 时，用户对 $x_i(t)$ 的满意度为最大值 1，从而 $x_i(t)$ 的性能最好；当 $I(x_i(t))$ 等于 $I_i(t)$ 时，用户对 $x_i(t)$ 的满意度为最小值 0，因此，$x_i(t)$ 的性能最差。

综上所述，采用如下策略比较不同的进化个体：首先，按照第 2 章区间占优关系将进化个体排序；然后，基于式(6.10)计算用户对进化个体的满意度，进一步区分具有相同序值的进化个体。进化个体的序值越小，用户的满意度越大，其性能越好。该策略也用于匹配池中进化个体的选择。

6.6　算 法 描 述

算法思想是：首先，在种群进化之前，用户提供对不同指标的区间偏好；然后，采用 K-均值聚类方法对大进化种群分类后[27]，每类的中心个体由用户评价，计算机计算进化种群所有个体的定量指标值；根据用户已评价每类中心个体的定性指标值，采用 6.3 节提出的方法，估计其他进化个体的定性指标值；最后，根据 6.4 节提出的方法将用户对不同指标的区间偏好精确化，并利用 6.5 节提出的方法将进化个体排序，引导种群向用户偏好的区域搜索。此外，在种群进化过程中，用户根据需要能够修改其偏好。具体步骤如下：

步骤 1：设置进化控制参数，生成初始种群。

步骤 2：输入用户对各指标的区间偏好。

步骤 3：采用 K-均值聚类方法将进化种群 $x(t)$ 分成 N_c 类。

步骤 4：解码进化个体，用户评价每类中心个体的定性指标，采用式(6.1)和式(6.2)估计用户未评价个体的定性指标值，计算机计算所有个体的定量指标值，构成进化个体的目标区间向量。

步骤 5：将用户的区间偏好精确化。

步骤 6：采用 6.5 节的策略，比较不同进化个体的优劣，实施遗传操作，以生成下一代种群。

步骤 7：判断算法是否满足停机准则。若是，输出优化结果；否则，询问用户是否改变偏好，若是，转步骤 2；否则，转步骤 3。

图 6.2 是本章算法的流程，其中，灰色部分是本章提出的方法。

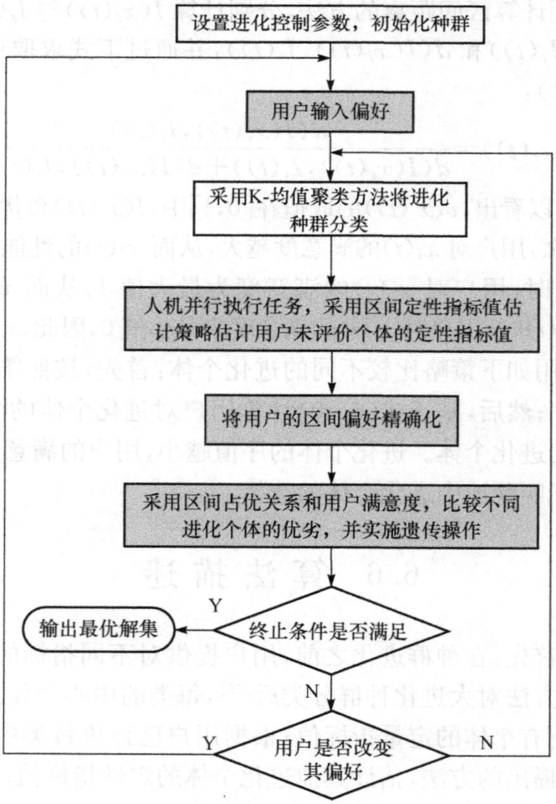

图 6.2　算法流程

6.7　在室内布局优化系统的应用

6.7.1　问题描述

仍然考虑 5.5.1 节描述的含区间不确定性的室内布局优化问题，其数学模型如式(5.7)。

6.7.2　参数设置

本章参数的取值除了最大进化代数 $T=10$ 之外，其他参数设置与 5.5.2 节完全一致。此外，当用户不想输入任何偏好时，采用默认用户偏好，对应的权值 $W=\left(\frac{1}{p+q},\cdots,\frac{1}{p+q}\right)$。由于本章优化问题的指标有两个，即 $p+q=2$，因此，$W=(0.5,0.5)$。

6.7.3　交互界面与操作方法

采用 Visual Basic 6.0，在 Windows XP 平台上开发的室内布局优化系统的人机交互界面如图 6.3 所示，包括如下四部分：①室内布局各部分的名称。②进化统

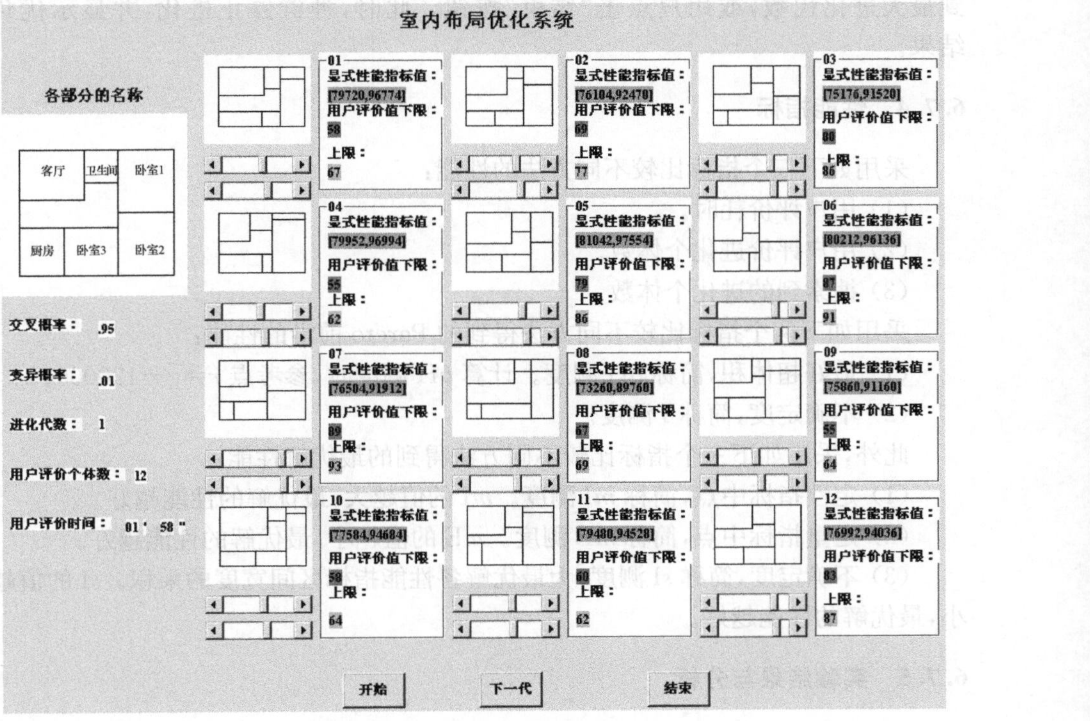

图 6.3　人机交互界面

计信息和参数设置，包括进化代数、用户评价个体数和评价时间及交叉和变异概率等。③每类中心个体的表现型和指标值。其中，定量指标值反映进化个体的造价，用区间表示，该值越小，造价越低。用户评价的上下限均从 0～100 的整数中选择，且上限不小于下限。用户对某进化个体评价的上限和下限越大，表示对该进化个体越满意。④进化操作命令按钮，如“开始”、“下一代”和“结束”。比较图 5.2 和图 6.3 可知，本章交互界面与第 5 章交互界面的不同之处仅在于第三部分，即进化个体定量和定性指标值的表示方式不同。

用户点击“开始”按钮，系统生成初始种群。令 $K=N_{\max}$，对初始种群聚类，并通过交互界面呈现 $N_{\max}$ 个中心个体供用户评价。用户赋予这些中心个体的定性指标值之后，利用式(6.1)估计其余进化个体的定性指标值，并由系统自动计算所有进化个体的定量指标值。种群进化 $t-1$ 代之后，如果用户点击“下一代”按钮，那么，系统按照 6.5 节的策略，将第 $t-1$ 代进化种群的个体排序，并实施遗传操作，以生成第 t 代种群；接下来，请求用户输入偏好，令 $K=N_{\max}$，继续对第 t 代种群聚类，并通过人机交互界面呈现 $N_{\max}$ 个中心个体供用户评价。用户赋予这些中心个体的定性指标值之后，由式(6.1)估计其余个体的定性指标值，并由系统自动计算所有进化个体的定量指标值。系统将重复上述步骤，直到达到最大进化代数，或用户点击“结束”按钮。此时，种群停止进化，并显示优化结果。

6.7.4 性能指标

采用如下三个指标比较不同方法的性能：

(1) 用户评价耗时。

(2) 用户评价进化个体数。

(3) 搜索到的进化个体数。

采用如下两个指标比较不同方法得到的 Pareto 前沿的性能：

(1) 最好超体积，简称 bH 测度。计算 bH 测度时，参考点 $r=[-120000,0]$。

(2) 不确定度，简称 I 测度。

此外，采用如下三个指标比较不同方法得到的最优解性能：

(1) 定性指标中点，简称 mI 测度。mI 的值越大，最优解的性能越好。

(2) 定量指标中点，简称 mE 测度。mE 的值越小，最优解的性能越好。

(3) 不确定度，简称 sI 测度，为最优解各性能指标区间宽度的乘积。sI 的值越小，最优解的性能越好。

6.7.5 实验结果与分析

本章实验分为如下 4 组。其中，第 1 组揭示用户认知随进化代数的变化情况；

第 2 组考察用户区间偏好的精确化过程；第 3 组比较不同方法的性能；第 4 组考察本章方法在大搜索空间上的寻优能力。

1. 用户认知随进化代数的变化

为了揭示用户认知随进化代数的变化规律，独立运行本章方法 20 次，记录用户评价每代中心个体的区间，并由系统计算其中点和不确定度，然后求它们的平均值，得到如图 6.4 所示的变化曲线。

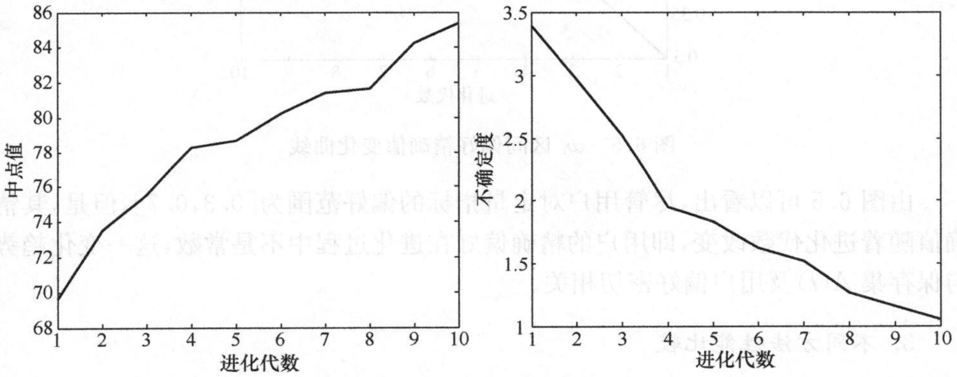

图 6.4　中点和不确定度随进化代数的变化曲线

由图 6.4 可以看出：①在种群进化初期，中心个体定性指标区间的中点较小，且不确定度较大，说明中心个体的性能不高，且用户对评价对象认知不充分；②随着种群的不断进化，中心个体定性指标区间的中点不断增大，且不确定度不断减小，说明系统找到了性能越来越好的个体，且用户对评价对象的认知不断清晰。这说明采用区间表示用户对进化个体定性指标的评价结果能够很好地反映用户的认知规律。

2. 用户区间偏好的精确化

鉴于本章解决的优化问题只有两个性能指标，因此，用户只要给出 w_1 的范围，即可通过 $w_2=1-w_1$ 得到 w_2 的范围，再由式(6.5)可以求出这两个区间偏好的精确值。不失一般性，设 w_1 的取值范围为[0.3,0.7]，且该区间的下限随进化代数增加。用户对定量指标 $f_1(\boldsymbol{x},\boldsymbol{c})$偏好 w_1 精确值的变化曲线如图 6.5 所示，定性指标 $f_2(\boldsymbol{x})$偏好 w_2 精确值的变化曲线与 w_1 相反，这里不再画出。

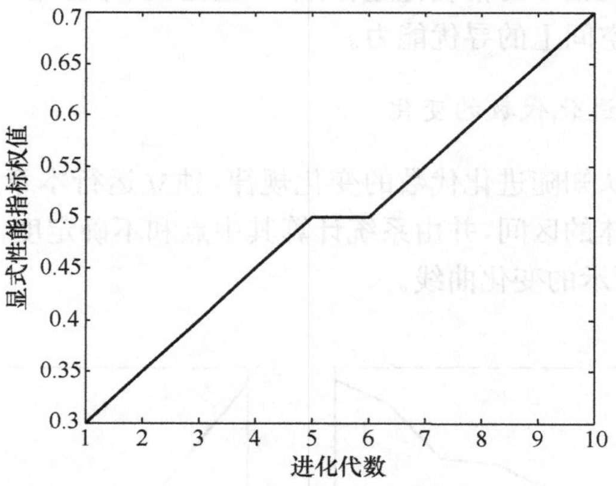

图 6.5 w_1 区间偏好精确值变化曲线

由图 6.5 可以看出，尽管用户对定量指标的偏好范围为[0.3,0.7]，但是，其精确值随着进化代数改变，即用户的精确偏好在进化过程中不是常数，这一变化趋势与保存集 $A(t)$ 及用户偏好密切相关。

3. 不同方法性能比较

将本章方法与其他 4 种方法对比，以验证本章方法的优越性。这 4 种方法分别是：①采用小种群实现本章方法，记为方法 1；②采用 Limbourg 和 Aponte 提出的 IP-MOEA[31] 进化结束后，根据用户偏好选择最优解，记为方法 2；③采用第 2 章方法进化结束后，根据用户偏好选择最优解，记为方法 3；④在种群进化前，用户给出精确偏好，将区间 2 目标优化问题转化为区间单目标优化问题，并采用区间单目标进化优化方法求解，记为方法 4。每种方法独立运行 20 次，实验终止条件为种群进化达到最大代数。

首先，将本章方法与方法 1 对比，以验证采用大种群解决区间混合指标优化问题的必要性。方法 1 优化定量和定性指标采用的种群规模相同，均为 12，其他参数设置同本章方法。表 6.1 列出用户评价的耗时、进化个体数及搜索到的进化个体数；表 6.2 列出不同方法得到的 Pareto 最优解集中包含解的个数、bH 测度和 I 测度；表 6.3 列出不同方法得到的 mI、mE、sI 测度值。此外，采用 Mann-Whitney U 检验[32]，将 3 个表中其他方法得到的数据与本章方法得到的数据进行非参数检验，显著性水平为 0.05。检验结果列在表 6.1～表 6.3 中，其中，带"＊"的数据表示本章方法与其他方法存在显著差异。

表 6.1　用户评价耗时、评价的进化个体数、搜索的进化个体数

	用户耗时	用户评价的进化个体数	搜索的进化个体数
本章方法	13.51	120	2000
方法 1	13.59	120	120
p-值	0.650	—	0*

表 6.2　不同方法得到的 Pareto 最优解数、bH 测度、I 测度和 p-值

	最优解数	p-值	bH 测度	p-值	I 测度	p-值
本章方法	8.9	—	4.4617×10^6	—	12777	—
方法 1	4.2	0.033*	4.1701×10^6	0.000*	7837	0.019*
方法 2	9.6	0.529	4.4553×10^6	0.762	31203	0.001*
方法 3	13.1	0.037*	4.2614×10^6	0.002*	16809	0.070

表 6.3　不同方法得到的 mE、mI、sI 测度和 p-值

			mE 测度	p-值	mI 测度	p-值	sI 测度	p-值
本章方法			81477	—	91.6	—	12439	—
方法 1			82745	0.049*	89	0.031*	9524	0.257
方法 2	w_1	0.3	82496	0.056	89.1	0.041*	30856	0.000*
		0.4	81550	0.151	87.1	0.023*	30109	0.000*
		0.5	81475	0.130	85.7	0.019*	30096	0.000*
		0.6	81448	0.112	85.8	0.025*	32757	0.000*
		0.7	81795	0.257	85.2	0.028*	30066	0.002*
方法 3	w_1	0.3	83204	0.002*	87.7	0.024*	10259	0.046*
		0.4	83039	0.000*	87.2	0.026*	6397	0.040*
		0.5	83052	0.001*	88.3	0.032*	18195	0.032*
		0.6	82805	0.019*	86.4	0.017*	17993	0.035*
		0.7	82608	0.017*	86.4	0.016*	19370	0.030*
方法 4	w_1	0.3	83416	0.000*	89.3	0.044*	33263	0.000*
		0.4	83265	0.001*	88.4	0.030*	27489	0.005*
		0.5	83126	0.003*	87.6	0.014*	36632	0.000*
		0.6	82765	0.021*	86.8	0.011*	44237	0.000*
		0.7	82572	0.025*	86.7	0.011*	39436	0.000*

由表 6.1 可知：①两种方法用户评价的进化个体数相同，使得它们的用户耗时也大体相当，相应的 p-值也大于 0.05；②本章方法搜索的进化个体数远多于方法

1。这表明,在相同的用户疲劳前提下,本章方法具有更强的探索能力。

由表 6.2 可知:①本章方法得到的 bH 测度值显著大于方法 1。这说明本章方法得到的 Pareto 前沿更接近真实 Pareto 前沿,这是由于本章方法的探索能力强,更有利于找到更好的解。②本章方法得到的 I 测度值显著大于方法 1。可能的原因是本章方法估计大量进化个体的定性指标值时扩大了不确定度。③本章方法得到的 Pareto 最优解明显多于方法 1。这说明本章方法能够为用户提供更多的选择。

由表 6.3 可知:①本章方法得到的最优解的 mE 和 mI 测度分别明显小于和大于方法 1;②本章方法得到的最优解的 sI 测度与方法 1 无显著差异。由此可以得到,本章方法得到的最优解性能高于方法 1。

综合上述实验结果与分析,可以得到如下结论:与小种群比较,采用大种群解决区间混合指标优化问题能够生成更好的 Pareto 最优解集,并得到更符合用户偏好的最优解。这充分说明本章方法具有更强的搜索性能。

其次,将本章方法与方法 2 和方法 3 对比,以验证用户偏好的不同嵌入方式对方法性能的影响,其中,本章方法采用交互方式,方法 2 和方法 3 采用后验方式。方法 2 和方法 3 的参数设置同本章方法,实验结果如表 6.2 和表 6.3 所示。

由表 6.2 可知:①本章方法得到的最优解数与方法 2 没有明显差异,但明显少于方法 3。这说明交互式地提供用户偏好,在种群进化结束后,能够让用户在更少且更优的优化解中选择,从而减轻了用户负担。②本章方法得到的 bH 测度值显著大于方法 3,但与方法 2 无显著差异。③本章方法得到的 I 测度值明显小于方法 2,但与方法 3 没有明显差异。这说明本章方法得到的 Pareto 最优解集的性能更好。

进一步,对方法 2 和方法 3 取 5 组不同的定量指标权值 w_1,即 0.3、0.4、0.5、0.6、0.7,利用每组权值得到的最优解性能和非参数检验结果列于表 6.3。由表 6.3 可以看出:①对于每个权值 w_1,本章方法得到的 mE 测度值与方法 2 均无显著差异,而本章方法得到的 mI 测度值显著大于方法 2。此外,本章方法得到的 sI 测度值明显小于方法 2,说明本章方法比方法 2 得到了性能更高的最优解。②本章方法得到的 mE 和 mI 测度值分别明显小于和大于方法 3。同时,本章方法得到的 sI 测度值明显大于方法 3 中 w_1 取 0.3 和 0.4 情形,而明显小于其他情形。这说明本章方法得到了性能更高的最优解。③对方法 2 和方法 3,mE 和 mI 测度值随着 w_1 取值的增大而减小,说明最优解的定量指标值越来越好,而定性指标值越来越差。这意味着两种方法均不能很好地权衡两个目标。然而,本章方法的权值随着进化过程动态变化,从而能够更好地协调两个目标之间的关系,得到了两个目标均较好的最优解。

最后,将本章方法与方法 4 比较,以验证采用交互方式和先验方式嵌入用户偏好对方法性能的影响。方法4取5组不同的定量指标权值w_1，即0.3、0.4、0.5、0.6、0.7，参数设置同本章方法。对于每种权值，表6.3列出相应的最优解性能和非参数检验结果。

由表6.3可知：①本章方法得到的mE测度值均显著小于方法4，且mI测度值均明显大于方法4；同时，本章方法得到的sI测度值均明显小于方法4。这说明本章方法能够得到性能更高的最优解。②方法4得到的mE和mI测度值均随着w_1取值的增加而减小。这说明方法4与方法2和方法3一样，也不能很好地权衡两个指标。

通过上述实验结果与分析可知，本章方法均不同程度地优于后验和先验方法。但是，本章方法与方法2在多个指标上却没有显著差异。下面将在更大搜索空间中进一步比较两者的性能。

4. 本章方法在更大搜索空间的性能

本组实验考察本章方法在更大搜索空间的寻优能力。由5.5.2节分析可知，问题(5.7)的搜索空间比较小。为了证实本章方法也适用于搜索空间更大的优化问题，扩大问题(5.7)的搜索空间，相应的决策变量取值如下：

$$
\begin{aligned}
&x_1 \in \{4.0,4.1,4.2,4.3,4.4,4.5,4.6,4.7,4.8,4.9,5.0,5.1,5.2\}\\
&x_2 \in \{4.0,4.3,4.6,4.9,5.2,5.5,5.8,6.1,6.4,6.7,7.0,7.3\}\\
&x_3 \in \{2.0,2.1,2.2,2.3,2.4,2.5,2.6,2.7,2.8,2.9,3.0,3.1,3.2\}\\
&x_4 \in \{2.0,2.1,2.2,2.3,2.4,2.5,2.6,2.7,2.8,3.1,3.2,3.3,3.4,3.5,3.6\}\\
&x_5 \in \{1.0,1.5,2.0,2.5,3.0,3.5,4.0,4.5,5.0\}\\
&x_6 \in \{2.6,2.7,2.8,2.9,3.0,3.1,3.2,3.3,3.4,3.5,3.6,3.7,3.8\}\\
&x_7 \in \{1.0,1.5,2.0,2.5,3.0,3.5,4.0,4.5,5.0\}
\end{aligned}
\tag{6.11}
$$

由式(6.11)可以看出，x_1、x_2、x_3、x_4、x_5、x_6、x_7取值的个数分别为13、12、13、17、9、13、7，那么，总的布局方案数为$13^3\times12\times17\times9\times7=28235844$，远多于问题(5.7)的布局方案，即式(6.11)描述问题的搜索空间远大于式(5.7)。

表6.4列出采用本章方法和方法2得到的bH和I测度值及非参数检验结果。表6.5列出本章方法和方法2中定量指标权值w_1分别取0.3、0.4、0.5、0.6、0.7时得到的mI、mE、sI测度值及非参数检验结果。

由表6.4可知：①本章方法得到的bH测度值明显大于方法2；②本章方法得到的I测度值明显小于方法2。这说明本章方法得到的Pareto最优解集优于方法2。

由表6.5可以看出：①本章方法得到的mE测度值与方法2无显著差异，mI测度值却明显大于方法2；②本章方法得到的sI测度与方法2中w_1取0.3和0.4

表 6.4 本章方法与方法 2 得到的 H 和 I 测度及 p-值

	H 测度	I 测度
本章方法	4.5186×10^6	13595
方法 2	4.4313×10^6	24187
p-值	0.028*	0.000*

表 6.5 本章方法和方法 2 得到的 mE、mI、sI 测度和 p-值

			mE 测度	p-值	mI 测度	p-值	sI 测度	p-值
本章方法			80964	—	91.25	—	13584	—
方法 2	w_1	0.3	81178	0.059	89.25	0.022*	19045	0.096
		0.4	81098	0.151	89.00	0.010*	19765	0.082
		0.5	81069	0.496	88.60	0.011*	21940	0.016*
		0.6	80977	0.820	88.20	0.001*	20390	0.028*
		0.7	80938	0.570	87.55	0.001*	21342	0.016*

的情形没有明显差异，但却明显小于方法 2 中其他情形。综合各性能指标可知，本章方法比方法 2 得到的最优解性能更优。

通过上述 4 组实验结果与分析，可以得到如下结论：求解区间混合指标优化问题时，采用大进化种群、用户对指标的偏好采用区间表示，以及交互地提供上述偏好，有利于有效解决该问题。

6.8 本章小结

与第 5 章相比，本章解决的问题仍然是区间混合指标优化问题，采用的方法仍然是进化优化方法。在该优化方法中，仍然采用大种群进化，且采用 K-均值聚类方法将大种群分为若干类，此外，仍然由计算机计算所有进化个体的定量指标值，用户仅评价每类中心个体的定性指标值，还有，对于用户未评价的进化个体，仍然采用基于相似度的策略估计其定性指标值。

但是，本章方法与第 5 章也有明显区别，主要体现在如下三个方面：①用户对不同指标具有不同的偏好，且采用区间反映用户偏好的不确定性，进一步，通过求解另一个优化问题将该区间偏好精确化。②用户对进化个体满足定性指标程度的评价结果采用区间表示，且对用户未评价个体的估计结果也采用区间表示，也就是说，通过估计策略得到的进化个体的定性指标值为区间。③采用用户对进化个体的满意度，进一步区分具有相同序值的进化个体，从而引导种群向用户偏好的区域搜索。

容易看出，除了评价进化个体的定性指标值时利用了用户偏好之外，还对被优化的指标和进化个体比较上充分利用了用户偏好。因此，从这个意义上讲，求解区间混合指标优化问题时，用户偏好的利用更加深入、全面。

将本章方法应用于室内布局这一典型的区间混合指标优化问题，并与其他 4 种方法比较，实验结果表明，本章方法能够得到性能更优的最优解。

容易知道，用户能够通过多种方式表达对被优化指标的偏好。在本章中，用户对被优化指标的偏好通过赋予不同指标不同的区间权值表示，该方法比较直观，也减轻了用户由于设定精确数值带来的负担。但是，对于所有被优化的指标而言，设定反映用户偏好的合适权值，不管是精确数值还是区间，都不是一件容易的事。

如果不为每个指标赋予权值，而仅通过两两比较不同指标的相对重要性，并采用语言表达用户对不同指标的偏好，那么，用户对不同指标偏好的表示将更加容易，更能真实地反映用户认知。第 7 章将利用目标的相对重要性反映用户对被优化指标的偏好，并将用户偏好融入进化优化方法中求解区间多目标优化问题。需要说明的是，第 7 章求解的虽然也是区间多目标优化问题，但是，每个被优化的目标均是定量指标，也就是说，都能采用明确定义的函数表示。

参考文献

[1] Ji X F, Gong D W, Ma X P. Solving optimization problems with intervals and hybrid indices using evolutionary algorithms [C]//Proceedings of IEEE Congress on Evolutionary Computation. New York: IEEE Press, 2011: 2542－2549.

[2] Branke J, Deb K, Miettinen K, et al. Multi-Objective Optimization-Interactive and Evolutionary Approaches [M]. Berlin: Springer, Verlag Press 2008.

[3] Zio E, Baraldi P, Pedroni N. Optimal power system generation scheduling by multi-objective genetic algorithms with preferences [J]. Reliability Engineering and System Safety, 2009, 94(2): 432－444.

[4] Nadia N, Marcus V C S, Luiza M M. Preference-based multi-objective evolutionary algorithms for power-aware application mapping on NoC platforms [J]. Expert Systems with Applications, 2012, 39(3): 2771－2782.

[5] Lee D H, Kim K J, Koksalan M. A posterior preference articulation approach to multiresponse surface optimization [J]. European Journal of Operational Research, 2011, 210(2): 301－309.

[6] Luque M, Miettinen K, Eskelinen P, et al. Incorporating preference information in interactive reference point [J]. Omega, 2009, 37(2): 450－462.

[7] Miettinen K, Eskelinen P, Ruiz F, et al. NAUTILUS method: An interactive technique in multi-objective optimization based on the nadir point [J]. European Journal of Operational Research, 2010, 206(2): 426－434.

[8] Luque M, Ruiz F, Steuer R E. Modified interactive Chebyshev algorithm (MICA) for convex multi-objective programming [J]. European Journal of Operational Research, 2010, 204(3): 557－564.

[9] 张华军，赵金，王瑞. 最大化个人偏好的多目标优化进化算法 [J]. 信息与控制，2010，39(2)：212－217.

[10] Chen Z H, Zhuang Z Q, Huang F H, et al. User-preference-oriented multi-objective optimization algorithm [C]//Proceedings of International Computer Symposium. New York: IEEE Press, 2010: 1045－1049.

[11] Chaudhuri S, Deb K. An interactive evolutionary multi-objective optimization and decision making procedure [J]. Applied Soft Computing, 2010, 10(2): 496—511.

[12] Deb K, Kumar A. Interactive evolutionary multi-objective optimization and decision-making using reference direction method [R]. Kanpur: Indian Institute of Technology, 2007.

[13] Rachmawati L, Srinivasan D. Incorporating the notion of relative importance of objectives in evolutionary multi-objective optimization [J]. IEEE Transactions on Evolutionary Computation, 2010, 14(4): 530—546.

[14] Said L B, Bechikh S, Ghédira K. The r-dominance: A new dominance relation for interactive evolutionary multi-criteria decision making [J]. IEEE Transactions on Evolutionary Computation, 2010, 14(5): 801—818.

[15] Krettek J, Braun J, Hoffmann F, et al. Interactive evolutionary multi-objective optimization for hydraulic valve controller parameters [C]//Proceedings of IEEE/ASME International Conference on Advanced Intelligent Mechatronics. New York: IEEE Press, 2009: 816—821.

[16] Battiti R, Passerini A. Brain-computer evolutionary multiobjective optimization: A genetic algorithm adapting to the decision maker [J]. IEEE Transactions on Evolutionary Computation, 2010, 14(5): 671—687.

[17] Deb K, Sinha A, Korhonen P, et al. An interactive evolutionary multi-objective optimization method based on progressively approximated value functions [R]. Kanpur: Indian Institute of Technology, 2009.

[18] Sinha A, Deb K, Korhonen P, et al. Progressively interactive evolutionary multi-objective optimization method using generalized polynomial value functions [C]//Proceedings of IEEE Congress on Evolutionary Computation. New York: IEEE Press, 2010: 1—8.

[19] Korhonen P, Wallenius J, Zionts S. Solving the discrete multiple criteria problem using convex cones [J]. Management Science, 1984, 30: 1336—1345.

[20] Fowler J W, Gel E S, Koksalan M M, et al. Interactive evolutionary multi-objective optimization for quasi-concave preference functions [J]. European Journal of Operational Research, 2010, 206(2): 417—425.

[21] Sinha A, Deb K, Korhonen P, et al. An interactive evolutionary multi-objective optimization method based on polyhedral cones [C]//Proceedings of 4th International Conference on Learning and Intelligent Optimization. Berlin: Springer Verlag Press, 2010: 318—332.

[22] Deb K, Pratap A, Agarwal S, et al. A fast and elitist multi-objective genetic algorithm: NSGA-Ⅱ [J]. IEEE Transactions on Evolutionary Computation, 2002, 6(2): 182—197.

[23] Coello C C A. Handling preferences in evolutionary multi-objective optimization: A survey [C]//Proceedings of IEEE Congress on Evolutionary Computation. New York: IEEE Press, 2000: 30—37.

[24] Rachmawati L, Srinivasan D. Preference incorporation in multi-objective evolutionary algorithms: A survey [C]//Proceedings of IEEE Congress on Evolutionary Computation. New York: IEEE Press, 2006: 962—968.

[25] Deb K, Koksalan M. Guest editorial: Special issue on preference-based multi-objective evolutionary algorithms [J]. IEEE Transactions on Evolutionary Computation, 2010, 14(5): 669—670.

[26] Gong D W, Yuan J, Ma X P. Interactive genetic algorithms with large population size[C]//Proceedings of IEEE Congress on Evolutionary Computation. New York: IEEE Press, 2008: 1678—1685.

[27] Lee J Y, Cho S B. Sparse fitness evaluation for reducing user burden in interactive algorithm [C]//Proceedings of IEEE Congress on Fuzzy Systems. New York: IEEE Press, 1999, (2): 998—1003.

[28] Wang Z J, Li K W, Wang W Z. An approach to multiattribute decision making with interval-valued intuitionistic fuzzy assessments and incomplete weights [J]. Information Sciences, 2009, 179(17): 3026—3040.

[29] 周勇，巩敦卫，张勇. 混合性能指标优化问题的进化优化方法及应用 [J]. 控制与决策，2007，22(3)：352－356.

[30] 徐改丽，吕跃进. 不确定性多属性决策中区间数排序的一种新方法 [J]. 统计与决策，2008，19：154－157.

[31] Limbourg P，Aponte D E S. An optimization algorithm for imprecise multi-objective problem function [C]//Proceedings of IEEE Congress on Evolutionary Computation. New York：IEEE Press，2005：459－466.

[32] Mann H B，Whitney D R. On a test of whether one of two random variables is stochastically larger than the other [J]. Annals of Mathematical Statistics，1947，18(1)：50－60.

第 7 章　基于目标相对重要性的区间多目标进化优化方法

从第 6 章可以看出，采用进化优化方法求解区间多目标优化问题时融入决策者(用户)偏好能够提高优化解的性能。这时，需要解决的关键问题是决策者偏好融入的时机和应用。第 6 章是在采用进化优化方法求解优化问题过程中融入决策者偏好，决策者不但提供对被优化指标的偏好，而且提供对候选解(进化个体)的偏好。基于决策者对被优化指标的偏好，确定被优化指标的权值；基于决策者对进化个体的偏好，进一步区分具有相同序值进化个体的性能。

但是，决策者根据偏好提供被优化指标的权值通常是很困难的，尤其是被优化指标很多时。如果通过两两比较，确定目标(指标)之间的相对重要性，那么，对决策者来讲，通常比较容易做到。实际上，这也是利用决策者偏好的一种方式。本章即通过决策者提供目标的相对重要性，体现决策者偏好，并融入到采用进化优化方法求解区间多目标优化问题中。需要再次强调的是，本章解决的问题虽然也是区间多目标优化问题，但是，所有被优化指标都是定量指标。

本章研究区间多目标优化问题，并在采用进化优化方法求解该问题过程中融入决策者偏好，从而提高优化解性能。首先，采用目标的相对重要性表达决策者偏好，并通过将目标的相对重要性映射到目标空间得到决策者偏好区域；然后，根据该区域推导目标相对重要性的数学模型；最后，利用决策者偏好区域进一步区分具有相同序值进化个体的性能，从而得到满足决策者偏好的最满意解集。将所提方法应用于 4 个基准区间多目标优化问题，并与先验方法和后验方法比较，实验结果表明，所提方法是有效的，能够找到更多符合决策者偏好的优化解。本章主要内容来自文献[1]。

7.1　方法的提出

前面已经提到，将决策者偏好融入进化优化过程中用于求解区间多目标优化问题能够提高优化解的性能。但是，问题的关键在于如何表达决策者偏好。第 6 章给出的通过赋予被优化指标的权值反映决策者偏好，当被优化指标比较少时是容易做到的。如果被优化的指标比较多，那么，决策者提供上述权值也不是一件容易的事。

不管有多少被优化的指标(目标)，尽管同时反映决策者对这些指标的偏好很困难,但是,通过两两比较目标,从而得到两个目标的相对重要性,对决策者来讲却是很容易的,特别是仅要求决策者采用语言描述相对重要性时。

为此,文献[2]定义三种基本的目标相对重要性关系:严格偏好、同等重要、不可比。但是,目标的相对重要性关系在整个进化优化过程中没有进一步细分。容易理解,在进化优化过程中,决策者对优化问题的认知具有渐进性,这使得决策者对目标的偏好会随着种群的进化不断明确、细化。如果仅提供上述三种目标的相对重要性关系,那么,将很难清楚地描述决策者偏好。另外,文献[2]定义目标的相对重要性之后,通过划分标准 Pareto 前沿得到目标空间的决策者偏好区域,从而建立目标相对重要性的数学模型。采用标准 Pareto 前沿的好处在于不必考虑真实 Pareto 前沿的形状,但是,向标准 Pareto 前沿转换的计算量却很大。

鉴于此,本章利用进化优化方法求解区间多目标优化问题时仍然采用目标的相对重要性反映决策者偏好。与文献[2]不同的是,目标相对重要性的刻画随着进化优化进程变化。具体地讲,将整个进化进程分为两部分:前一部分采用已有的三种相对重要性关系表达决策者偏好;后一部分则采用更细化的相对重要性关系。此外,借鉴文献[2]的思想,在目标空间划分偏好区域,构建目标相对重要性的数学模型,并用于进一步比较具有相同序值进化个体的性能。可以看出,目标相对重要性的定义、目标空间决策者偏好区域的数学模型及基于决策者偏好区域的进化个体比较是本章需要解决的三个关键技术。7.2 节首先给出目标相对重要性的定义。

7.2　目标相对重要性

目标的相对重要性,是一种反映决策者偏好的方式。由于仅需要两两比较目标就可以给出相对重要性的语言描述,因此,这种方式能够自然、容易地反映决策者偏好。Rachmawati 和 Srinivasan 给出如下目标相对重要性关系。

定义 7.1[2]　对于优化问题(1.6)的两个目标 f_i 和 f_j,定义两者之间的相对重要性关系如下:

(1) 如果决策者认为 f_i 比 f_j 重要,那么,称决策者偏好 f_i,记为 f_iPf_j;

(2) 如果决策者认为 f_i 与 f_j 同等重要,那么,称决策者对 f_i 与 f_j 的偏好为同等重要,记为 f_iIf_j;

(3) 如果决策者认为 f_i 与 f_j 的重要程度无法比较,那么,称决策者对 f_i 与 f_j 的偏好为不可比,记为 f_iQf_j。

需要说明的是,由于目标的不可比关系存在于整个标准 Pareto 前沿上[2],因此,有效的目标相对重要性关系只有如下三种:f_iPf_j、f_iIf_j、f_jPf_i。

在进化优化过程中融入决策者偏好时,决策者对优化问题的认知具有模糊和渐进性。虽然交互方法允许决策者在种群进化过程中添加或改变偏好，但是，仅提供上述三种目标相对重要性关系，决策者偏好将很难更清楚地反映出来。为了反映决策者的认知规律，并在进化后期得到满足决策者偏好的优化解，在定义 7.1 的基础上，增加一种新的目标相对重要性关系，使得目标的相对重要性关系刻画得更加细致。具体定义如下。

定义 7.2 对于优化问题(1.6)的两个目标 f_i 和 f_j，定义两者之间的相对重要性关系如下：

(1) 如果决策者认为 f_i 比 f_j 重要得多，那么，称决策者非常偏好 f_i，记为 $f_i PL f_j$；

(2) 如果决策者认为 f_i 比 f_j 重要，那么，称决策者偏好 f_i，记为 $f_i P f_j$；

(3) 如果决策者认为 f_i 与 f_j 同等重要，那么，称决策者对 f_i 与 f_j 的偏好为同等重要，记为 $f_i I f_j$；

(4) 如果决策者认为 f_i 与 f_j 的重要程度无法比较，那么，称决策者对 f_i 与 f_j 的偏好为不可比，记为 $f_i Q f_j$。

在定义 7.2 中，用"PL"代表新的目标相对重要性关系，表示"非常偏好"，其含义比"偏好"的程度更进一层。这样一来，目标 f_i 和 f_j 存在如下 5 种相对重要性关系：$f_i PL f_j$、$f_i P f_j$、$f_i I f_j$、$f_j P f_i$、$f_j PL f_i$。

基于上述定义，本章将整个进化进程分为如下两部分：前一部分采用定义 7.1 表达决策者偏好，称为粗目标相对重要性；后一部分采用定义 7.2 表达决策者偏好，称为细目标相对重要性。两个部分以 αT 为分界点，其中，T 为最大进化代数，α 由决策者设定，取值范围为(0,1]。

这里，目标的相对重要性是采用语言定性描述的，而不是用精确的数学表达式表示。为了便于在进化优化过程中融入目标的相对重要性，采用合适的方法，将目标相对重要性语言描述转化为数学表达式，是非常必要的。7.3 节将解决该问题。

7.3　目标相对重要性的数学模型

本节通过等角度划分归一化[3]后的目标空间得到反映不同目标相对重要性的区域，从而推导相应区域的数学模型。与文献[2]的不同之处在于本章方法对目标空间划分，而文献[2]对标准 Pareto 前沿划分。因此，本章方法的优点是：某目标向量不需要向标准 Pareto 前沿投射就能判断该向量是否在决策者的偏好区域，从而减少了转化带来的计算量；此外，由于决策者偏好区域不随 Pareto 前沿形状的变化而改变，因此，本章方法也不需要考虑真实 Pareto 前沿的形状。

对于式(1.6)描述的区间多目标优化问题，在由目标 f_i 和 f_j 形成的 2 维空间中，目标相对重要性区域的划分如图 7.1 所示。其中，图 7.1(a)表示把目标空间等分为 3 个区域,以及各区域反映的目标相对重要性,图 7.1(b)表示把目标空间等分为 5 个区域,以及各区域反映的目标相对重要性。

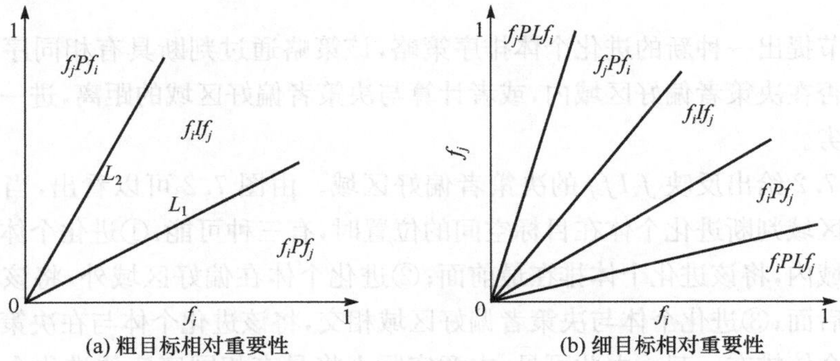

图 7.1　两种目标相对重要性

由于目标空间被等角度地划分为 3 个区域,因此,图 7.1(a)中直线 L_1 的方程为 $0.58\tilde{f}_i-\tilde{f}_j=0$,相应地,由坐标轴 f_i 和直线 L_1 围成的区域可以表示为 $0.58\tilde{f}_i\geqslant\tilde{f}_j$,即 f_iPf_j 对应的区域,如不等式(7.1)所示。同理,可以得到其他区域的数学模型,分别如不等式(7.2)和式(7.3)所示。

$$f_iPf_j\Leftrightarrow 0.58\tilde{f}_i\geqslant\tilde{f}_j \tag{7.1}$$

$$f_iIf_j\Leftrightarrow 0.58\tilde{f}_i\leqslant\tilde{f}_j\leqslant 1.73\tilde{f}_i \tag{7.2}$$

$$f_jPf_i\Leftrightarrow 1.73\tilde{f}_i\leqslant\tilde{f}_j \tag{7.3}$$

式中,$\tilde{f}_i$和 $\tilde{f}_j$对应归一化后的目标函数,且式(7.3)是式(7.1)的对偶形式。

采用完全相同的方法,可以得到图 7.1(b)中相关区域的数学模型。

$$f_iPLf_j\Leftrightarrow 0.33\tilde{f}_i\geqslant\tilde{f}_j \tag{7.4}$$

$$f_iPf_j\Leftrightarrow 0.33\tilde{f}_i\leqslant\tilde{f}_j\leqslant 0.73\tilde{f}_i \tag{7.5}$$

$$f_iIf_j\Leftrightarrow 0.73\tilde{f}_i\leqslant\tilde{f}_j\leqslant 1.38\tilde{f}_i \tag{7.6}$$

由于 f_iPLf_j 与 f_jPLf_i,以及 f_iPf_j 与 f_jPf_i 的数学模型是对偶的,这里不再给出反映这些目标相对重要性的数学表达式。

不等式(7.1)～式(7.6)的系数由归一化空间划分方法确定,即由目标相对重要性关系确定。容易理解,不同的目标重要性关系将得到不同的系数。考虑到本章仅采用定义 7.1 和定义 7.2 一种目标相对重要性关系,因此,仅采用图 7.1 的两种划分方法。7.4 节将利用上述不等式进一步区分具有相同序值进化个体的性能。

7.4 基于决策者偏好区域的进化个体排序

本节提出一种新的进化个体排序策略，该策略通过判断具有相同序值的进化个体是否在决策者偏好区域内，或者计算与决策者偏好区域的距离，进一步比较它们的优劣。

图 7.2 给出反映 f_iIf_j 的决策者偏好区域。由图 7.2 可以看出，当利用决策者偏好区域判断进化个体在目标空间的位置时，有三种可能：①进化个体在决策者偏好区域内，将该进化个体排在最前面；②进化个体在偏好区域外，将该进化个体排在最后面；③进化个体与决策者偏好区域相交，将该进化个体与在决策者偏好区域外的个体排在一起。由此可见，本章实际上将具有相同序值的进化个体分为如下两类：在决策者偏好区域内和不在偏好区域内的。进化个体与决策者偏好区域的位置关系分析如下：

记进化个体 $\boldsymbol{x}$ 的目标函数区间为$([\underline{\tilde{f}_1}(\boldsymbol{x},\boldsymbol{c}_1),\overline{\overline{f}}_1(\boldsymbol{x},\boldsymbol{c}_1)],[\underline{\tilde{f}_2}(\boldsymbol{x},\boldsymbol{c}_2),\overline{\overline{f}}_2(\boldsymbol{x},\boldsymbol{c}_2)])$，如果 $0.58\tilde{f}_1\leqslant\tilde{f}_2\leqslant1.73\tilde{f}_1$，那么，$\boldsymbol{x}$ 位于偏好区域内；否则，$\boldsymbol{x}$ 不在偏好区域内。如果目标函数超过两个，且决策者给定的偏好关系超过一种，那么，采用综合方法判断 $\boldsymbol{x}$ 所处的区域。例如，考虑 3 目标优化问题，如果决策者采用 f_1Pf_2 和 f_3Pf_2 表达其偏好，那么，当 $0.58\,\underline{\tilde{f}_1}(\boldsymbol{x},\boldsymbol{c}_1)>\overline{\overline{f}}_2(\boldsymbol{x},\boldsymbol{c}_2)$ 且 $0.58\,\underline{\tilde{f}_3}(\boldsymbol{x},\boldsymbol{c}_3)>\overline{\overline{f}}_2(\boldsymbol{x},\boldsymbol{c}_2)$ 时，$\boldsymbol{x}$ 位于偏好区域内；否则，$\boldsymbol{x}$ 不在偏好区域内。

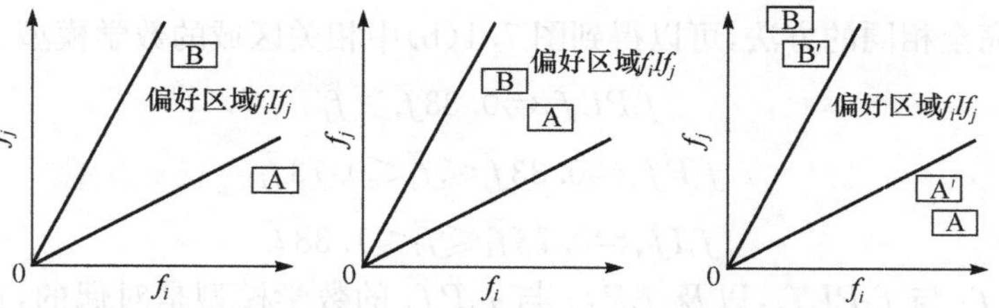

(a) 情况1　　(b) 情况2　　(c) 情况3

图 7.2 进化个体在目标空间的位置

可以看出，利用偏好区域将具有相同序值的进化个体排序后，得到的依然是进化个体的偏序关系。为了得到进化个体的全序关系，还需进一步比较进化个体的性能。为此，提出如下方法：对于偏好区域内的进化个体，为了得到分布均匀的最优解集，采用第 2 章基于区间的拥挤距离排序；对于不在偏好区域内的进化个体，根据进化个体与偏好区域的距离排序。具体方法如下：

为了使得到的解不仅满足决策者偏好，而且具有小的不确定性，对于进化个体$\boldsymbol{x}$，利用下式计算到偏好区域的距离：

$$D(\boldsymbol{x})=d(\boldsymbol{x})\cdot(10^m\cdot V(\boldsymbol{x})+\xi) \tag{7.7}$$

$$d(\boldsymbol{x})=\Big(\sum_{i=1}^{m-1}\sum_{j=i+1}^{m}d_{\min}(m(\widetilde{f}_i(\boldsymbol{x},\boldsymbol{c}_i)),m(\widetilde{f}_j(\boldsymbol{x},\boldsymbol{c}_j)))\Big)/C_m^2 \tag{7.8}$$

式中，$d_{\min}(m(\widetilde{f}_i(\boldsymbol{x},\boldsymbol{c}_i)),m(\widetilde{f}_j(\boldsymbol{x},\boldsymbol{c}_j)))$表示$\boldsymbol{x}$的第$i$和$j$个归一化后区间目标函数的中点到由目标$i$和$j$的相对重要性关系形成的2维偏好区域的最近距离；$C_m^2$表示$m$个目标的两两组合个数，因此，$d(\boldsymbol{x})$为$\boldsymbol{x}$到各2维偏好区域距离的平均值；$V(\boldsymbol{x})$为$\boldsymbol{x}$对应超体的体积，反映对应目标函数值的不确定度；$\xi$为正实数，本章取为1，用于保证一或多个区间目标函数值退化为点时，$V(\boldsymbol{x})+\xi\neq 0$，否则，式(7.7)没有意义；$D(\boldsymbol{x})$为$\boldsymbol{x}$到偏好区域的距离。

现在，对式(7.7)和式(7.8)进一步说明如下：

(1) 由式(7.7)可以看出，某进化个体距各2维偏好区域最近点的平均距离$d(\boldsymbol{x})$越小，且该进化个体的体积越小，那么，该进化个体离偏好区域的距离$D(\boldsymbol{x})$越小，从而该进化个体越符合决策者偏好。

(2) 当优化问题的一或多个区间目标函数值退化为点时，对应超体的体积为零。特别地，当优化问题的所有区间目标函数值均退化为点时，由式(7.8)可得$\boldsymbol{x}$到偏好区域的距离为

$$D(\boldsymbol{x})=\Big(\sum_{i=1}^{m}\sum_{j=i+1}^{m}d_{\min}(m(\widetilde{f}_i(\boldsymbol{x},\boldsymbol{c}_i)),m(\widetilde{f}_j(\boldsymbol{x},\boldsymbol{c}_j)))\Big)/C_m^2 \tag{7.9}$$

(3) 式(7.8)是针对所有两两目标之间都存在偏好关系给出的。在实际应用中，并不能保证所有两两目标之间均存在偏好关系。此时，需要对式(7.8)做一些改动。例如，如果目标f_i和f_j之间不存在偏好关系，那么，令式$d_{\min}(m(\widetilde{f}_i(\boldsymbol{x},\boldsymbol{c}_i)),m(\widetilde{f}_j(\boldsymbol{x},\boldsymbol{c}_j)))$为0，同时$C_m^2$减1。

综上所述，根据式(7.7)或式(7.9)可以计算进化个体与偏好区域的距离，从而进一步区分不在偏好区域进化个体的性能。

至此，得到如下基于偏好区域的进化个体排序策略：首先，采用第2章的区间占优关系求取合并进化种群中个体的序值，进化个体的序值越小，其性能越好；然后，将具有相同序值的进化个体按是否在偏好区域排序，在偏好区域的进化个体优于不在偏好区域的；最后，将具有相同序值且在偏好区域的进化个体，利用第2章基于区间的拥挤距离排序，拥挤距离越大，进化个体的性能越好；将具有相同序值且不在偏好区域的进化个体，利用与偏好区域的距离排序，距离越近，进化个体的性能越好。

利用本节提出的进化个体排序策略，7.5 节开发基于目标相对重要性的区间多目标进化优化方法。

7.5　算法描述

算法思想是：将进化优化进程分为两部分，对于每一部分，分别采用粗目标相对重要性和细目标相对重要性表达决策者对目标的偏好；基于该决策者偏好，在目标空间得到相应的偏好区域，并建立偏好区域的数学模型；在 NSGA-Ⅱ[4] 框架下实现种群进化，通过基于偏好区域的进化个体排序策略比较进化种群中个体的性能，从而引导种群向决策者偏好的区域搜索；算法达到终止条件时，种群中序值为 1 且在偏好区域的个体即为决策者的最满意解(集)。具体步骤如下：

步骤 1：初始化规模为 N 的种群 $P(0)$；取进化代数 $t=0$。

步骤 2：当进化代数 $0<t\leqslant \alpha T$ 时，采用粗目标相对重要性表达决策者偏好；当进化代数 $t>\alpha T$ 时，采用细目标相对重要性表达决策者偏好，同时，允许决策者在进化过程中改变偏好。

步骤 3：利用 7.3 节提出的方法建立相应偏好区域的数学模型。

步骤 4：采用规模为 2 的锦标赛选择、交叉、变异等遗传操作，生成相同规模的临时种群 $Q(t)$。

步骤 5：合并种群 $P(t)$ 和 $Q(t)$，并记作 $R(t)$。

步骤 6：利用 7.4 节提出的策略，选取 $R(t)$ 中前 N 个优势个体，构成下一代种群 $P(t+1)$。

步骤 7：判定算法终止条件是否满足。如果是，输出偏好区域内的优化解(集)；否则，令 $t=t+1$，转步骤 2。

图 7.3 是本章算法的流程，其中，灰色部分是本章提出的方法。下面分析本章算法的时间复杂度。

本章算法在进化种群的一次迭代，包含如下 7 个基本操作：非被占优排序、构建决策者偏好区域的数学模型、基于偏好区域的排序、计算第 2 章基于区间的拥挤距离及其排序、计算进化个体与偏好区域的距离及其排序。在最坏情形下，对合并进化种群的非被占优排序和基于区间的拥挤距离排序的时间复杂度分别是 $O(m\,(2N)^2)$ 和 $O(2N\log(2N))$；同理，基于进化个体与偏好区域距离排序的时间复杂度也为 $O(2N\log(2N))$；由于构建决策者偏好区域的数学模型不涉及比较操作，因此，该部分的时间复杂度可忽略不计。下面详细分析基于偏好区域排序、计算基于区间的拥挤距离、计算个体与偏好区域距离的时间复杂度。

将一个进化个体基于偏好区域排序的时间复杂度为 $O(1)$，共有 $2N$ 个进化个

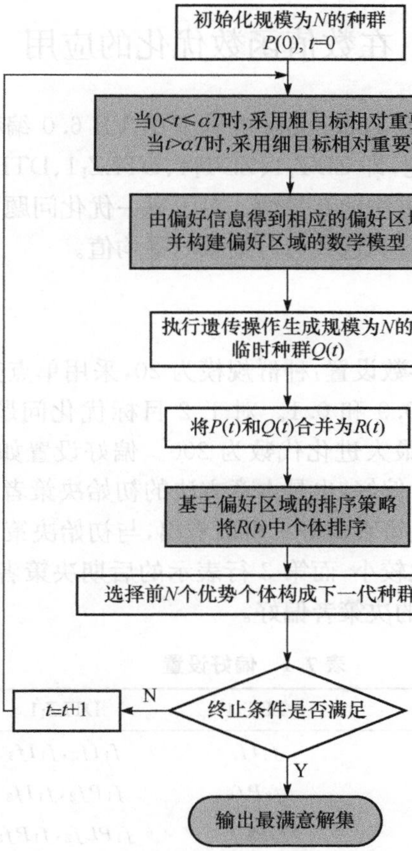
初始化规模为N的种群
P(0), t=0
当0<t≤αT时,采用粗目标相对重要性
当t>αT时,采用细目标相对重要性
由偏好信息得到相应的偏好区域,
并构建偏好区域的数学模型
执行遗传操作生成规模为N的
临时种群Q(t)
将P(t)和Q(t)合并为R(t)
基于偏好区域的排序策略
将R(t)中个体排序
选择前N个优势个体构成下一代种群P(t+1)
终止条件是否满足
N
t=t+1
Y
输出最满意解集

图 7.3　算法流程

体,因此,该部分的时间复杂度为 $O(2N)$;第 2 章基于区间的拥挤距离类似于 NSGA-Ⅱ中的拥挤距离,因此,在最坏情形下,计算基于区间的拥挤距离的时间复杂度为 $O(m2N\log(2N))$[4];对于本章提出的与偏好区域的距离,每次计算时,需要比较与构成 2 维偏好区域的两条直线的距离,其时间复杂度为 $O(1)$,由于最多有 C_m^2 个 2 维偏好区域,因此,该部分的时间复杂度为 $O(m(m-1)/2)$。

综上所述,本章算法的时间复杂度为 $O(mN^2+m^2)$。当目标函数比较少或远少于种群规模时,本章算法的时间复杂度为 $O(mN^2)$,仍然由非被占优排序决定。此时,$O(m^2)$也比 $O(mN\log(2N))$小,即计算进化个体与偏好区域距离的时间复杂度,比计算基于区间的拥挤距离的时间复杂度小。

7.6 在数值函数优化的应用

本章方法在 Pentium(R) Dual-Core 电脑上用 VB 6.0 编程实现，通过优化 4 个基准区间多目标优化问题，即 ZDT_I1、ZDT_I4、$DTLZ_I1$、$DTLZ_I2$，并与先验方法和后验方法比较，验证本章方法的有效性。对于每一优化问题，每种方法均独立运行 20 次，记录运行结果，并计算这些运行结果的平均值。

7.6.1 参数设置

三种方法均采用如下参数设置：种群规模为 20，采用单点交叉和均匀变异[5]，且交叉和变异概率分别为 0.9 和 0.1。对于 2 目标优化问题，最大进化代数为 100；对于 3 目标优化问题，最大进化代数为 200。偏好设置如表 7.1 所列，其中，第 1 行是先验方法的决策者偏好，也是本章方法的初始决策者偏好；第 2 行和第 3 行是本章方法的两种后期决策者偏好。可以看出，与初始决策者偏好相比，第 2 行表示的后期决策者偏好变化较小，而第 3 行表示的后期决策者偏好变化较大。此外，第 3 行也表示后验方法的决策者偏好。

表 7.1 偏好设置

	ZDT_I1	ZDT_I4	$DTLZ_I1$	$DTLZ_I2$
初始偏好	f_2Pf_1	f_1If_2	f_1If_2, f_1If_3	f_2Pf_1, f_2If_3
后期偏好 1	f_2Pf_1	f_2Pf_1	f_1Pf_2, f_1If_3	f_2Pf_1, f_2Pf_3
后期偏好 2	f_1Pf_2	f_2PLf_1	f_1PLf_2, f_1Pf_3	f_2If_1, f_2PLf_3

7.6.2 性能指标

采用如下两个指标比较不同方法的性能：

(1) Pareto 最优解集与决策者偏好区域的平均距离。记采用某方法得到的 Pareto 最优解集为 $\boldsymbol{X}$，对于 $\boldsymbol{X}$ 的任一 Pareto 最优解 $\boldsymbol{x}^*$，采用式(7.7)或式(7.9)可以得到该解到决策者偏好区域的距离 $PD(\boldsymbol{x}^*)$。$\boldsymbol{X}$ 的所有 Pareto 最优解到决策者偏好区域距离的平均值记为 $PD(\boldsymbol{X})$，称为 $\boldsymbol{X}$ 与决策者偏好区域的平均距离，简称为 PD 测度，可以表示为

$$PD(\boldsymbol{X}) = \frac{1}{|\boldsymbol{X}|}\sum_{\boldsymbol{x}^* \in \boldsymbol{X}} PD(\boldsymbol{x}^*) \tag{7.10}$$

容易知道，PD 测度反映决策者对某方法得到 Pareto 最优解集 $\boldsymbol{X}$ 的满意程度。PD 测度值越小，$\boldsymbol{X}$ 与决策者偏好区域越近，从而 $\boldsymbol{X}$ 越符合决策者偏好。特别地，如果 $\boldsymbol{X}$ 在决策者偏好区域内，那么，PD 测度值为 0。

(2) CPU 时间,简称 T 测度。

7.6.3 实验结果与分析

本章实验分为如下三部分:前两部分考察本章方法涉及参数的取值对方法性能的影响,这些参数包括反映决策者偏好变化阶段的 α、决策者偏好变化的大小和次数,以及最后一次决策者偏好变化的时间,这两部分包含 4 组对比实验;为说明本章方法的优越性,第三部分考察三种不同方法在两个性能指标上的差异。

1. α 取值和决策者偏好变化程度对方法性能的影响

本组实验考察决策者偏好仅变化 1 次情况下不同的 α 取值和决策者偏好变化程度对 PD 测度的影响。表 7.2 列出 α 取值分别为 0.2、0.5、0.8 时决策者偏好从初始偏好变化为后期偏好 1(即变化小)和后期偏好 2(即变化大)时 PD 测度的均值和方差。为了说明不同 α 取值,以及决策者偏好变化程度得到的 PD 测度是否有显著差异,对其进行 t 检验[6],并假设比较的 PD 测度相等,取置信水平为 0.01,得到该假设的拒绝域为 $|t|=2.712$。表 7.3 和表 7.4 分别是决策者偏好变化小和大时不同 α 取值情况下 PD 测度的 t 检验值;表 7.5 给出不同决策者偏好变化程度情况下 PD 测度的 t 检验值。

表 7.2　不同 α 取值和决策者偏好变化程度下的 PD 测度

α	决策者偏好	ZDT_I1		ZDT_I4		$DTLZ_I1$		$DTLZ_I2$	
		均值	方差	均值	方差	均值	方差	均值	方差
0.2	变化小	0.2198	0.0568	0.1190	0.0990	0.1211	0.0422	0.2053	0.0580
	变化大	0.2967	0.0830	0.4189	0.0472	0.2463	0.0583	0.3291	0.0977
0.5	变化小	0.2441	0.0652	0.1916	0.0764	0.1240	0.0445	0.2204	0.0646
	变化大	0.3410	0.0884	0.4491	0.0767	0.2941	0.0688	0.4049	0.0788
0.8	变化小	0.3459	0.0889	0.2081	0.0651	0.1413	0.0756	0.2902	0.0869
	变化大	0.5029	0.0901	0.6164	0.0830	0.3276	0.0632	0.6639	0.0733

表 7.3　决策者偏好变化小时不同 α 取值下 PD 测度的 t 检验值

α		ZDT_I1	ZDT_I4	$DTLZ_I1$	$DTLZ_I2$
0.2	0.5	1.257	2.596	0.212	0.778
0.2	0.8	5.347	3.365	1.043	3.634
0.5	0.8	4.129	0.794	0.882	2.883

表 7.4 决策者偏好变化大时不同 α 取值下 PD 测度的 t 检验值

α		ZDT_I1	ZDT_I4	$DTLZ_I1$	$DTLZ_I2$
0.2	0.5	1.634	1.499	2.372	2.701
0.2	0.8	7.528	9.250	3.811	12.259
0.5	0.8	5.736	6.620	1.605	10.763

表 7.5 不同决策者偏好变化程度下 PD 测度的 t 检验值

α	ZDT_I1	ZDT_I4	$DTLZ_I1$	$DTLZ_I2$
0.2	3.419	12.229	7.789	4.873
0.5	3.945	10.637	9.284	8.098
0.8	5.547	17.321	8.461	14.701

由表 7.2 和表 7.3 可以看出，当决策者偏好变化小时：①随着 α 值的增加，各优化问题的 PD 测度增大。这意味着越到后期变化决策者偏好，得到的解越难以满足决策者偏好。②对于优化问题 $DTLZ_I1$，不同 α 值得到的 PD 测度无显著差异；对于优化问题 ZDT_I1 和 $DTLZ_I2$，除了 α 取值为 0.2 和 0.5 之外，其他两种情况下得到的 PD 测度差异显著；对于优化问题 ZDT_I4，除了 α 取值为 0.2 和 0.8 之外，其他两种情况下得到的 PD 测度无显著差异。

由表 7.2 和表 7.4 可以看出，当决策者偏好变化大时：①随着 α 值的增加，各优化问题 PD 测度增大。这说明越到后期变化决策者偏好，得到的解越难满足决策者偏好，这与决策者偏好变化小时得到的结果类似。②当 α 取 0.2 和 0.5 时，对于所有优化问题，PD 测度无显著差异；但是，当 α 取 0.2 和 0.8 时，对于所有优化问题，PD 测度均有显著差异；当 α 取 0.5 和 0.8 时，除了优化问题 $DTLZ_I1$ 之外，其余优化问题的 PD 测度差异明显。这说明为了得到满足决策者偏好的最优解，需要决策者在种群进化达到最大代数一半之前参与交互。

由表 7.2 和表 7.5 可以看出：①对于相同的 α 取值，决策者偏好变化小时，各优化问题的 PD 测度均显著小于变化大时的 PD 测度。这说明决策者偏好变化小时得到的最优解更容易满足决策者偏好。②对于相同的 α 取值，各优化问题对决策者偏好不同程度的变化，得到的 PD 测度具有显著差异。这意味着决策者偏好的变化程度明显影响最优解的性能。

在以下实验中，本章方法的 α 值取为 0.5，后期决策者偏好采用后期偏好 2。这些参数值或策略并非最优的，实际上，寻找最优参数值或策略的问题已经超出本章研究的范围。

2. 决策者偏好变化次数和后期偏好开始代数对方法性能的影响

考虑决策者偏好分别变化 1、2、3 次的情况。对于变化 1 次的情况，变化前后，各优化问题的决策者偏好如表 7.1 的第 1 行和第 3 行所列，它们也分别是变化 2 次和 3 次时初期和后期决策者偏好；此外，后期偏好分别在 $0.5T$ 和 $0.8T$ 时开始变化。对于后期偏好在 $0.5T$ 时变化的情况，$0.3T \sim 0.5T$ 各优化问题的中期决策者偏好如表 7.6 的第 1 行所列。对于后期偏好在 $0.8T$ 时变化的情况，当偏好变化 2 次时，$0.5T \sim 0.8T$ 各优化问题的中期决策者偏好如表 7.6 的第 2 行所列。需要说明的是，除了优化问题 DTLZ$_{\mathrm{I}}$1 之外，其他优化问题的中期偏好均相同，但是，它们采用的目标相对重要性却不同，其中，第 1 行表示粗目标相对重要性，而第 2 行表示细目标相对重要性。偏好变化 3 次时，$0.3T \sim 0.5T$ 和 $0.5T \sim 0.8T$ 各优化问题的中期决策者偏好也分别如表 7.6 的第 1 行和第 2 行所列。

表 7.6　中期决策者偏好

	ZDT$_{\mathrm{I}}$1	ZDT$_{\mathrm{I}}$4	DTLZ$_{\mathrm{I}}$1	DTLZ$_{\mathrm{I}}$2
$0.3T \sim 0.5T$	$f_1 I f_2$	$f_2 P f_1$	$f_1 P f_2, f_1 I f_3$	$f_2 P f_1, f_2 P f_3$
$0.5T \sim 0.8T$	$f_1 I f_2$	$f_2 P f_1$	$f_1 P f_2, f_1 P f_3$	$f_2 P f_1, f_2 P f_3$

表 7.7 列出不同决策者偏好变化次数和后期偏好开始代数时本章方法得到的 PD 测度均值和方差，表 7.8 和表 7.9 分别是这些均值的 t 检验值。

表 7.7　不同决策者偏好变化次数和后期偏好开始代数下的 PD 测度

后期偏好开始代数	变化次数	ZDT$_{\mathrm{I}}$1		ZDT$_{\mathrm{I}}$4		DTLZ$_{\mathrm{I}}$1		DTLZ$_{\mathrm{I}}$2	
		均值	方差	均值	方差	均值	方差	均值	方差
$0.5T$	2	0.3014	0.0678	0.4290	0.0516	0.2848	0.0548	0.3497	0.0758
$0.8T$	2	0.4494	0.0786	0.5815	0.0716	0.3198	0.0672	0.5996	0.0444
	3	0.3742	0.0829	0.4703	0.0805	0.3069	0.0779	0.4998	0.0856

表 7.8　不同决策者偏好变化次数下 PD 测度的 t 检验值

后期偏好开始代数	变化次数		ZDT$_{\mathrm{I}}$1	ZDT$_{\mathrm{I}}$4	DTLZ$_{\mathrm{I}}$1	DTLZ$_{\mathrm{I}}$2
$0.5T$	1	2	1.589	0.972	0.473	2.578
	1	2	2.001	1.432	0.378	3.356
$0.8T$	1	3	4.701	5.651	0.923	6.512
	2	3	2.944	4.645	0.561	4.628

表 7.9　不同后期偏好开始代数下 PD 测度的 t 检验值

偏好变化次数	ZDT$_{\mathrm{I}}$1	ZDT$_{\mathrm{I}}$4	DTLZ$_{\mathrm{I}}$1	DTLZ$_{\mathrm{I}}$2
1	5.736	6.620	1.605	10.763
2	6.376	7.799	1.805	12.722

由表 7.2、表 7.7、表 7.8 可以看出,当后期决策者偏好开始代数为 0.5T 时:①对于所有优化问题,偏好变化 1 次得到的 PD 测度大于偏好变化 2 次。这是因为变化方向均朝着最后的决策者偏好,变化次数越多,得到的解与决策者偏好区域越近。②对于同一优化问题,不同的变化次数得到的 PD 测度无显著差异。这说明不论偏好变化几次,只要有充分的进化代数,使得进化种群跟踪后期决策者偏好,那么,本章方法得到的最优解就能够满足后期决策者偏好。

当后期决策者偏好开始代数为 0.8T 时:①对于所有优化问题,随着偏好变化次数的增加,PD 测度不断减小,这同样是由于中期偏好与后期偏好是一致的。②当偏好分别变化 1 次和 2 次时,除了 $DTLZ_I2$ 之外,其他优化问题的 PD 测度无显著差异;对于偏好分别变化 1 次和 3 次的情况,除了 $DTLZ_I1$ 之外,其他优化问题的 PD 测度的 t 检验值均大于 2.712,说明偏好变化 3 次的 PD 测度显著小于偏好变化 1 次;偏好分别变化 2 次和 3 次的情况与偏好分别变化 1 次和 3 次的情况类似,即除了 $DTLZ_I1$ 之外,其他优化问题偏好变化 3 次的 PD 测度显著小于偏好变化 2 次。这说明当仅有有限的进化代数使得种群跟踪后期决策者偏好时,偏好变化的次数将影响多数优化问题的最优解对后期决策者偏好满足的程度。

由表 7.2、表 7.7、表 7.9 可以看出:①无论决策者偏好变化 1 次还是 2 次,后期决策者偏好开始代数为 0.5T 得到的 PD 测度显著小于后期偏好开始代数为 0.8T。这说明种群有充分的进化代数跟踪后期决策者偏好,能够使本章方法得到的最优解更好地满足后期决策者偏好。②除了 $DTLZ_I1$ 之外,对于其他优化问题,不同的后期决策者偏好开始代数,得到的 PD 测度的 t 检验值均大于 2.712,说明后期偏好开始代数为 0.5T 时得到的 PD 测度显著小于后期偏好开始代数 0.8T。这意味着为种群提供充分的进化代数,跟踪后期决策者偏好,能够提高最优解满足后期决策者偏好的程度。

由上述分析,并结合 α 取值为 0.5 的情况,下组实验中偏好变化次数将取为 2,从而最后决策者偏好改变时间为 0.5T。

3. 不同方法的性能

表 7.10 列出不同方法得到的 PD 测度均值和方差,表 7.11 是这些均值的 t 检验值,表 7.12 列出不同方法得到的 T 测度均值和方差,而表 7.13 则是这些均值的 t 检验值。此外,不同方法得到的满足或部分满足决策者偏好的 Pareto 最优解个数如表 7.14 所列。图 7.4 给出不同方法得到的满足或部分满足决策者偏好的 Pareto 前沿,其中,实线围成的区域为后期决策者偏好区域,实线框、点划线框、虚线框分别为本章方法、先验方法、后验方法得到的 Pareto 最优解对应的目标区域,图 7.4(c)中点划线框为部分满足后期决策者偏好的区域。

表 7.10 不同方法的 PD 测度

	ZDT_I1		ZDT_I4		$DTLZ_I1$		$DTLZ_I2$	
	均值	方差	均值	方差	均值	方差	均值	方差
本章方法	0.3410	0.0884	0.4491	0.0767	0.2941	0.0688	0.4049	0.0788
先验方法	0.7391	0.0930	0.7906	0.0494	0.3703	0.0516	1.0116	0.0742
后验方法	0.6121	0.1045	0.7652	0.0787	0.5005	0.0623	0.7080	0.0940

表 7.11 不同方法 PD 测度的 *t* 检验值

		ZDT_I1	ZDT_I4	$DTLZ_I1$	$DTLZ_I2$
本章方法	先验方法	13.875	16.740	3.963	25.067
本章方法	后验方法	8.858	12.864	9.945	11.051
先验方法	后验方法	4.060	1.223	7.198	11.338

表 7.12 不同方法的耗时 (单位:s)

	ZDT_I1		ZDT_I4		$DTLZ_I1$		$DTLZ_I2$	
	均值	方差	均值	方差	均值	方差	均值	方差
本章方法	78.5	4.69	73.3	3.10	285.5	29.9	247.3	32.7
先验方法	74.3	5.12	68.5	5.84	270.5	56.5	235.0	34.5
后验方法	128.3	11.82	131.9	6.71	429.6	53.1	380.7	56.3

表 7.13 不同方法耗时的 *t* 检验值

		ZDT_I1	ZDT_I4	$DTLZ_I1$	$DTLZ_I2$
本章方法	先验方法	2.705	3.247	1.049	1.157
本章方法	后验方法	17.514	35.455	10.575	9.163
先验方法	后验方法	18.748	31.874	9.177	9.868

表 7.14 满足或部分满足决策者偏好的 Pareto 最优解个数

	ZDT_I1	ZDT_I4	$DTLZ_I1$	$DTLZ_I2$
本章方法	2.67	3.51	3.87	3.00
先验方法	0.75	0	0	0.90
后验方法	0.56	0.72	0	1.90

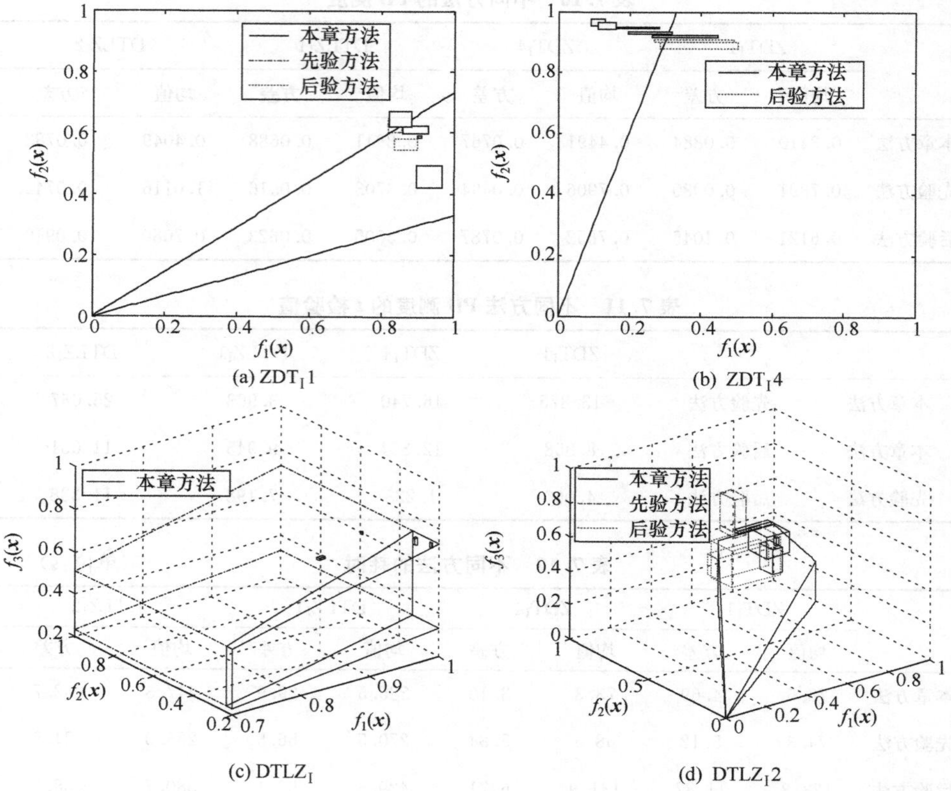

图 7.4 不同方法求取的 Pareto 前沿

由表 7.10 和表 7.11 可以看出：①与其他两种方法相比，本章方法得到的各优化问题的 PD 测度最小。这意味着本章方法得到的最优解最能反映决策者偏好。②本章方法得到的 PD 测度显著小于其他两种方法。这意味着本章方法得到的最优解在反映决策者偏好方面显著优于其他两种方法。③对于 2 目标优化问题，虽然采用后验方法得到的 PD 测度小于先验方法，但是，只有 ZDT_I1 的 PD 测度有显著差异。④对于 3 目标优化问题 $DTLZ_I1$，采用先验方法得到的 PD 测度小于后验方法，但是，对于另一 3 目标优化问题 $DTLZ_I2$，结论却相反；此外，这些均值的差异都是显著的。

由表 7.12 和表 7.13 可以看出：①本章方法的 T 测度略多于先验方法，却明显少于后验方法。②本章方法与先验方法在 T 测度上的差异，除了 ZDT_I4 之外，对于其他优化问题都是不明显的。可能的原因是本章方法中用户的交互时间比较短，相对于算法的总耗时可以忽略不计。③本章方法与后验方法，以及后验方法与先验方法，在 T 测度上均有显著差异。这是因为后验方法中基于拥挤测度排序需要大量时间，这与 7.5 节的分析一致。

由表 7.14 可以看出：①对于各优化问题，采用本章方法得到的满足或部分满足决策者偏好的最优解个数明显多于其他两种方法。②对于优化问题 ZDT_I4 和 $DTLZ_I1$，采用先验方法不能得到满足或部分满足决策者偏好的最优解；此外，后验方法也不能得到优化问题 $DTLZ_I1$ 的满足或部分满足决策者偏好的最优解。上述结论也可以通过图 7.4 得到。

通过以上实验结果与分析，可以得到如下结论：本章方法利用较少的时间，能够得到更多地满足或部分满足决策者偏好的最优解。

7.7　本章小结

本章解决的问题是区间多目标优化问题，其中，每个目标能够采用明确定义的函数表示，采用进化优化方法求解该问题时，融入决策者偏好。与第 6 章相比，本章融入决策者偏好的方式，不再是直接赋予每个目标一个区间权值，而是通过两两目标比较得到的相对重要性，并采用语言表示。对于决策者来说，这种偏好表达方式比较自然、轻松。

本章将决策者给出的目标相对重要性映射到目标空间对应的偏好区域，并构建该偏好区域的数学模型；此外，基于决策者的偏好区域设计一种新的进化个体排序策略，用于比较具有相同序值进化个体的性能，在 NSGA-Ⅱ 的框架下，引导种群向决策者偏好的区域进化，最终获得一或多个符合决策者偏好的最优解。

将本章方法应用于两个基准区间 2 目标和 3 目标优化问题，并与先验方法和后验方法在 PD 测度和运行时间上比较。实验结果表明，本章方法利用较少的时间，能够得到更多满足或部分满足决策者偏好的最优解。

第 6 章和第 7 章分别采用区间权值和目标相对重要性表达决策者对被优化目标的偏好。前已说明，还有其他方式表达决策者偏好，例如，通过指出种群进化的参考点或参考方向。此外，还可以基于决策者对部分进化个体的评价，建立反映决策者偏好的代理模型，从而在后续的种群进化过程中利用该代理模型评价大量的进化个体，引导进化种群向决策者偏好的区域搜索，或者改进已有的遗传操作。接下来的第 8 章至第 10 章将阐述这方面的研究成果。

参考文献

[1] Gong D W, Ji X F, Sun J, et al. Interactive evolutionary algorithms with decision-maker's preferences for solving interval multi-objective optimization problems [C]//Proceedings of 8th International Conference on Intelligent Computing. Berlin: Springer Verlag Press, 2012: 23－29.

[2] Rachmawati L, Srinivasan D. Incorporating the notion of relative importance of objectives in evolution-

ary multi-objective optimization[J]. IEEE Transactions on Evolutionary Computation, 2010, 14(4): 530－546.

[3] 周勇，巩敦卫，张勇. 混合性能指标优化问题的进化优化方法及应用[J]. 控制与决策，2007，22(3)：352－356.

[4] Deb K, Pratap A, Agarwal S, et al. A fast and elitist multi-objective genetic algorithm: NSGA-Ⅱ[J]. IEEE Transactions on Evolutionary Computation, 2002, 6(2): 182－197.

[5] 周明，孙树栋. 遗传算法原理及应用[M]. 北京：国防工业出版社，1999.

[6] 沈恒范. 概率论与数理统计教程[M]. 第 3 版. 北京：高等教育出版社，1998.

第 8 章　基于偏好多面体的区间多目标进化优化方法

通过第 6 章和第 7 章已经知道，采用进化优化方法求解区间多目标优化问题时，融入决策者偏好能够提高优化解(集)的性能，得到一或多个满足决策者偏好的解。此时，需要解决的关键问题是如何表达决策者偏好。此两章通过赋予被优化目标(指标)的权值或比较目标的相对重要性反映决策者偏好；本章则采用另一种决策者偏好表达方法，即通过决策者直接比较具有相同序值的进化个体。

本章研究的问题仍然是区间多目标优化问题，采用的方法仍然是进化优化方法，且在进化优化过程中融入决策者偏好，与第 6 章、第 7 章不同的是，本章通过决策者指出具有相同序值进化个体的优劣反映决策者偏好。为了减轻决策者评价的负担，采用凸锥建立决策者偏好的代理模型，称之为偏好多面体，并利用该偏好多面体代替决策者评价具有相同序值的进化个体，从而引导在 NSGA-Ⅱ[1]框架下进化的种群，向决策者偏好的区域搜索。将本章方法应用于 4 个 2 目标、2 个 3 目标及 1 个 5 目标优化问题，并采用 4 个偏好函数模拟决策者偏好。实验结果表明，本章方法优于后验方法且易于实现。本章主要内容来自文献[2]。

8.1　方法的提出

本章采用进化优化方法求解区间多目标优化问题时融入决策者偏好。决策者偏好融入的时机是种群进化过程中，融入的方式是比较具有相同序值进化个体的性能，从而对这些进化个体排序。与赋予被优化目标的权值和比较目标的相对重要性不同，决策者比较进化个体的性能时，通常需要介入种群进化过程很多次，且比较具有相同序值的进化个体时往往很困难，这将大大增加决策者评价的负担。因此，采用合适的策略，减轻决策者评价的负担，是基于决策者偏好的进化优化方法迫切需要解决的问题。

容易想到，通过决策者对进化个体的评价，采用合适的方法，构建决策者偏好的代理模型，并利用该模型评价后续的种群进化产生的大量新个体，是一种减轻决策者评价负担的有效途径，该方法称为代理模型方法，已经成为进化优化界的热点研究方向之一。到目前为止，已有的代理模型方法可以分为如下三种：基于机器学习的方法[3,4]、基于拟合的方法[5,6]、基于偏好多面体的方法[7,8]。其中，前两种方法对所有候选解(进化个体)两两比较，而基于偏好多面体的方法仅需要从候选解中选出最好和最差解，不仅能够大大减轻决策者评价的负担，而且能避免因选择合适的决策者偏好函数带来的难题。

由第 6 章可知,对于确定型多目标优化问题,已有基于偏好多面体解决该问题的进化优化方法[7,8]。但是,对于区间多目标优化问题,至今尚没有决策者偏好多面体的构建方法,更没有利用偏好多面体代替决策者评价进化个体。鉴于此,本章研究采用进化优化方法求解区间多目标优化问题时,决策者偏好多面体的构建方法及利用策略,目的是减轻决策者偏好融入进化优化过程给决策者带来的评价负担。建立决策者偏好多面体的优点是:不需要决策者事先给出偏好函数的数学表达式,而仅需假设该偏好函数是非减拟凹的。实际上,偏好函数的拟凹性是效用函数最大化问题有唯一解的必要条件[9];当决策者对进化个体的评价理性时,非减性是偏好函数固有的。因此,上述假设完全符合实际。

为了构建并应用决策者偏好多面体,首先,应建立目标函数值为区间时,决策者偏好多面体,简称区间偏好多面体的基本理论;此外,本章主要应用区间偏好多面体对具有相同序值的进化个体排序。这样一来,本章需要解决的问题包括如下三个:区间偏好多面体基本理论、区间偏好多面体构建及基于区间偏好多面体的进化个体排序。接下来的 8.2 节～8.4 节将逐一解决上述三个问题。

8.2　区间偏好多面体基本理论

本节研究区间偏好多面体的基本理论,首先给出三个概念,分别是凸区间集、凸多面体及拟凹区间函数。

定义 8.1　如果对 $\forall A,B\in I(D)$,有

$$\lambda A+(1-\lambda)B\in I(D),\lambda\in[0,1] \tag{8.1}$$

那么,称 $I(D)$ 是 $I(R^m)$ 上的凸区间集。

图 8.1 给出凸点集和凸区间集的区别,一个集合 D 是凸点集,意味着该集合中任意两点之间的连线仍在该集合中;而一个集合 $I(D)$ 是凸区间集,则意味着图 8.1(b)的阴影部分在该集合中。

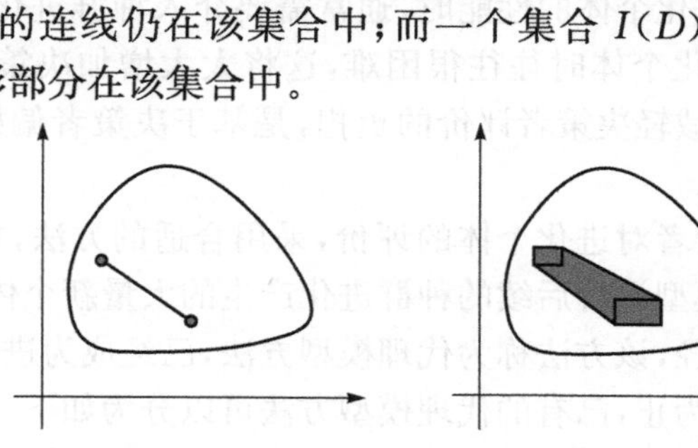

(a) 凸点集　　(b) 凸区间集

图 8.1　凸点集与凸区间集

定义 8.2　设 $\boldsymbol{A}_1,\boldsymbol{A}_2,\cdots,\boldsymbol{A}_\eta$ 是 $I(D)$的 m 维区间向量，称

$$E=\left\{A \middle| A=\sum_{i=1}^{\eta}\mu_i\boldsymbol{A}_i,\sum\mu_i=1,\mu_i\geqslant 0\right\} \tag{8.2}$$

为由 $\boldsymbol{A}_1,\boldsymbol{A}_2,\cdots,\boldsymbol{A}_\eta$ 生成的凸多面体。

图 8.2 给出由 5 个 2 维区间向量 $\boldsymbol{A}_1,\boldsymbol{A}_2,\cdots,\boldsymbol{A}_5$ 生成的凸多面体。

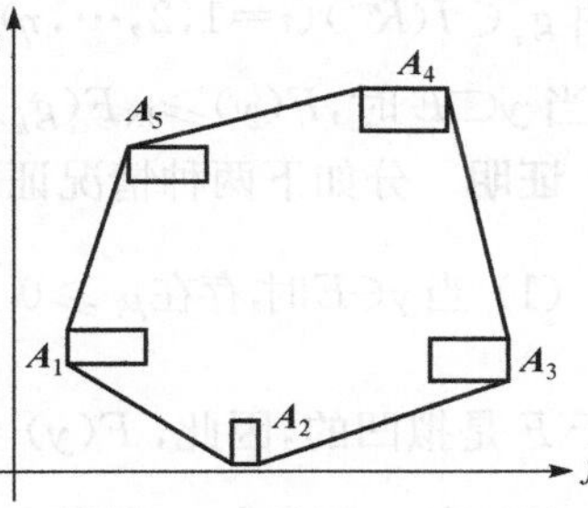

图 8.2　5 个 2 维区间向量生成的凸多面体

值得注意的是，在实数空间中，由某些点生成的凸多面体内的点一定是这些点的线性组合。但是，在区间距离空间中并非如此。这是因为对于由某些超体生成的凸多面体内的超体，其所有顶点并不一定是这些超体关于同一组 $\mu_i(i=1,2,\cdots,m)$的线性组合。因此，在区间空间中，位于凸多面体内的超体可以分为两类：一类是生成凸多面体的这些超体的线性组合，如图 8.3(a)的 C 所示；另一类则不是，如图 8.3(a)的 C' 所示。然而，对于第 2 类超体，一定存在一个第 1 类超体，使得前者包含后者或被后者包含，如图 8.3(a)的 C' 和 C。

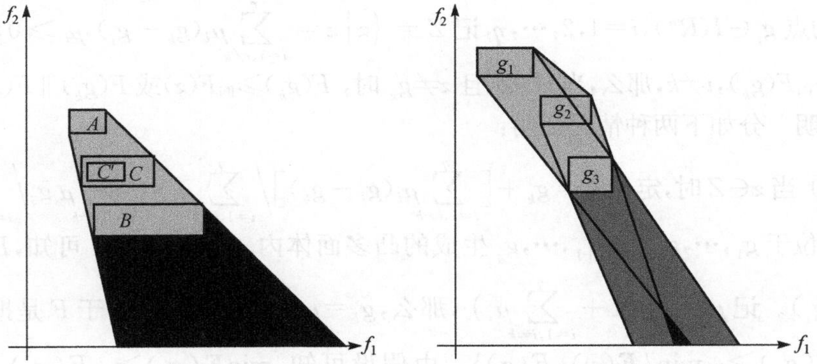

(a) 两个候选方案　　(b) 三个候选方案

图 8.3　定理的应用

定义 8.3　记 $F(\Theta)$是定义在凸区间集 $I(D)$上的区间函数，如果对 $\forall A,B\in D$ 和 $\lambda\in[0,1]$，有 $F(\lambda A+(1-\lambda)B)\geqslant_{\mathrm{IN}}\min\{F(A),F(B)\}$，那么，称 $F(\Theta)$是拟凹区间函数。

下面给出两个定理，并通过图例说明如何应用它们进行多准则决策。

假设某优化问题的 Pareto 最优解集由 M 个非被占优解构成，如果从中选取一个最满意解，最多需要进行 $M-1$ 次比较。对于决策者偏好是拟凹增加的情况，Korhonen 等[10]提出一种删除某些非被占优方案的方法。由于决策者不需要再比

较这些方案,从而减少了比较次数。如果将该方法与进化多目标优化方法结合,那么,将在一定程度上减轻决策者评价负担。但是,上述方法并不适用于区间多准则决策问题。为此,需要对上述方法改进,使其适用于候选方案的取值为区间的情形。

定理 8.1 记 $F(\Theta)$ 是定义在 m 维区间距离空间 $I(R^m)$ 上的拟凹区间函数,E 是由 $g_i\in I(R^m)(i=1,2,\cdots,\eta)$ 生成的凸多面体,如果 $F(g_k)=\min\limits_{i\in\{1,2,\cdots,\eta\}}F(g_i)$,那么,当 $y\subset E$ 时,$F(y)\geqslant_{\mathrm{IN}}F(g_k)$ 或 $F(y)\parallel F(g_k)$。

证明 分如下两种情况证明:

(1) 当 $y\in E$ 时,存在 $\mu_i\geqslant 0,\sum\mu_i=1$,使得 $E=\left\{y\,\middle|\,y=\sum\limits_{i=1}^{\eta}\mu_i g_i,\sum\mu_i=1,\mu_i\geqslant 0\right\}$。由于 F 是拟凹的,因此,$F(y)=F\left(\sum\limits_{i=1}^{\eta}\mu_i g_i\right)\geqslant_{\mathrm{IN}}\min\limits_i F(g_i)=F(g_k)$。

(2) 当 $y\subset E$ 时,一定存在一个 $Y\in E$,使得 $y\subseteq Y$ 或 $Y\subseteq y$。由区间包含单调性[11]可知,$F(y)\subseteq F(Y)$ 或 $F(Y)\subseteq F(y)$。由(1)有 $F(Y)\geqslant_{\mathrm{IN}}F(g_k)$,由式(1.8)易证 $F(y)\geqslant_{\mathrm{IN}}F(g_k)$ 或 $F(y)\parallel F(g_k)$。证毕。

定理 8.2 记 $F(\Theta)$ 是定义在 m 维区间距离空间 $I(R^m)$ 上的拟凹区间函数,考虑 $I(R^m)$ 的点 $g_i\in I(R^m),i=1,2,\cdots,\eta$,记 $Z=\left\{z\,\middle|\,z=\sum\limits_{i=1,i\neq k}^{\eta}\mu_i(g_k-g_i),\mu_i\geqslant 0\right\}$,如果 $F(g_i)>_{\mathrm{IN}}F(g_k),i\neq k$,那么,当 $z\subset Z$,且 $z\neq g_k$ 时,$F(g_k)\geqslant_{\mathrm{IN}}F(z)$ 或 $F(g_k)\parallel F(z)$。

证明 分如下两种情况证明:

(1) 当 $z\in Z$ 时,定义 $y=g_k+\left[\sum\limits_{i=1,i\neq k}^{\eta}\mu_i(g_i-g_k)\right]\Big/\sum\limits_{i=1,i\neq k}^{\eta}\mu_i=\sum\limits_{i=1,i\neq k}^{\eta}\mu_i g_i\Big/\sum\limits_{i=1,i\neq k}^{\eta}\mu_i$,那么,$y$ 位于 $g_1,\cdots,g_{k-1},g_{k+1},\cdots,g_\eta$ 生成的凸多面体内。由定理 8.1 可知,$F(y)\geqslant\min\limits_{i\neq k}F(g_i)$。记 $\mu=1\Big/\left(1+\sum\limits_{i=1,i\neq k}^{\eta}\mu_i\right)$,那么,$g_k=\mu z+(1-\mu)y$。由于 F 是拟凹的,因此,$F(g_k)\geqslant_{\mathrm{IN}}\min\{F(y),F(z)\}$。由假设可知,$\min\limits_{i\neq k}F(g_i)>_{\mathrm{IN}}F(g_k)$,因此,$F(g_k)\geqslant_{\mathrm{IN}}F(z)$。

(2) 当 $z\subset Z$ 时,一定存在一个 $z'\in Z$,使得 $z\subseteq z'$ 或 $z'\subseteq z$。由区间包含单调性可知,$F(z)\subseteq F(z')$ 或 $F(z')\subseteq F(z)$。由(1)有 $F(g_k)\geqslant_{\mathrm{IN}}F(z')$。由式(1.8)易证 $F(g_k)\geqslant_{\mathrm{IN}}F(z)$ 或 $F(g_k)\parallel F(z)$。证毕。

由上述证明过程可知,$F(y)\parallel F(g_k)$ 和 $F(g_k)\parallel F(z)$ 两种情形很少出现,因此,后面忽略这两种情况。现在利用图 8.3 说明上述定理在 2 准则决策的应用。在图 8.3(a)中,对于两个候选方案 A 和 B,当决策者认为 A 优于 B 时,由定理 8.1 可知,位于浅灰色区域的候选方案都至少与 B 一样好。而由定理 8.2 可知,位于黑色区域的候选方案都不比 B 好。图 8.3(b)中,对于三个候选方案 g_1、g_2、g_3,当

决策者将 g_3 作为最差解时,由定理 8.1 可知,位于浅灰色区域的候选方案都至少与 g_3 一样好。由定理 8.2 可知,位于深灰色区域的候选方案都不比 g_3 好。由于连接 g_1 和 g_2 区域的候选方案至少与 g_1 和 g_2 的最差方案一样好,因此,连接 g_1 和 g_2 区域的候选方案也至少与 g_3 一样好。再由定理 8.2 可知,位于黑色区域的候选方案不比 g_3 好。由此,可以得出如下结论:位于深灰色和黑色区域的候选方案都不比 g_3 好。这样一来,在对多个候选方案决策时,位于图 8.3(a)黑色区域、图 8.3(b)深灰色和黑色区域的候选方案都可以被删除。因此,大大减少了决策者评价候选方案的个数。

由图 8.3 可以看出,利用定理 8.1 和定理 8.2,能够将候选解分成如下三类:决策者喜欢的、决策者不喜欢的及决策者无法确定偏好的解。这意味着用图 8.3(b)的凸多面体能够进一步区分具有相同序值的进化个体,因此,称之为区间偏好多面体。这说明,忽略 $F(y) \parallel F(g_k)$ 和 $F(g_k) \parallel F(z)$ 两种情形,相当于将部分无法确定偏好的解看作喜欢或不喜欢的解,类似于近似计算,因此,对进化优化过程影响甚微。本章将利用区间偏好多面体对种群中具有相同序值的进化个体排序。为此,需要解决在目标空间构建区间偏好多面体的问题。

8.3　区间偏好多面体构建

8.2 节给出的两个定理为区间多准则决策奠定了理论基础,但欲在实际应用中判断一个解是决策者喜欢的、不喜欢的,或者是无法确定偏好的解,则需在目标空间中建立偏好多面体的数学模型。本节即解决该问题。

图 8.3(b)说明,利用图中浅灰色区域及深灰色和黑色区域,可以将种群中的进化个体偏好排序,浅灰色区域是决策者偏好个体所在区域,深灰色和黑色区域是决策者不喜欢个体所在区域。鉴于问题的复杂性,实现时,将图 8.3 (b)中决策者的偏好区域和不喜欢区域分别做如下简化处理:

(1) 对于决策者的偏好区域,为了增加算法找到最满意解的机会,将浅灰色区域延伸,如图 8.4 浅灰色区域所示,将部分偏好不确定个体作为喜欢个体。

(2) 对于不喜欢区域,为了简化判断,将图 8.3(b)中决策者不喜欢区域缩减为图 8.4(b)中黑色区域或图 8.4(a)中深灰色和黑色区域,将部分不喜欢个体作为不确定个体。

实际上,上述处理只是暂时扩大决策者的喜欢区域,缩小不喜欢区域,可能会影响算法找到最满意解的效率。但是,随着决策者不断明确其偏好,偏好区域不断缩小,最终能找到决策者最满意的解,因此,这样的处理不会影响种群向决策者的偏好区域进化。

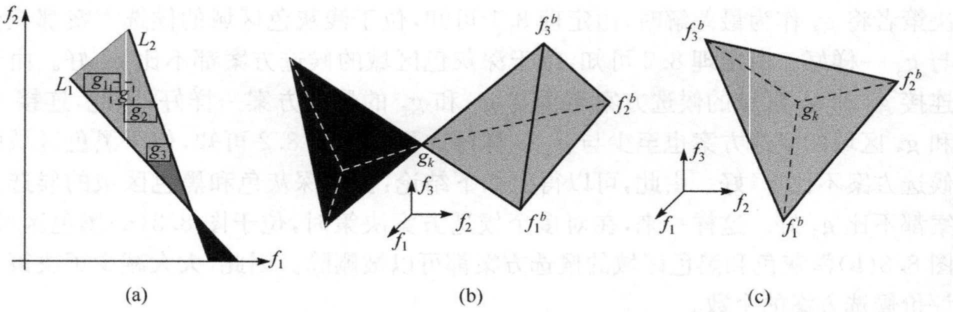

图 8.4　g_k 在目标空间中的位置

需注意的是，偏好多面体是建立在 Pareto 前沿上的，多面体的边界点也是前沿的边界点，因此，为了构建偏好多面体，应找出每个目标上的最大值，鉴于目标函数值是区间，取最小值和最大值分别为上述目标上所有区间下限的最小值和区间上限的最大值，用这些值和决策者选出的最差值在目标空间中构建多面体。具体步骤如下：

首先，决策者从 η 个目标函数值 $g_1, g_2, \cdots, g_\eta$ 中选择一个最差值 g_k，如 g_3 和 g_k 分别是图 8.4(a) 中的 g_1, g_2, g_3 和图 8.4(b)、8.4(c)的最小值。g_k 在目标空间的位置有两种：①最差值的某个分量是对应目标的最小值，记该目标为 j，如图 8.4(a)中的 g_3 和图 8.4(c)中的 g_k；②最差值的分量不是对应目标的最小值，如图 8.4(c)中的 g_k。不论何种情形，从剩余的 $\eta-1$ 个目标函数值中找出每个目标的最大值，分别记为 $f_i^b, i=1,2,\cdots,m$。

然后，过 g_k 和上述m 个 f_i^b 可以作$m+1$ 个 m 维超平面，所有超平面构成一个凸多面体。超平面构建方法如下：假设需构建过 m 个点 $g_k, f_1^b, \cdots, f_{i-1}^b, f_{i+1}^b, \cdots, f_m^b$ 的超平面。对于上述第 1 种情形，$f_1^b, \cdots, f_{i-1}^b, f_{i+1}^b, \cdots, f_m^b$ 可分为两类：一类为左端点在第 j 个目标上小于 g_k 的左端点，另一类为右端点在第 j 个目标上大于 g_k 的右端点；所作的超平面过第 1 类的左端点、第 2 类的右端点及 g_k 的中点。对于上述第 2 种情形，所求的超平面过目标函数值 $f_1^b, \cdots, f_{i-1}^b, f_{i+1}^b, \cdots, f_m^b$ 的左端点。当目标个数为 2 或 3 时，上述超平面是直线或平面。除去不包含 g_k 的那个超平面，即为一个开口多面体，也即偏好多面体，本章即利用该偏好多面体比较具有相同序值进化个体的优劣，8.4 节将给出详细排序策略。

8.4　基于区间偏好多面体的进化个体排序

在 NSGA-Ⅱ框架下，为了选出合并种群的前 N 个优势个体，需要设计合适的进化个体排序策略，从而得到合并种群所有进化个体的全序关系。根据不同的需求，可以设计不同的排序策略。为了得到决策者最满意的解，本章利用 8.3 节构建的区间偏好多面体，将具有相同序值的进化个体排序。

利用区间偏好多面体判断进化个体在目标空间的位置时，有三种可能：①在区间偏好多面体内部，如图 8.4 所示的浅灰色区域，将此类进化个体排在最前面；②在偏好多面体下部，如图 8.4 所示的黑色区域，将此类进化个体排在最后面；③在偏好多面体外部，如图 8.4(a)L_1 和 L_2 围成区域的外部，将此类进化个体排在中间。也就是说，按照决策者喜欢、不确定、不喜欢的顺序将进化个体排序。

从图 8.4 可以看出，不论 g_k 位置如何，由超平面围成的区域均包含偏好多面体内部和下部。如果 g_k 位于 $f_1^b, f_2^b, \cdots, f_m^b$ 构成的超平面下方，那么，位于超平面围成的区域且在 g_k 上方的进化个体为决策者喜欢的个体，而位于超平面围成的区域且在 g_k 下方的进化个体为决策者不喜欢的个体。

需要注意的是，利用区间偏好多面体对具有相同序值的进化个体偏好排序后，得到的仍然是进化个体的偏序关系，也即具有相同序值和决策者偏好的进化个体不止一个。为了获得进化个体的全序关系，本章利用基于区间的拥挤度[12]，进一步区分具有相同序值和决策者偏好的进化个体。第 9 章将利用区间成就标量化函数，进一步区分具有相同序值和决策者偏好的进化个体的性能。

基于上述讨论，本章的进化个体排序策略如下：首先，采用 Limbourg 和 Aponte 的区间占优关系[12]，求取合并种群进化个体的序值，序值越小的进化个体性能越优；然后，将具有相同序值的进化个体，按照决策者喜欢、不确定、不喜欢排序；最后，对具有相同序值和决策者偏好的进化个体计算其拥挤度[12]，拥挤度越大的进化个体性能越好。

本节提出的基于区间偏好多面体的进化个体排序策略能够选择决策者偏好的进化个体进入下一代种群，也能够选取决策者偏好的进化个体执行交叉和变异操作，从而产生性能更好地满足决策者偏好的进化个体，达到利用决策者偏好引导种群进化的目的。

8.5 算法描述

算法思想是：采用传统的区间多目标进化优化方法进化种群 τ 代后，每隔 τ 代从非被占优解中选取拥挤度最大的 $\eta \geqslant 2$ 个解，请求决策者从中挑选 1 个最差解，并从 η 个解和上一次的最好解中选择 1 个最好解；用提交给决策者的 η 个解，在目标空间以最差解为顶点，按照 8.3 节的方法构建区间偏好多面体；在接下来的 τ 代利用该区间偏好多面体，按照 8.4 节的策略对进化个体排序；通过优先保存决策者喜欢的非被占优解引导种群向决策者偏好的区域搜索；算法达到终止条件时，决策者从非被占优解和上一次的最好解中选出 1 个最满意解。具体步骤如下：

步骤 1：初始化规模为 N 的进化种群 $P(0)$；取进化代数 $t=0$，采用传统的区间多目标进化方法进化种群 τ 代。

步骤 2：如果($t \bmod \tau=0$)，当非被占优解个数 $\eta \geqslant 2$ 时，从中选择拥挤度最大的 η 个解；否则，转步骤 4。

步骤 3：决策者从被选出的非被占优解中选择 1 个最差解，并从 η 个解和上一次的最好解中选择 1 个最好解；以最差解为顶点构建区间偏好多面体。

步骤 4：采用规模为 2 的锦标赛选择、交叉、变异等遗传操作，生成相同规模的临时种群 $Q(t)$。

步骤 5：合并种群 $P(t)$ 和 $Q(t)$，并记作 $R(t)$。

步骤 6：用基于区间偏好多面体的进化个体排序策略，选取 $R(t)$ 中前 N 个优势个体，构成下一代种群 $P(t+1)$。

步骤 7：判定算法终止条件是否满足。如果是，决策者从非被占优解和上一次的最好解中选出 1 个最满意解；否则，令 $t=t+1$，转步骤 2。

在本章实验中，采用 IP-MOEA[12] 对种群进化 τ 代。当进化种群中个体均具有相同序值和决策者偏好时，本章方法退化为 IP-MOEA。图 8.5 给出本章算法的流程，其中，灰色部分是本章所提方法。下面分析本章算法的时间复杂度。

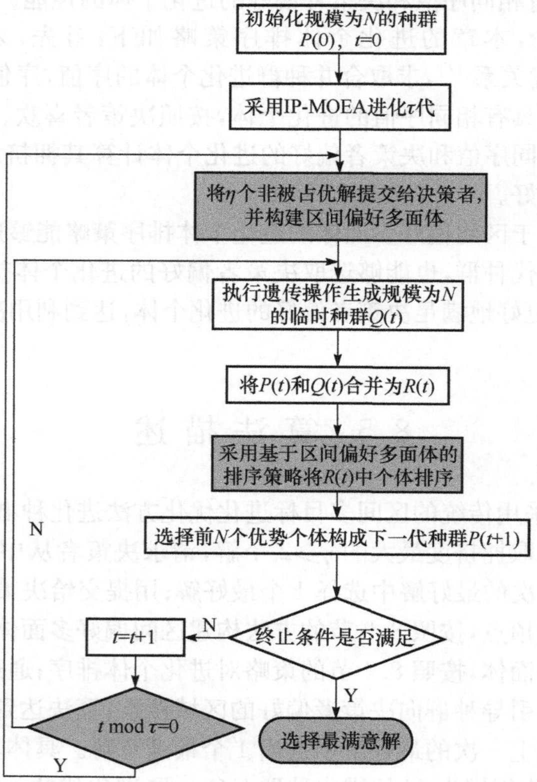

图 8.5　算法流程

本章算法的一次迭代包含如下5个基本操作：非被占优排序、区间偏好多面体构建、基于区间偏好多面体的排序、拥挤度计算、基于拥挤度的排序。在最坏情形下，非被占优排序、拥挤度计算、基于拥挤度排序的时间复杂度分别是$O(m(2N)^2)$、$O((2N)^m)$[13]、$O(2N\log(2N))$；区间偏好多面体构建的时间复杂度是$O(m\eta)$；基于区间偏好多面体排序的时间复杂度是$O(2N(m+1))$。因此，本章算法的时间复杂度为$O((2N)^m)$，主要来自于拥挤度的计算。

对于本章算法而言，种群中具有相同序值和决策者偏好的进化个体通常少于IP-MOEA，因此，本章算法计算超体积的次数少于IP-MOEA，从而本章算法的运行时间少于后验方法，即采用IP-MOEA生成一个Pareto最优解集后，从中选择1个最满意解。但是，如果采用其他测度或近似计算超体积区分具有相同序值的进化个体，那么，本章算法的时间复杂度将主要来自非被占优排序。由于本章方法需构建区间偏好多面体，并基于该区间偏好多面体对进化个体排序，这些操作可能增加额外的计算开销。因此，本章算法的运行时间可能多于后验方法。

8.6节将通过优化4个2目标、2个3目标、1个5目标区间优化问题验证本章方法的性能。

8.6　在数值函数优化的应用

本章方法在Pentium(R) Dual-Core电脑上用Matlab7.0.1编程实现。通过求解4个区间2目标优化问题(即ZDT_I1、ZDT_I2、ZDT_I4、ZDT_I6)、2个区间3目标优化问题(即$DTLZ_I1$和$DTLZ_I2$(3d))、1个区间5目标优化问题(即$DTLZ_I2$(5d))，并与后验方法比较，验证所提方法的性能。对于每一优化问题，每种方法均独立运行20次，记录20次运行的结果，并求取它们的均值和中位数。与参数检验(如t检验[14])相比，非参数检验不需要待检测样本满足某种分布的先验假设，并可用于小样本[15]，因此，本章采用非参数检验分析实验结果。

8.6.1　决策者偏好函数

在已有的将决策者偏好融入进化优化的方法中，决策者偏好函数常采用某数值函数近似[5~8]，该方法的明显好处是不需要额外考虑决策者评价产生的疲劳和评价过程中存在的不一致问题。鉴于此，本章也采用相同的方法，以表8.1所列的拟凹递增数值函数模拟决策者偏好函数，从选出的非被占优解中，选择1个最差解用于反映决策者对优化解的满意程度。实际上，所有拟凹递增函数都可以作为偏好函数，其选择与优化问题无关。

表 8.1　决策者偏好函数的近似函数

	近似函数
ZDT_I1,ZDT_I2	$(f_1+0.4)^2+(f_2+5.5)^2$
ZDT_I4,ZDT_I6	$1.25f_1+1.50f_2$
$DTLZ_I1$,$DTLZ_I2$(3d)	$1.25f_1+1.50f_2+2.9407f_3$
$DTLZ_I2$(5d)	$(f_1+0.4)^2+(f_2+2.1)^2+(f_3+0.8)^2+(f_4+3)^2+(f_5+2.5)^2$

8.6.2　参数设置

本章采用如下参数设置：对于 2 目标优化问题，种群规模为 40，进化代数为 200；对于 3 和 5 目标优化问题，种群规模为 100，进化代数为 100；所有优化问题均采用模拟二进制交叉和多项式变异[1]，交叉和变异概率分别为 0.9 和 0.03，且交叉和变异算子的分布指标均为 20；优化问题的决策变量均为 30 维，取值范围均为 [0,1]。为了便于显示优化结果，将 3 和 5 目标优化问题的目标函数值归一化[16]。此外，当目标个数为 5 时，采用 Monte Carlo 模拟法近似计算超体积，采样数为 10000。

本章方法还有另外两个参数：决策间隔代数 τ 和决策者评价个体数 η。尽管决策者疲劳问题是交互方法固有的，但是，采用小种群和少进化代数能够加快种群收敛，从而减轻决策者疲劳[17]。为了客观反映决策者的交互过程，实验中每次交互提交给决策者评价的进化个体数最多为 8，用户交互次数最多为 20。

8.6.3　性能指标

采用如下 4 个指标测试本章方法的性能：

(1) 最大偏好函数值，简称 V 测度，由表 8.1 的函数计算得到。将区间目标函数值代入上述函数后，得到的偏好函数值也为区间。实验中，取区间的左端点作为优化解对应的偏好函数值。该指标反映决策者对优化解的满意程度，某优化解的偏好函数值越大，决策者对该优化解越满意。

(2) 偏好不确定进化个体数量，简称 U 测度。该指标反映决策者偏好对进化过程的影响，偏好不确定进化个体数量越多，决策者的偏好越不清晰，方法越近似于 IP-MOEA。

(3) 直线 L_1 和 L_2 的夹角(针对 2 目标优化问题)，简称 A 测度。该指标也反映决策者偏好对进化过程的影响，夹角越大，决策者偏好越清晰，优化方法越容易找到决策者偏好的优化解。

(4) CPU 时间，简称 T 测度。

需要注意的是，融入决策者偏好的多目标进化优化方法由优化和交互两个过程构成，相应地，算法的运行时间也由优化和交互时间组成，其中，决策者的交互行为是非常耗时的，一般情况下，交互时间远多于优化时间，因此，决策者的交互次数越多，算法的运行时间也越长，这说明增加交互次数将增长算法的运行时间。本章利用决策者偏好函数的近似函数进行算例分析，使得交互时间远少于优化时间。因此，本章实验结果是在忽略交互时间的情况下仅考虑优化时间得到的。

8.6.4　实验结果与分析

本章实验分为 4 组。其中，第 1 组考察 2 目标优化问题区间偏好多面体的构建方法；第 2 组考察 2 和 3 目标优化问题决策者最满意解在目标空间的收敛性；第 3 组考察决策者交互次数对所提方法性能的影响，决策者交互次数为 1，意味着决策者在优化过程中未做决策，此时，所提方法退化为后验方法，即采用 IP-MOEA 生成一个 Pareto 最优解集后，利用表 8.1 的偏好函数从上述解集中选择 1 个决策者最满意解，在该组实验中比较本章方法和后验方法的差异；第 4 组考察决策者评价进化个体数对所提方法性能的影响。

1. 区间偏好多面体构建

本组实验中，决策者交互次数为 20。图 8.6 给出 2 目标优化问题，种群进化到第 51 代构建的三种区间偏好多面体。可以看出，不同类型的区间偏好多面体指明了不同的搜索方向和区域。例如，当最差解在右下方时，如图 8.6 (a)所示，左上方向是决策者的偏好方向，由点线夹成的左上部分区域是决策者的偏好区域。

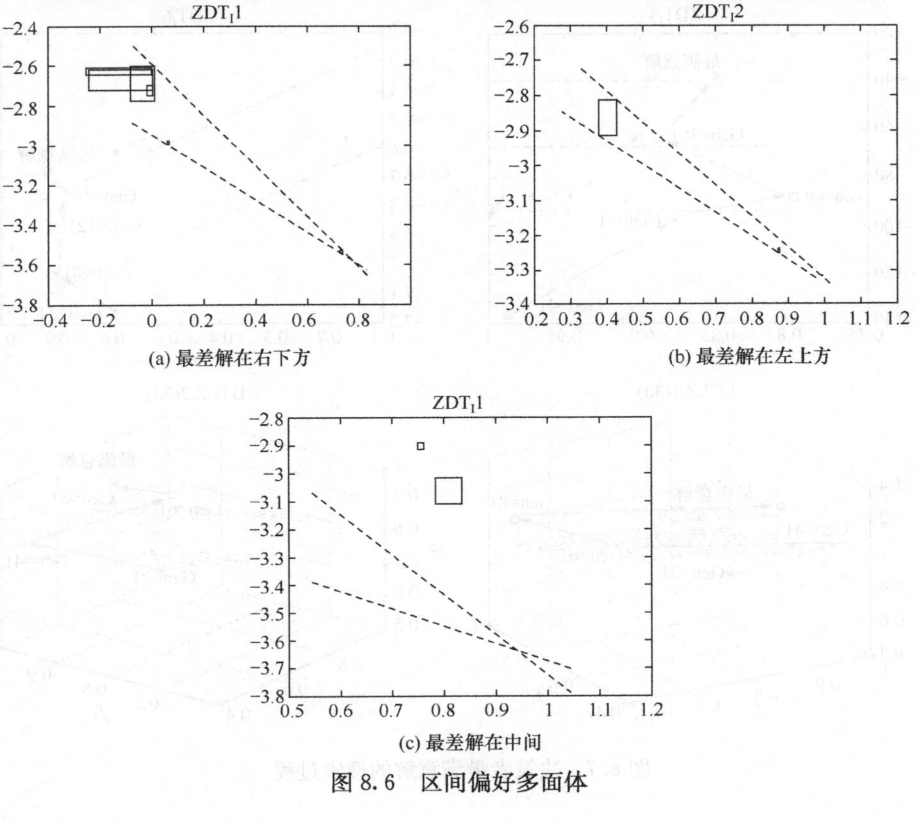

(a) 最差解在右下方　　(b) 最差解在左上方

(c) 最差解在中间

图 8.6　区间偏好多面体

2. 决策者最满意解的收敛性

本组实验中，决策者交互次数和每次交互评价的进化个体数分别为 20 和 8。图 8.7 给出目标空间中决策者最满意解的搜索过程，其中，星号、叉号、盒形、菱形分别表示决策者第 4、8、12、16 次交互搜索到的最优解；圆形和加号（3 目标情形忽略）分别表示决策者最满意解和 Pareto 前沿；点划线（面）是决策者偏好函数在目标空间的等高线（面）。

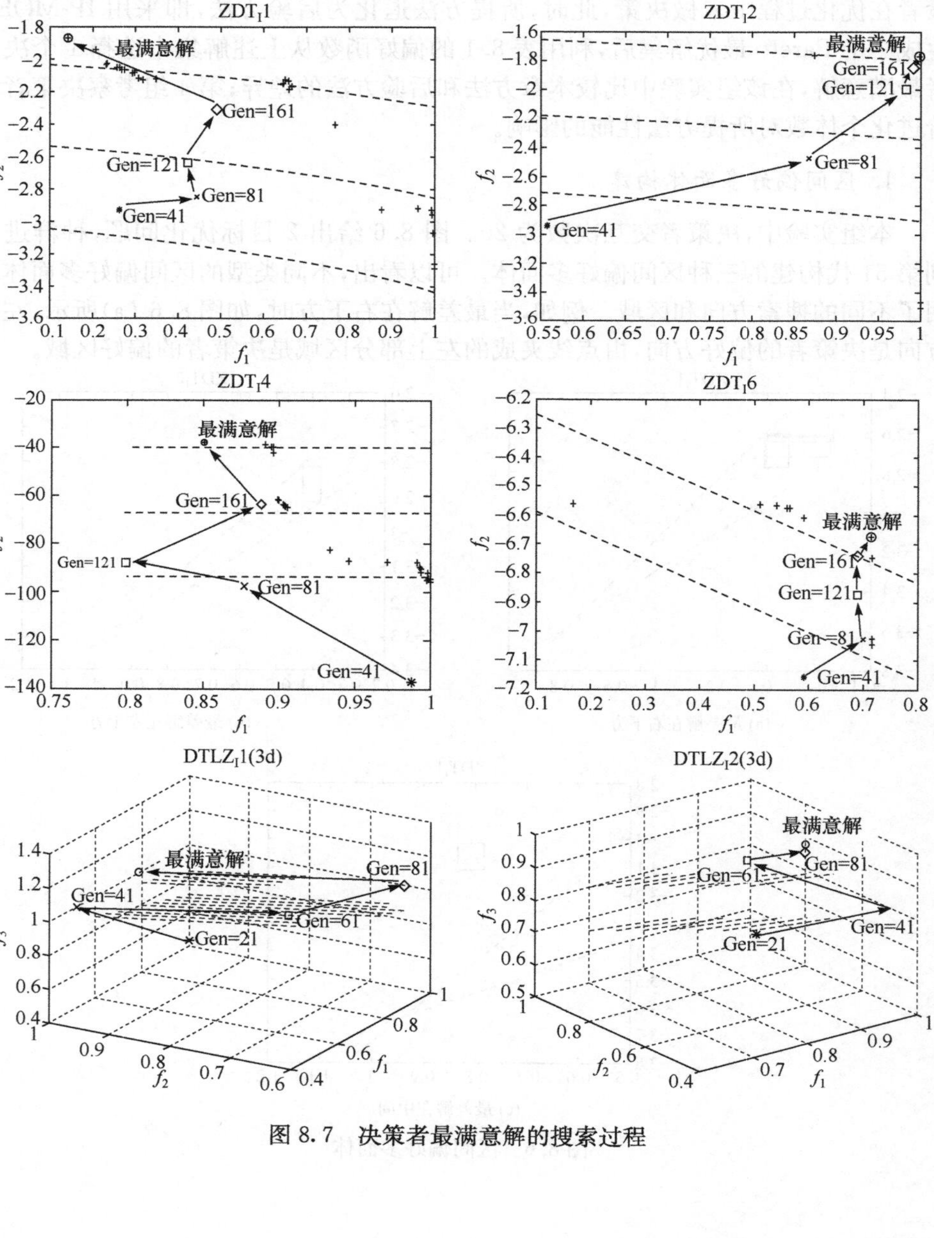

图 8.7 决策者最满意解的搜索过程

由图 8.7 可以看出：①对于所有 2 和 3 目标优化问题，最优解的 V 测度随着进化代数的增加而增大，这说明最优解越来越符合决策者偏好；②最优解收敛于决策者最满意解，这意味着本章方法能够找到决策者最满意解，也即本章方法是收敛的。

3. 决策者交互次数对所提方法性能的影响

本组实验中，决策者每次交互评价的进化个体数为 8。图 8.8 给出 V 测度随进化代数的变化曲线。由图 8.8 可以看出：①对于相同的决策者交互次数，V 测度随着进化代数的增加而增大，这说明随着进化代数的增加，得到的最优解越来越符合决策者偏好；②对于相同的进化代数，V 测度随着决策者交互次数的增多而增大，这意味着决策者交互越频繁，本章方法越容易找到决策者最满意解，因此，交互方法优于后验方法。表 8.2 同样证实了该结论。从表 8.2 还可以看出，除了优化问题 $DTLZ_I2$(5d)之外，对其他优化问题，T 测度随着决策者交互次数的增多而减小。

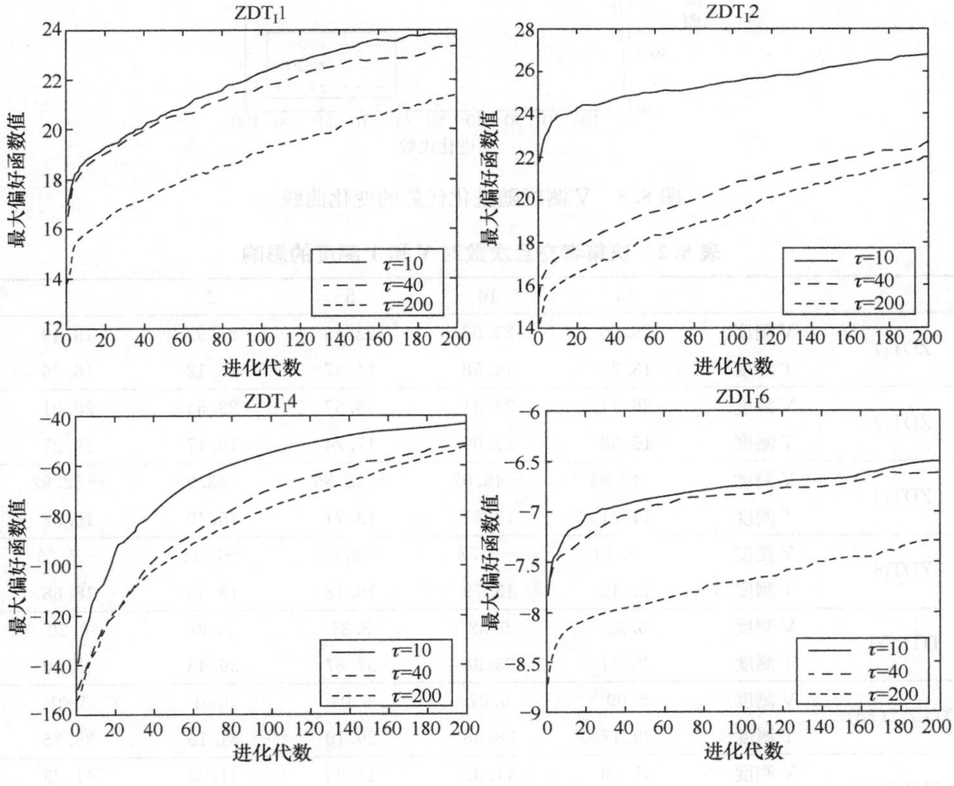

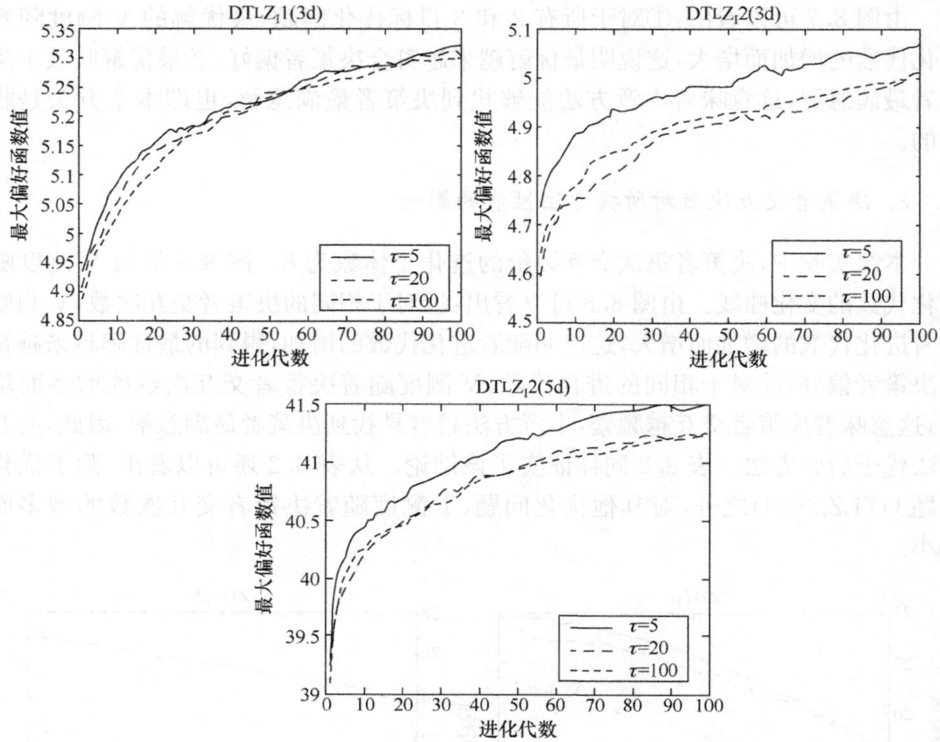

图 8.8　V 测度随进化代数的变化曲线

表 8.2　决策者交互次数对 V 和 T 测度的影响

		20	10	5	2	1
ZDT_I1	V 测度	25.90	23.52	22.45	21.93	19.49
	T 测度	13.79	14.58	14.87	15.12	16.26
ZDT_I2	V 测度	26.74	24.61	23.67	23.54	20.81
	T 测度	16.38	17.09	17.74	18.17	19.27
ZDT_I4	V 测度	−43.94	−46.07	−48.86	−48.98	−52.92
	T 测度	14.31	13.57	13.71	15.49	16.82
ZDT_I6	V 测度	−6.49	−6.58	−6.61	−7.11	−7.28
	T 测度	15.42	15.79	16.18	16.46	18.68
$DTLZ_I1$	V 测度	5.32	5.32	5.31	5.30	5.30
	T 测度	35.41	33.94	37.87	39.43	44.50
$DTLZ_I2$(3d)	V 测度	5.09	5.07	5.03	5.01	5.01
	T 测度	29.17	28.86	29.10	31.19	35.35
$DTLZ_I2$(5d)	V 测度	41.50	41.35	41.23	41.33	41.25
	T 测度	145.43	140.44	132.75	134.14	135.74

采用 Wilcoxon 符号秩检验方法[18] 比较本章方法和后验方法在 V 和 T 测度的差异。表 8.3 列出本章方法和后验方法得到的 V 和 T 测度的中位数，以及由统计软件 SPSS V. 19.0 计算出来的 p-值，其中，带“ * ”的 p-值表示在显著性水平 0.1 下本章方法和后验方法无显著差异。

由表 8.3 可知，对于优化问题 ZDT_I1、ZDT_I2、$DTLZ_I2$，本章方法和后验方法的差异是显著的。结合 V 测度的中位数可以得到，对于 ZDT_I1、ZDT_I2、$DTLZ_I2$，本章方法得到的 V 测度显著大于 IP-MOEA；对于优化问题 ZDT_I4、ZDT_I6、$DTLZ_I1$，两种方法在 V 测度上无明显差异。除了 $DTLZ_I2$(5d)之外，本章方法的运行时间显著少于后验方法，这是因为对于 5 目标优化问题，超体积是通过近似计算得到的，这与 8.5 节的分析完全一致，这说明与后验方法相比，对于求解的大部分优化问题，本章方法能够快速找到决策者更满意的解。对于 5 目标优化问题，本章方法得到的最满意解显著优于后验方法。

表 8.3　本章方法与后验方法的性能比较

	V 测度			T 测度		
	本章方法	后验方法	p-值	本章方法	后验方法	p-值
ZDT_I1	25.90	19.49	0	13.79	16.26	0.037
ZDT_I2	26.74	20.81	0	16.38	19.27	0.065
ZDT_I4	−43.94	−52.92	0.313 *	14.31	16.82	0.004
ZDT_I6	−6.49	−7.28	0.108 *	15.42	18.68	0.002
$DTLZ_I1$	5.32	5.30	0.204 *	35.41	44.50	0
$DTLZ_I2$(3d)	5.09	5.01	0.006	29.17	35.35	0
$DTLZ_I2$(5d)	41.50	41.25	0.003	145.43	135.74	0

图 8.9 给出 U 测度随进化代数的变化曲线。当决策者交互次数为 1 时，取 U 测度值为 0。由图 8.9 可以看出，对于 2 目标优化问题，在种群进化前期，U 测度随决策者交互次数的改变而交错改变；在种群进化后期，U 测度随决策者交互次数的增加而明显减小。这说明在种群进化前期，决策者交互次数的变化对种群进化的影响不大；而在种群进化后期，增加决策者交互次数能够使决策者偏好更加清晰。这是因为在种群进化前期，种群中非被占优个体较少，仅通过占优关系即可比较进化个体的性能；而在种群进化后期，种群中非被占优个体越来越多，需要通过决策者参与才能比较进化个体的性能。但是，对于 3 和 5 目标优化问题，除了少数进化代数之外，U 测度随决策者交互次数的增加而减少。可能的原因是：对于 3 和 5 目标优化问题，在种群进化过程中会产生许多非被占优解，因此，需要更多的决策者交互才能区分这些解。

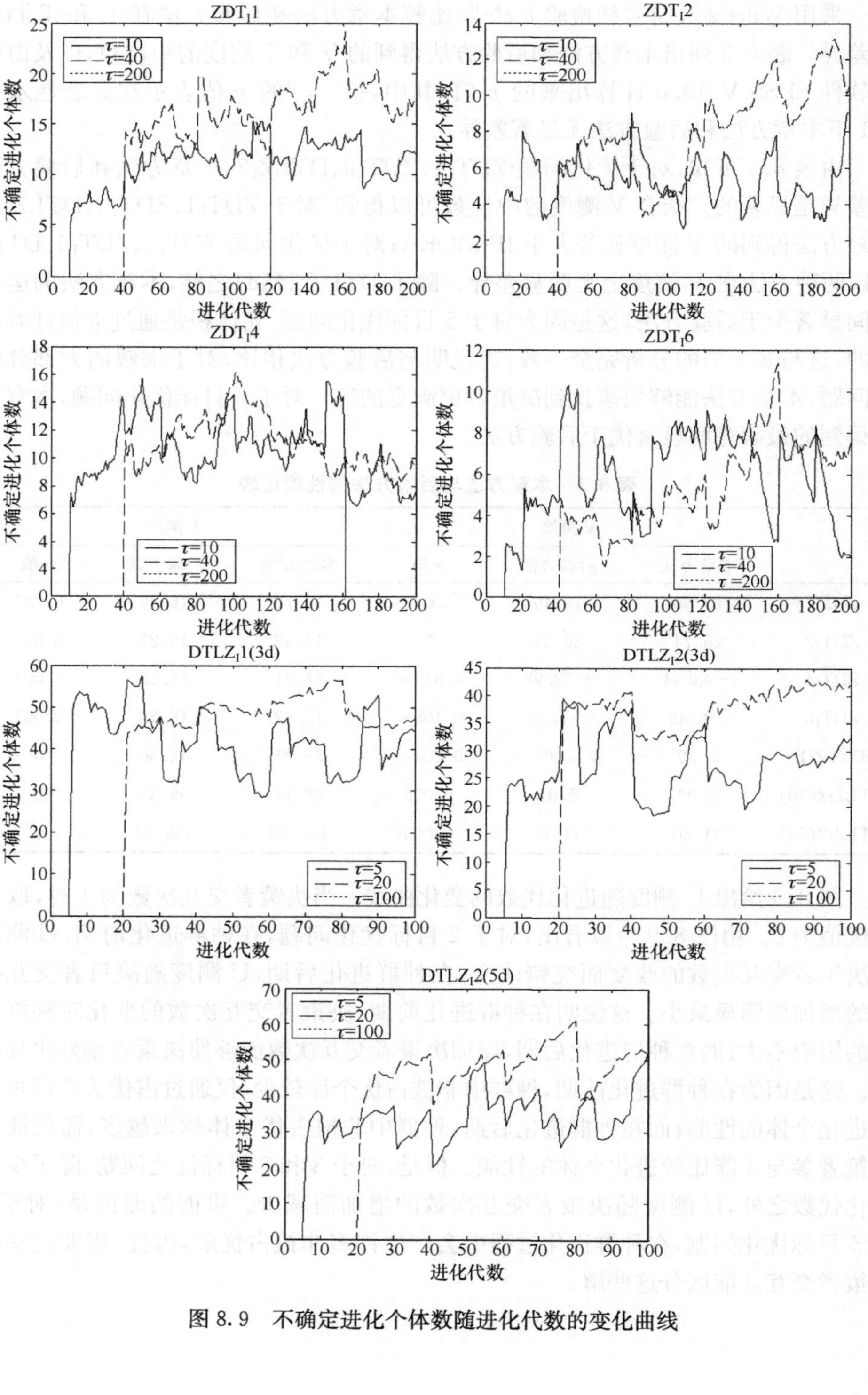

图 8.9　不确定进化个体数随进化代数的变化曲线

4. 决策者评价进化个体数对所提方法性能的影响

本组实验中,决策者交互次数为 10。图 8.10 给出 V 测度随进化代数的变化曲线。由图 8.10 可以看出:①对于相同的决策者评价进化个体数,V 测度随进化代数的增加而增大,这说明得到的最优解越来越符合决策者偏好;②对于相同的进化代数,V 测度随决策者评价进化个体的增多而增大,这说明提交给决策者评价的进化个体越多,决策者越容易找到最满意解。

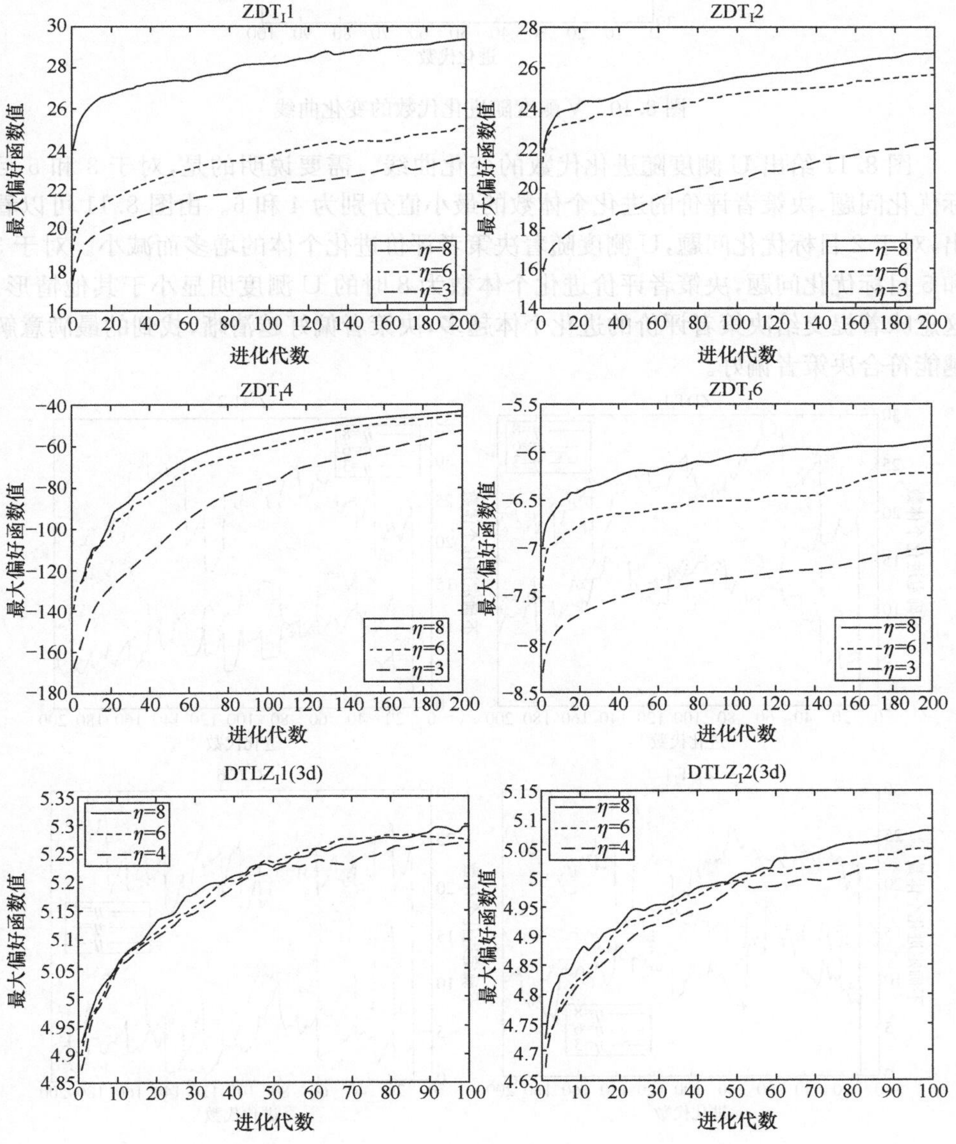

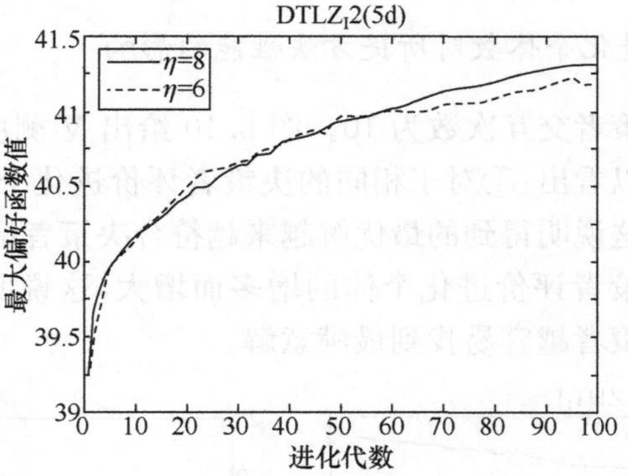

图 8.10　V 测度随进化代数的变化曲线

图 8.11 给出 U 测度随进化代数的变化曲线。需要说明的是，对于 3 和 5 目标优化问题，决策者评价的进化个体数的最小值分别为 4 和 6。由图 8.11 可以看出，对于 2 目标优化问题，U 测度随着决策者评价进化个体的增多而减小。对于 3 和 5 目标优化问题，决策者评价进化个体数为 8 时的 U 测度明显小于其他情形。这意味着提交给决策者评价的进化个体越多，决策者偏好越清晰，找到的最满意解越能符合决策者偏好。

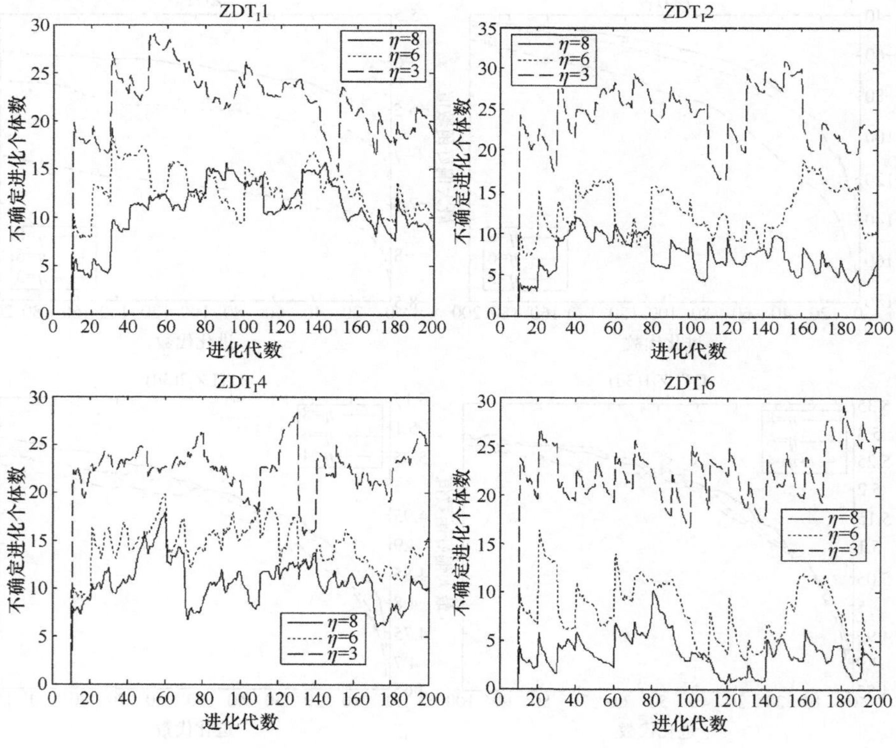

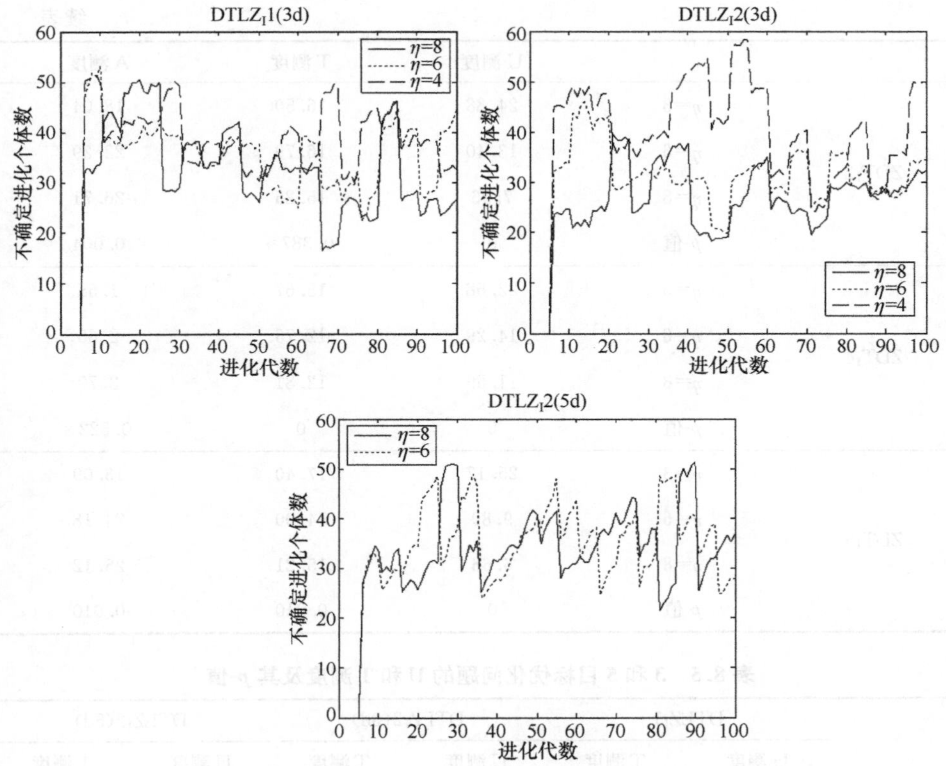

图 8.11　U 测度随进化代数的变化曲线

进一步采用 Friedman 检验分析不同决策者评价进化个体数对本章方法的影响,该方法检验三个以上样本的中位数是否相等[18]。需要指出的是,对于优化问题 $DTLZ_I2(5d)$,只有两组数据,因此,仍然采用 Wilcoxon 方法检验。表 8.4 列出 2 目标优化问题的 U、T、A 测度的中位数。表 8.5 列出 3 和 5 目标优化问题的 U 和 T 测度的中位数。此外,它们还包括由 SPSS V. 19.0 计算的 p-值,其中,带"∗"号的 p-值表示在显著性水平 0.1 下,所有样本服从同一分布,即三种方法无显著差异。

表 8.4　2 目标优化问题 U、T、A 测度及其 p-值

		U 测度	T 测度	A 测度
ZDT_I1	$\eta=3$	25.35	16.3	19.80
	$\eta=6$	12.71	19.32	19.87
	$\eta=8$	7.47	12.82	22.88
	p-值	0	0	0.015

续表

		U 测度	T 测度	A 测度
ZDT_I2	$\eta=3$	24.88	16.50	18.04
	$\eta=6$	13.40	16.79	22.29
	$\eta=8$	7.96	15.25	26.71
	p-值	0	0.387 *	0.004
ZDT_I4	$\eta=3$	22.58	15.67	1.55
	$\eta=6$	14.29	12.75	2.65
	$\eta=8$	11.59	12.81	2.70
	p-值	0	0	0.522 *
ZDT_I6	$\eta=3$	25.17	17.40	13.09
	$\eta=6$	9.89	14.00	24.18
	$\eta=8$	6.66	15.21	25.12
	p-值	0	0.010	0.010

表 8.5　3 和 5 目标优化问题的 U 和 T 测度及其 p-值

	$DTLZ_I1$		$DTLZ_I2$(3d)		$DTLZ_I2$(5d)	
	U 测度	T 测度	U 测度	T 测度	U 测度	T 测度
$\eta=4$	37.23	37.72	40.70	27.48	—	—
$\eta=6$	34.84	35.38	32.52	27.98	35.55	145.43
$\eta=8$	33.33	35.00	27.32	28.86	29.28	143.26
p-值	0.142 *	0.003	0.001	0	0.191 *	0.332 *

由表 8.4 和表 8.5 可以看出:①对于 2 目标优化问题,对应于不同的决策者评价进化个体数,至少两个 U 测度的中位数存在显著差异。结合表 8.4 的数据可知,U 测度的中位数随决策者评价进化个体的减少而增大。但是,对于 3 和 5 目标优化问题,除了 $DTLZ_I2$(3d)之外,上述变化趋势并不明显。这是因为对于高维多目标优化问题,不同决策者评价进化个体数的差异不足以区分其对 U 测度的影响。不过,实验结果确实表明,决策者评价进化个体越多,U 测度的中位数越小。②对于 2 目标优化问题,除了优化问题 ZDT_I4 之外,对应于不同的决策者评价进化个体数,至少两个 A 测度的中位数存在显著差异。这说明 A 测度的中位数随决策者评价进化个体的减少而减小。上述两方面再次证实,对于大多数优化问题,决策者评价进化个体数越多,决策者偏好越清晰。③对于所有优化问题,在 T 测度的检验结果有的小于 0.1,有的则相反。这说明本章方法的运行时间与决策者评

价进化个体数无明显联系。这是因为提供给决策者评价的进化个体越多，决策者偏好越明确，能够快速找到更符合决策者偏好的最满意解，同时，也需要更多的时间构建区间偏好多面体。因此，目前很难揭示两者之间的关系。

基于上述实验结果与分析，可以得出如下结论：①交互方法明显优于后验方法，增加决策者交互次数能够使决策者偏好更清晰；②增加决策者交互次数和评价的进化个体数能够显著提高本章方法的性能，但也增加了决策者评价的负担；③决策者偏好函数的类型对实验结果没有影响。

8.7 本章小结

本章研究的问题是区间多目标优化问题，采用进化优化方法求解该问题时融入决策者偏好。本章利用决策者偏好，进一步评价具有相同序值的进化个体。考虑到评价大量进化个体将增加决策者负担，本章利用决策者已经评价的进化个体构建反映决策者偏好的代理模型，称为区间偏好多面体，并利用该多面体评价种群后续进化产生的具有相同序值的进化个体，从而引导在 NSGA-Ⅱ框架下进化的种群向决策者偏好的区域搜索，以得到决策者的最满意解。本章的核心在于区间偏好多面体的构建及其在进化个体比较的应用。

将本章方法应用于 7 个基准区间多目标优化问题，并与后验方法在 4 个性能指标上比较。实验结果表明，本章方法显著优于后验方法，且能够找到满足决策者偏好的最优解。此外，增加决策者交互次数和评价的进化个体数能够提高本章方法的性能，但是，也增加了决策者评价的负担。

需要注意的是，本章仅利用区间偏好多面体评价具有相同序值的进化个体。事实上，区间偏好多面体的应用不限于此，我们完全可以利用区间偏好多面体进一步确定决策者的偏好方向，从而引导种群的后续进化。第 9 章将研究从区间偏好多面体中提取决策者偏好方向，并用于提高进化优化方法求解区间多目标优化问题的性能。

参考文献

[1] Deb K, Pratap A, Agarwal S, et al. A fast and elitist multi-objective genetic algorithm: NSGA-Ⅱ [J]. IEEE Transactions on Evolutionary Computation, 2002, 6(2): 182－197.

[2] Gong D W, Sun J, Ji X F. Evolutionary algorithms with preference polyhedron for interval multi-objective optimization problems[J]. Information Sciences, 2013, 233(1): 141－161.

[3] Krettek J, Braun J, Hoffmann F, et al. Interactive evolutionary multi-objective optimization for hydraulic valve controller parameters[C]//Proceedings of IEEE/ASME International Conference on Advanced Intelligent Mechatronics. New York: IEEE Press, 2009: 816－821.

[4] Battiti R, Passerini A. Brain-computer evolutionary multiobjective optimization: A genetic algorithm adapting to the decision maker[J]. IEEE Transactions on Evolutionary Computation, 2010, 14(5): 671－687.

[5] Deb K, Sinha A, Korhonen P, et al. An interactive evolutionary multi-objective optimization method based on progressively approximated value functions[R]. Kanpur: Indian Institute of Technology, 2009.
[6] Sinha A, Deb K, Korhonen P, et al. Progressively interactive evolutionary multi-objective optimization method using generalized polynomial value functions [C]//Proceedings of IEEE Congress on Evolutionary Computation. New York: IEEE Press, 2010: 1－8.
[7] Fowler J W, Gel E S, Koksalan M M, et al. Interactive evolutionary multi-objective optimization for quasi-concave preference functions [J]. European Journal of Operational Research, 2010, 206(2): 417－425.
[8] Sinha A, Deb K, Korhonen P, et al. An interactive evolutionary multi-objective optimization method based on polyhedral cones[C]//Proceedings of 4th International Conference on Learning and Intelligent Optimization. Berlin: Springer Verlag Press, 2010: 318－332.
[9] Chiang A C, Wainwright K. Fundamental Methods of Mathematical Economics[M]. 4th Edition. New York: McGraw-Hill, 2005.
[10] Korhonen P, Wallenius J, Zionts S. Solving the discrete multiple criteria problem using convex cones [J]. Management Science, 1984, 30: 1, 336－1345.
[11] Moore R E, Kearfott R B, Cloud M J. Introduction to Interval Analysis [M]. Philadelphia: SIAM Press, 2009.
[12] Limbourg P, Aponte D E S. An optimization algorithm for imprecise multi-objective problem function [C]//Proceedings of IEEE International Conference on Evolutionary Computation. New York: IEEE Press, 2005: 459－466.
[13] Bader J, Zitzler E. HypE: An algorithm for fast hypervolume-based many-objective optimization[J]. Evolutionary Computation, 2011, 19(1): 45－76.
[14] 沈恒范. 概率论与数理统计教程[M]. 第3版. 北京: 高等教育出版社, 1998.
[15] Garecia S, Molina D, Lozano M. A study on the use of non-parametric tests for analyzing the evolutionary algorithms' behavior: A case study on the CEC'2,005 special session on real parameter optimization [J]. Journal of Heuristics, 2009, 15(6): 617－644.
[16] 周勇, 巩敦卫, 张勇. 混合性能指标优化问题的进化优化方法及应用[J]. 控制与决策, 2007, 22(3): 352－356.
[17] Takagi H. Interactive evolutionary computation: Fusion of the capabilities of EC optimization and human evaluation [C]//Proceedings of IEEE. New York: IEEE Press, 2001: 1275－1296.
[18] Derrac J, Garcia S, Molina D, et al. A practical tutorial on the use of nonparametric statistical tests as a methodology for comparing evolutionary and swarm intelligence algorithms[J]. Swarm and Evolutionary Computation, 2011, 1(1): 3－18.

第 9 章　基于偏好方向的区间多目标进化优化方法

本章在第 8 章研究成果的基础上进一步研究了求解区间多目标优化问题的进化优化方法。因此，除了需要求解的优化问题之外，与第 8 章相同的还有，在采用进化优化方法求解问题过程中，通过融入决策者偏好引导种群朝着决策者偏好的区域进化。但不同的是，本章不仅限于利用区间偏好多面体比较 NSGA-Ⅱ[1]框架下进化种群中具有相同序值的进化个体，而是从构建的区间偏好多面体中提取决策者的偏好方向，并利用基于此构造的一个新函数进一步比较具有相同序值和决策者偏好的进化个体的性能。由此可知，本章中对进化个体的区分更加细致。

本章研究区间多目标优化问题，采用进化优化方法求解该问题时，首先，通过决策者对进化个体的评价建立区间偏好多面体；然后，基于该多面体提取决策者的偏好方向，以决策者评价得到的最差解对应的目标函数区间为参考点，以决策者的偏好方向为参考方向，构造区间成就标量化函数；最后，对于 NSGA-Ⅱ框架下进化的种群，采用该标量化函数进一步区分具有相同序值和决策者偏好的进化个体，从而引导进化种群向决策者偏好的区域搜索。将本章方法应用于 4 个区间 2 目标优化问题，并与第 8 章方法和后验方法比较，实验结果验证了本章方法的有效性。本章主要内容来自文献[2]。

9.1　方法的提出

从第 6 章至第 8 章可以看出，采用进化优化方法求解区间多目标优化问题时，融入决策者偏好能够提高优化解的性能。当然，决策者偏好的表现形式可以多种多样，除了已有文献利用参考点[3]和参考方向[4]之外，在第 6 章至第 8 章中，分别采用区间目标权值、目标相对重要性[5]、决策者对进化个体的评价，反映决策者偏好。与前两种方式反映决策者偏好相比，通过决策者直接评价进化个体，决策者与进化过程交互得更加频繁，这使得采用代理模型代替决策者的评价对于减轻决策者疲劳尤为必要。鉴于此，第 8 章基于决策者对进化个体的有限次评价构建区间偏好多面体，并利用该多面体进一步衡量具有相同序值进化个体的性能。

但是，第 8 章的工作尚存在如下局限性：①当进化种群包含很多个体时，采用非被占优排序和区间偏好多面体难以对所有个体形成全序关系，或者说，具有相同序值和决策者偏好的进化个体可能不止 1 个。此时，对这些进化个体的性能无法进一步区分。②仅通过区间偏好多面体无法指明种群进化的方向，使得种群的进化具有一定的盲目性,这在一定程度上延长了问题求解过程。这说明有必要在已经构建的区间偏好多面体的基础上进一步挖掘对种群进化有价值的信息。

鉴于此,本章从采用第 8 章方法构建的区间偏好多面体中提取新的决策者偏好信息称为决策者偏好方向,通过基于决策者偏好方向构造的区间成就标量化函数,进一步评价具有相同序值和决策者偏好的进化个体的性能,从而引导进化种群沿着决策者偏好方向朝决策者偏好的区域搜索,最终得到决策者最满意解。由此可知,决策者偏好方向的提取和区间成就标量化函数的构造是本章需要解决的两个关键问题。下面将逐一解决上述两个问题。

9.2 决策者偏好方向提取

前面已经说明,采用进化优化方法求解多目标优化问题时,可以有多种方式反映决策者偏好,其中,通过决策者指出参考点[3]是一种最普遍、也最简单的方式。在指出的参考点中,可以是目标函数的期望值[3],也可以是目标函数的最差值,或称保留值[6]。一旦决策者指出参考点,决策者偏好的表达工作就已经完成。当然,也可以根据需要在优化过程中改变决策者偏好。另一种反映决策者偏好的方式是决策者说明参考方向。通常,说明参考方向通过一个优化解和参考点的差向量实现[7]。不管是参考点法,还是参考向量法,为了表达决策者偏好,都需要决策者对目标函数的取值范围、期望增加或减少的数值有清楚的认识。但是,在种群进化之前或初期,决策者对目标空间通常缺乏了解,此时,要求决策者提供反映其偏好的参考点或参考方向往往很盲目。这说明上述反映决策者偏好的方式尚存在很大局限性。

第 8 章构建区间偏好多面体时,决策者从具有相同序值的进化个体中选出一个最差解。如果将该最差解对应的区间目标函数值作为参考点,那么,参考点的选取将具有一定的规律,使得决策者无需对目标空间有深入的了解,这将在很大程度上减轻决策者认知的负担。此外,如果基于构建的区间偏好多面体,进一步确定参考方向,那么,参考方向将能够随着种群的进化而自动改变,从而无需决策者额外干预。这说明基于区间偏好多面体进一步提炼决策者其他的偏好信息将有助于引导种群的后续进化,从而加快问题求解的速度。

由定理 8.1 和定理 8.2 可知,图 9.1 的灰色区域是决策者偏好区域,而灰色区域之外的部分是决策者不喜欢或不能确定偏好的区域。在种群进化过程中,为了找到决策者最满意解,更希望把搜索定位在决策者偏好区域内,这一目的可以通过优先保留决策者偏好的解实现。此外,偏好区域也指明了决策者的偏好方向。例如,图 9.1(a)中,夹在两条直线之间的左上方向即为决策者的偏好方向。如果种群沿着该偏好方向进化,那么,将会更快地找到决策者最满意解。为此,需要从区间偏好多面体中提取决策者的偏好方向。为简便起见,取区间偏好多面体的中心方向作为决策者的偏好方向。例如,对于 2 目标优化问题,采用两条直线的角平分线作为决策者的偏好方向。

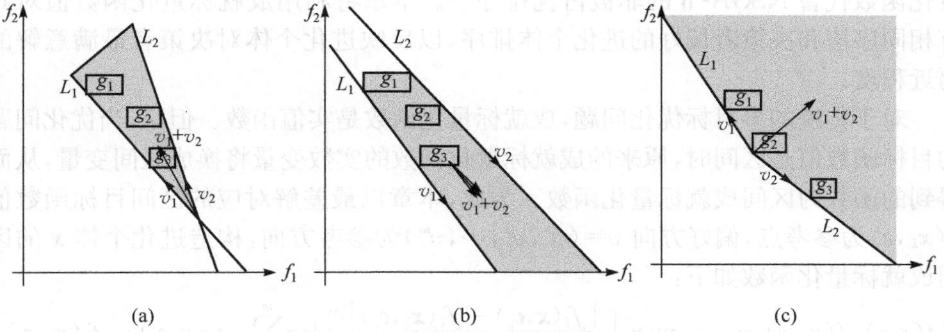

图 9.1　决策者偏好方向的提取

对于 2 目标优化问题,下面给出从区间偏好多面体中提取决策者偏好方向的具体方法,分如下两种情况讨论:

(1) 当最差解对应的区间目标函数值的某个分量是对应目标的最小区间时,两条直线方向向量的方向选为该目标方向余弦(即该目标的分量)大于 0 的方向。

(2) 当最差解对应的区间目标函数值的某个分量不是对应目标的最小区间时,如果直线位于最差解对应的区间目标函数值上方,那么,方向向量的方向选为第 2 个目标方向余弦大于 0 的方向;如果直线位于最差解对应的区间目标函数值下方,那么,方向向量的方向选为第 1 个目标方向余弦大于 0 的方向。

记两条直线单位方向向量分别为 $\boldsymbol{v}_1=(v_1^1,v_1^2)$ 和 $\boldsymbol{v}_2=(v_2^1,v_2^2)$,那么,这两个方向向量和的方向即为偏好方向。图 9.1 中向量 $\boldsymbol{v}_1+\boldsymbol{v}_2$ 所指方向即为决策者的偏好方向。

需要说明的是,本节提出的偏好方向提取方法同样适用于确定型多目标优化问题。

基于提取的决策者偏好方向,9.3 节将提出一种新的进化个体排序策略。

9.3　基于区间成就标量化函数的进化个体排序

采用传统的多目标进化优化方法求解多目标优化问题时,经常利用成就标量化函数,该函数是基于参考点和参考方向构造的一个标量函数,能够反映某候选解的性能。利用成就标量化函数,能够将一个多目标优化问题转化为单目标优化问题,从而采用已有的进化优化方法求解,以得到原优化问题的(弱)Pareto 最优解[8]。

当决策者指定的参考点是可行解时,在原优化问题的可行域上,优化成就标量化函数能够得到位于参考点和 Pareto 前沿之间的一个 Pareto 最优解。因此,成就标量化函数能够反映候选解对决策者最满意解的逼近程度。对于最大化问题，成就标量化函数值越大，说明候选解越接近决策者最满意解。Deb 等曾利用成就标量化函数代替 NSGA-Ⅱ的非被占优排序[4]。本章将利用成就标量化函数值对具有相同序值和决策者偏好的进化个体排序，以反映进化个体对决策者最满意解的逼近程度。

对于传统的多目标优化问题，成就标量化函数是实值函数。但是，当优化问题的目标函数值是区间时，原来的成就标量化函数的实数变量将换成区间变量，从而得到的函数为区间成就标量化函数。为此，本章以最差解对应的区间目标函数值 $f(\boldsymbol{x}_k,\boldsymbol{c})$为参考点，偏好方向 $v=(v^1,v^2,\cdots,v^m)$为参考方向，构造进化个体 $\boldsymbol{x}$ 的区间成就标量化函数如下：

$$s(f(\boldsymbol{x},\boldsymbol{c}),f(\boldsymbol{x}_k,\boldsymbol{c}),v)=\max_{i=1,\cdots,m}\left[\frac{|f_i(\boldsymbol{x},\boldsymbol{c}_i)-f_i(\boldsymbol{x}_k,\boldsymbol{c}_i)|}{v^i}\right]+\rho\sum_{i=1}^{m}|f_i(\boldsymbol{x},\boldsymbol{c}_i)-f_i(\boldsymbol{x}_k,\boldsymbol{c}_i)| \tag{9.1}$$

式中，$|f_i(\boldsymbol{x},\boldsymbol{c}_i)-f_i(\boldsymbol{x}_k,\boldsymbol{c}_i)|$由式(1.4)计算；$\rho$ 是足够小的正数。

基于区间成就标量化函数采用如下策略对进化个体排序：首先，采用 Limbourg 和 Aponte 定义的区间占优关系[9]求取合并进化种群中个体的序值，序值越小，进化个体的性能越优；然后，利用区间偏好多面体将具有相同序值的进化个体按照喜欢、不确定、不喜欢顺序排序；最后，对具有相同序值和决策者偏好的进化个体计算区间成就标量化函数，函数值越大，进化个体的性能越好。

基于本节提出的进化个体排序策略，9.4 节将给出解决区间多目标优化问题的进化优化方法的步骤。

9.4 算法描述

算法思想是：采用传统的区间多目标进化优化方法，进化种群 τ 代后，每隔 τ 代，从非被占优解中选取拥挤度或区间成就标量化函数值最大的 $\eta\geqslant 2$ 个解，请求决策者从中挑选 1 个最差解；采用提交给决策者的这些解，在目标空间构建区间偏好多面体，并提取决策者的偏好方向；在接下来的 τ 代，利用区间成就标量化函数，对具有相同序值和决策者偏好的进化个体排序，引导种群按照决策者偏好的方向朝决策者偏好的区域搜索；算法达到终止条件时，种群中第 1 个优势个体即为决策者的最满意解。具体步骤如下：

步骤 1：初始化规模为 N 的种群 $P(0)$；取进化代数 $t=0$，采用传统的区间多目标进化优化方法，进化种群 τ 代。

步骤 2：如果($t \bmod \tau=0$)，当非被占优解个数大于或等于 2 时，从中选择拥挤度或区间成就标量化函数值最大的 η 个优化解；否则，转步骤 4。

步骤 3：决策者从被选出的优化解中选择 1 个最差解，以该最差解对应的区间目标函数值为顶点，在目标空间构建区间偏好多面体，并提取决策者的偏好方向。

步骤 4：采用规模为 2 的锦标赛选择、交叉、变异等遗传操作，生成相同规模的临时种群 $Q(t)$。

步骤 5：合并种群 $P(t)$ 和 $Q(t)$，并记作 $R(t)$。

步骤 6：采用 9.3 节的进化个体排序策略，选取 $R(t)$ 中前 N 个优势个体，构成下一代种群 $P(t+1)$。

步骤 7：判定算法终止条件是否满足。如果是，输出种群的第 1 个优势个体，作为决策者的最满意解；否则，令 $t=t+1$，转步骤 2。

需要说明的是，本章首先采用 IP-MOEA[9] 对初始种群进化 τ 代；然后，从非被占优解中选取拥挤度最大的 η 个优化解，提交决策者评价。只有从区间偏好多面体中提取决策者偏好方向之后，才从非被占优解中选取区间成就标量化函数值最大的 η 个优化解，供决策者评价。图 9.2 给出本章算法的流程，其中，灰色部分是本章工作。

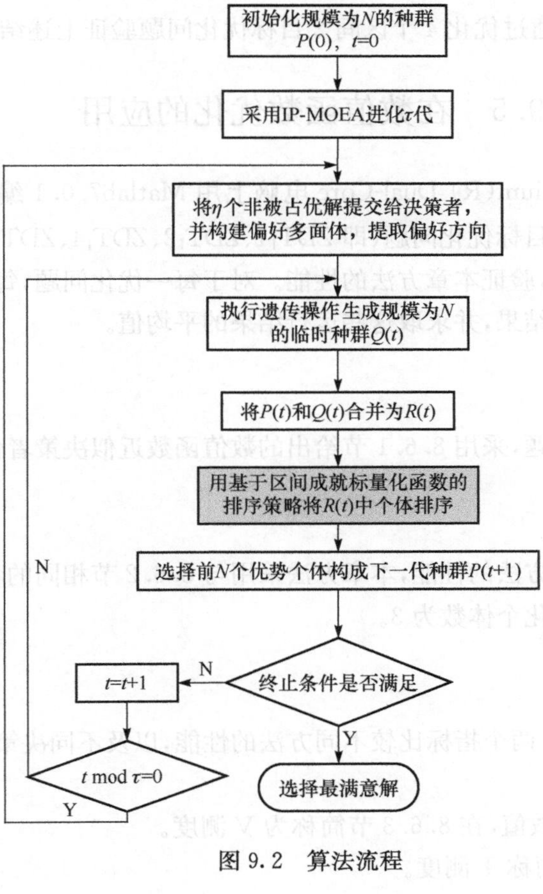

图 9.2　算法流程

本章算法与第 8 章算法的最大区别在于进化个体排序策略不同。本章对具有相同序值和决策者偏好的进化个体用区间成就标量化函数值代替拥挤度进行排序。拥挤度反映进化个体的分布性，某进化个体的拥挤度越大，其分布性越好；而区间成就标量化函数值反映进化个体对最满意解的逼近程度，某进化个体的区间成就标量化函数值越大，该进化个体越接近决策者最满意解。鉴于本章旨在找到满足决策者偏好的最满意解，因此，采用区间成就标量化函数值对进化个体排序更有利于进化种群快速找到决策者最满意解。

此外，第 8 章算法计算拥挤度的时间复杂度为 $O((2N)^m)$，本章算法构建偏好多面体时即可提取决策者的偏好方向，因此，该部分的时间复杂度可以忽略不计。区间成就标量化函数值由式(9.1)计算，该部分的时间复杂度为 $O(2mN)$。由此可见，本章算法的时间复杂度低于第 8 章算法，且目标函数越多，本章算法在时间复杂度上的优势越明显。

由上述分析可知，与第 8 章算法相比，本章算法能够在更短时间内找到决策者最满意解。9.5 节将通过优化 4 个区间 2 目标优化问题验证上述结论。

9.5 在数值函数优化的应用

本章方法在 Pentium(R) Dual-Core 电脑上用 Matlab7.0.1 编程实现。通过优化 4 个基准区间多目标优化问题(即 ZDT_I1、ZDT_I2、ZDT_I4、ZDT_I6)并与后验方法和第 8 章方法比较，验证本章方法的性能。对于每一优化问题，每种方法均独立运行 20 次，记录运行结果，并求取这些运行结果的平均值。

9.5.1 偏好函数

对于 4 个优化问题，采用 8.6.1 节给出的数值函数近似决策者偏好函数。

9.5.2 参数设置

为公平比较不同方法的性能，本章方法采用与 8.6.2 节相同的参数设置，每次交互决策者评价的进化个体数为 3。

9.5.3 性能指标

实验中，采用如下两个指标比较不同方法的性能，以及不同决策间隔代数对本章方法性能的影响：

(1) 最大偏好函数值，在 8.6.3 节简称为 V 测度。

(2) CPU 时间，简称 T 测度。

9.5.4　实验结果与分析

本章实验分为三组，第 1 组考察决策者偏好函数对 Pareto 前沿的影响；第 2 组考察决策者交互间隔代数对本章方法性能的影响，如 8.6.4 节所述，当决策者交互间隔代数为 200 时，决策者交互次数为 1，本章方法退化为后验方法，在该组实验中，比较本章方法和后验方法的差异；第 3 组比较本章方法和第 8 章方法的差异。

1. 偏好函数对 Pareto 前沿的影响

图 9.3 给出优化问题 ZDT_I4 和 ZDT_I6 的 Pareto 前沿，其中，“方框”和“圆圈”所示比较集中的前沿，为本章方法利用表 8.1 偏好函数得到的，“方框”和“叉号”所示的前沿为 IP-MOEA 所得。由图 9.3 可以看出，本章方法求得的前沿集中在 Pareto 前沿的中上部。这是因为由表 8.1 偏好函数可知，虽然 f_2 比 f_1 重要，但是，两者的系数相差很小。此外，本章方法求得的前沿更接近真实 Pareto 前沿。这意味着在相同进化代数下，本章方法能得到更好的最优解。

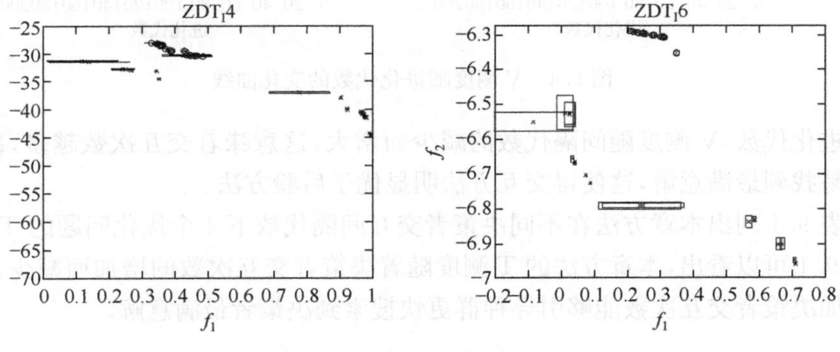

图 9.3　不同方法得到的 Pareto 前沿

2. 决策者交互间隔代数对本章方法性能的影响

图 9.4 给出本章方法在决策者交互间隔代数分别取 10、40、200 时 4 个优化问题的 V 测度随进化代数的变化曲线。在本章实验中，当间隔代数为 10 时，优化方法每隔 10 代利用决策者偏好函数从优化解中选取 1 个偏好函数值最小的解。在目标空间中，按照 9.2 节提出的方法自动提取偏好方向，并利用 9.3 节的策略对后续 10 代进化种群的个体排序。

由图 9.4 可以看出：①对于相同的间隔代数，V 测度随着进化代数的增加而增大，这说明随着进化代数的增加，得到的最优解越来越满足决策者偏好；②对于相

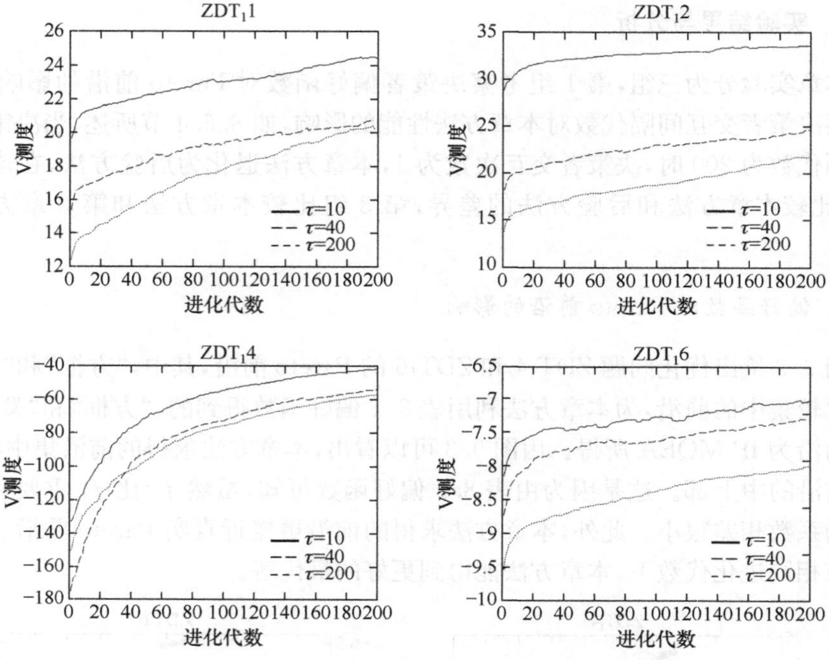

图 9.4　V 测度随进化代数的变化曲线

同的进化代数，V 测度随间隔代数的减少而增大，这意味着交互次数越多，决策者越容易找到最满意解，这使得交互方法明显优于后验方法。

表 9.1 列出本章方法在不同决策者交互间隔代数下 4 个优化问题的 T 测度。从表 9.1 可以看出，本章方法的 T 测度随着决策者交互次数的增加而减少。这说明增加决策者交互次数能够引导种群更快搜索到决策者最满意解。

表 9.1　决策者交互间隔代数对 T 测度的影响　　(单位:s)

	τ=10	τ=40	τ=200
ZDT$_I$1	12.77	13.03	16.45
ZDT$_I$2	10.20	12.34	16.32
ZDT$_I$4	10.22	10.41	15.64
ZDT$_I$6	10.68	11.78	14.27

表 9.2 列出决策者交互间隔代数为 10 时本章方法和后验方法在两个性能指标的实验结果。表中，最后 1 列给出两种方法的假设检验[10]结果。采用单侧检验，零假设为两个性能指标的均值相等，显著性水平为 0.05。从表 9.2 可以看出，本章方法在两个性能指标上显著优于后验方法。

表 9.2　本章方法和后验方法的比较

		后验方法	本章方法	假设检验值
ZDT_I1	V 测度	20.24	26.45	1.3×10^{-4}
	T 测度	16.45	13.33	7.6×10^{-4}
ZDT_I2	V 测度	19.45	33.51	4.16×10^{-10}
	T 测度	16.65	10.18	6.70×10^{-13}
ZDT_I4	V 测度	−57.10	−36.96	0.0039
	T 测度	15.64	10.22	9.80×10^{-11}
ZDT_I6	V 测度	−7.00	−7.96	0.0117
	T 测度	14.27	10.68	1.3×10^{-16}

3. 本章方法与第 8 章方法的比较

本组实验中，决策者交互间隔代数为 10。图 9.5 给出不同方法的 V 测度随进化代数的变化曲线。由图 9.5 可以看出，总体上，对于相同的进化代数，本章方法的 V 测度大于第 8 章方法。这说明本章方法找到的最满意解更符合决策者偏好。

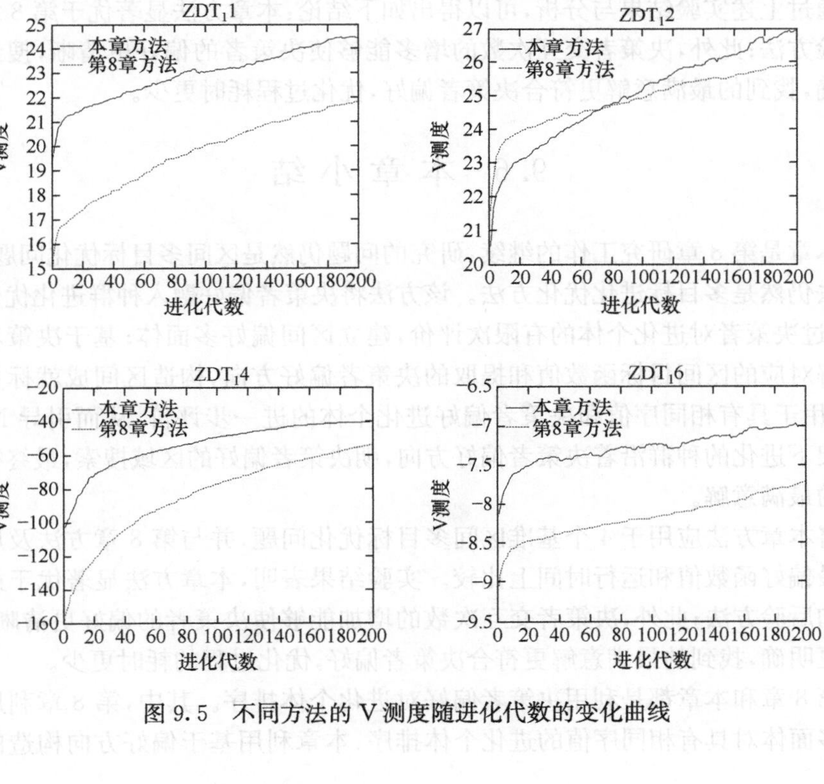

图 9.5　不同方法的 V 测度随进化代数的变化曲线

表 9.3 列出本章方法和第 8 章方法在两个性能指标上的实验结果。表中，最后 1 列给出本章方法和第 8 章方法的假设检验结果。采用单侧检验，零假设为两个性能指标的均值相等，显著性水平为 0.05。从表 9.3 可以看出，本章方法在两个性能指标上显著优于第 8 章方法。这说明本章方法能够在更短时间内搜索到更优的决策者最满意解。这与 9.4 节的分析完全一致。

表 9.3 本章方法和第 8 章方法的比较

		第 8 章方法	本章方法	假设检验值
ZDT_I1	V 测度	21.81	26.45	0.0030
	T 测度	16.39	13.33	2.2×10^{-4}
ZDT_I2	V 测度	25.89	33.51	2.3×10^{-5}
	T 测度	19.28	10.18	3.4×10^{-7}
ZDT_I4	V 测度	−53.76	−36.96	0.0039
	T 测度	13.85	10.22	5.7×10^{-17}
ZDT_I6	V 测度	−7.72	−7.96	0.0454
	T 测度	14.49	10.68	3.3×10^{-13}

通过上述实验结果与分析，可以得出如下结论：本章方法显著优于第 8 章方法和后验方法；此外，决策者交互次数的增多能够使决策者的偏好更清晰，搜索方向更明确，找到的最满意解更符合决策者偏好，优化过程耗时更少。

9.6 本章小结

本章是第 8 章研究工作的继续，研究的问题仍然是区间多目标优化问题，采用的方法仍然是多目标进化优化方法。该方法将决策者偏好融入种群进化优化过程时，通过决策者对进化个体的有限次评价，建立区间偏好多面体；基于决策者评价最差解对应的区间目标函数值和提取的决策者偏好方向，构造区间成就标量化函数，并用于具有相同序值和决策者偏好进化个体的进一步评价，从而引导 NSGA-Ⅱ框架下进化的种群沿着决策者偏好方向，朝决策者偏好的区域搜索，最终得到决策者的最满意解。

将本章方法应用于 4 个基准区间多目标优化问题，并与第 8 章方法及后验方法在最偏好函数值和运行时间上比较。实验结果表明，本章方法显著优于第 8 章方法和后验方法；此外，决策者交互次数的增加能够使决策者的偏好更清晰，搜索方向更明确，找到的最满意解更符合决策者偏好，优化过程的耗时更少。

第 8 章和本章都是利用决策者偏好对进化个体排序。其中，第 8 章利用区间偏好多面体对具有相同序值的进化个体排序；本章利用基于偏好方向构造的区间成就标量化函数对具有相同序值和决策者偏好的进化个体排序。到目前为止，还没有利用决策者偏好改进遗传操作(算子)。如果利用决策者偏好方向改进变异算子，那么，将会一定程度的提高种群进化的效率。第 10 章将研究基于决策者偏好方向的变异算子设计，并通过自适应交叉和变异概率平衡进化种群的探索与开发能力。

参考文献

[1] Deb K, Pratap A, Agarwal S, et al. A fast and elitist multi-objective genetic algorithm: NSGA-Ⅱ[J]. IEEE Transactions on Evolutionary Computation, 2002, 6(2): 182—197.

[2] 孙靖，巩敦卫，季新芳. 基于偏好方向的区间多目标交互进化算法[J]. 控制与决策，2013, 28(4): 542—546.

[3] Luque M, Miettinen K, Eskelinen P, et al. Incorporating preference information in interactive reference point [J]. Omega, 2009, 37(2): 450—462.

[4] Deb K, Kumar A. Interactive evolutionary multi-objective optimization and decision-making using reference direction method [R]. Kanpur: Indian Institute of Technology, 2007.

[5] Rachmawati L, Srinivasan D. Incorporating the notion of relative importance of objectives in evolutionary multi-objective optimization [J]. IEEE Transactions on Evolutionary Computation, 2010, 14(4): 530—546.

[6] Luque M, Ruiz F, Steuer R E. Modified interactive Chebyshev algorithm (MICA) for convex multi-objective programming [J]. European Journal of Operational Research, 2010, 204(3): 557—564.

[7] Geoffrion A, Dyer J, Feinberg A. An interactive approach for multicriterion optimization with an application to the operations of an academic department [J]. Management Science, 1972, 19: 357—368.

[8] Branke J, Deb K, Miettinen K, et al. Multi-Objective Optimization-Interactive and Evolutionary Approaches [M]. Berlin: Springer Verlag Press, 2008.

[9] Limbourg P, Aponte D E S. An optimization algorithm for imprecise multi-objective problem function[C]// Proceedings of IEEE Congress on Evolutionary Computation. New York: IEEE Press, 2005: 459—466.

[10] 沈恒范. 概率论与数理统计教程[M]. 第 3 版. 北京：高等教育出版社，1998.

第 10 章 基于偏好的自适应区间多目标进化优化方法

第 6 章至第 9 章采用进化优化方法求解区间多目标优化问题时均将决策者偏好融入进化优化过程，尽管这些方法表达决策者偏好的方式不同，但都基于决策者偏好对进化个体排序，从而引导种群朝决策者偏好的区域进化。实际上，对决策者偏好的利用远不止于区分进化个体，还可以指导进化种群的遗传操作（如变异算子），从而生成满足决策者偏好的新个体。

本章研究的问题仍然是区间多目标优化问题，采用进化优化方法求解该问题时仍然融入决策者偏好。与前面内容不同的是：本章基于决策者偏好修改传统的变异算子，从而引导种群向决策者偏好的区域进化；此外，基于决策者偏好随种群进化进程的变化设计自适应交叉和变异概率，从而平衡进化种群的探索与开发能力。本章将所提方法应用于 4 个基准区间多目标优化问题，并与第 9 章方法比较，实验结果表明，本章方法是有效的。

10.1 方法的提出

近年来，将决策者偏好融入进化优化过程并用于求解多目标优化问题成为进化优化界非常重要且取得丰硕成果的研究方向之一[1]。Branke 等[2]将该方向的研究成果分为如下三类：①利用决策者偏好修改目标函数值或可行搜索空间；②利用决策者偏好修改传统的 Pareto 占优关系；③利用决策者偏好设计新的指标，比较进化个体的性能。例如，Wagner 和 Trautmann 利用期望函数表达决策者偏好，并基于此修改目标函数值，以限定决策者偏好的区域[1]。第 8 章利用区间偏好多面体对具有相同序值的进化个体排序，从而引导种群向决策者偏好的区域进化。进一步，第 9 章利用提取的决策者偏好方向构造区间成就标量化函数，对具有相同序值和相同偏好的进化个体排序。

但是，在已有的决策者偏好融入进化优化方法的工作中，尚没有利用决策者偏好指导交叉和变异等遗传操作。众所周知，变异算子是遗传算法不可或缺的组成部分，该算子不但决定了进化种群的局部搜索能力，还能够使种群跳出优化问题的局部最优解，从而防止种群早熟收敛。但是，实施已有的变异算子时，进化个体的变异方向却往往是随机的，这使得通过变异算子产生高性能新个体的概率很低。如果通过决策者提供的偏好提取种群进化的期望方向，并将该方向融入变异算子中，那么，进化个体的变异将是定向的，从而提高变异操作生成高性能新个体的概率，这对进化种群搜索满足决策者偏好的最满意解无疑是有帮助的。

另外，鉴于进化多目标优化过程是动态和自适应的[3]，因此，在种群进化过程中，采用固定不变的交叉和变异概率不利于控制进化种群的多样性和收敛性。这说明随着种群的不断进化，采用合适的策略改变交叉和变异概率是非常必要的。Chang 等根据种群的搜索能力改变交叉和变异概率[4]。Tan 等自适应地变化交叉和变异算子及其概率，以平衡进化种群的探索与开发能力[3]。此外，本书作者曾根据种群的多样性、收敛性、进化时间自适应地调节交叉和变异概率，并用于求解混合指标优化问题[5]。

与采用传统的进化多目标优化方法相比，将决策者偏好融入进化优化过程求解多目标优化问题，侧重于找到满足决策者偏好的最满意解，而不是在目标空间上均匀分布的 Pareto 最优解集，这使得采用传统的遗传操作与控制参数生成高性能新个体的概率往往很低。因此，有必要基于决策者偏好设计有针对性的遗传算子与控制参数，从而提高高性能新个体生成的概率。

鉴于此，本章在第 9 章工作的基础上，利用决策者偏好指导进化个体变异的方向，自适应地改变交叉和变异概率，并用于基于 NSGA-Ⅱ[6]框架进化的种群，以得到满足决策者偏好的最满意解。基于决策者偏好的变异算子有利于生成高性能的新个体，而自适应交叉和变异概率有助于平衡进化种群的探索与开发能力。可以看出，设计基于决策者偏好的变异算子，以及自适应交叉和变异概率，是本章需要解决的两个关键技术。下面将依次解决这些问题。

10.2　基于决策者偏好的变异算子

前已阐述，虽然变异算子是遗传算法产生新个体的辅助方式，但是，该算子却决定了进化种群的开发能力，是遗传算法不可或缺的遗传操作[7]。第 9 章基于区间偏好多面体提取决策者的偏好方向，实际上指明了种群进化的方向。在种群进化过程中，如果进化个体能够沿着该方向变异，那么，变异后产生新个体的性能将会提高，从而生成满足决策者偏好的最满意解的概率将会增加。

考虑式(1.6)描述的区间多目标优化问题，假设执行变异操作的进化个体为 $\boldsymbol{x}$，其目标函数是 $f_i(\boldsymbol{x},\boldsymbol{c}_i)$，$i=1,2,\cdots,m$。记变异后的进化个体为 $\boldsymbol{x}'$，那么，该进化个体的增量为 $\boldsymbol{x}'-\boldsymbol{x}=\Delta x\overset{\text{def}}{=}(\Delta x_1,\Delta x_2,\cdots,\Delta x_n)$，此即该进化个体的变异方向。对某进化个体实施变异操作，实际上是根据某种规则确定 $\Delta x_1,\Delta x_2,\cdots,\Delta x_n$ 的取值。本章通过对进化个体沿着合适的方向变异，以产生高性能的新个体。为此，如果将变异方向投射到目标空间，那么，该方向应该平行(或重合)于决策者的偏好方向。需要注意的是，由于目标函数值为区间，因此，将变异方向投射到目标空间得到的不再是一个方向，这增加了变异方向描述的复杂度。为简便起见，这里取目标空间的变异方向为变异前后进化个体目标函数区间中点的差，即 $mf(\boldsymbol{x}',\boldsymbol{c})-mf(\boldsymbol{x},\boldsymbol{c})=\alpha\boldsymbol{r}$。具体地讲，应满足下列方程：

$$\begin{aligned} mf_1(\boldsymbol{x}',\boldsymbol{c}_1)-mf_1(\boldsymbol{x},\boldsymbol{c}_1)&=\alpha r_1\\ mf_2(\boldsymbol{x}',\boldsymbol{c}_2)-mf_2(\boldsymbol{x},\boldsymbol{c}_2)&=\alpha r_2\\ &\vdots\\ mf_m(\boldsymbol{x}',\boldsymbol{c}_m)-mf_m(\boldsymbol{x},\boldsymbol{c}_m)&=\alpha r_m \end{aligned} \tag{10.1}$$

式中，$\boldsymbol{r}=(r_1,r_2,\cdots,r_m)$为决策者偏好方向；$\alpha$ 为大于 0 的预先设定值，表示进化个体 $\boldsymbol{x}$ 在目标空间变异的步长。

由于式(10.1)中 $\boldsymbol{x}'$的取值待定，因此，$f(\boldsymbol{x}',\boldsymbol{c})$的值也是待定的。实际上，如果能够求出进化个体 $\boldsymbol{x}$ 的增量 $\Delta\boldsymbol{x}$，那么，$\boldsymbol{x}'$就很容易确定。鉴于 $mf(\boldsymbol{x}',\boldsymbol{c})-mf(\boldsymbol{x},\boldsymbol{c})$表示进化个体变异前后目标函数的增量，因此，如果将目标函数的增量采用进化个体的增量表示，那么，就能够利用式(10.1)求出 $\Delta\boldsymbol{x}$。为此，利用全微分理论[8]，可以将式(10.1)转化为如下线性方程组：

$$\begin{aligned} mf'_{11}(\boldsymbol{x},\boldsymbol{c}_1)\Delta x_1+mf'_{12}(\boldsymbol{x},\boldsymbol{c}_1)\Delta x_2+\cdots+mf'_{1n}(\boldsymbol{x},\boldsymbol{c}_1)\Delta x_n&=\alpha r_1\\ mf'_{21}(\boldsymbol{x},\boldsymbol{c}_2)\Delta x_1+mf'_{22}(\boldsymbol{x},\boldsymbol{c}_2)\Delta x_2+\cdots+mf'_{2n}(\boldsymbol{x},\boldsymbol{c}_2)\Delta x_n&=\alpha r_2\\ &\vdots\\ mf'_{m1}(\boldsymbol{x},\boldsymbol{c}_m)\Delta x_1+mf'_{m2}(\boldsymbol{x},\boldsymbol{c}_m)\Delta x_2+\cdots+mf'_{mn}(\boldsymbol{x},\boldsymbol{c}_m)\Delta x_n&=\alpha r_m \end{aligned} \tag{10.2}$$

式中，$mf'_{i,j}(\boldsymbol{x},\boldsymbol{c}_i)$表示第 i 个目标函数的中点对第 j 个变量在 $\boldsymbol{x}$ 点处的偏导数，$i=1,2,\cdots,m$，$j=1,2,\cdots,n$。由于式(10.2)是一个含有 n 个未知数和 m 个方程的方程组，因此，当 $n>m$ 时，该方程组有无穷多个解；当 $n=m$ 时，该方程组有唯一解或无解；而当 $n<m$，该方程组在多数情况下无解。通常情况下，决策变量的个数比目标函数多，因此，这里假设 $n>m$ 是合理的。为了确定一个变异后的进化个体相当于求式(10.2)的唯一解，采用如下策略：首先，随机选取 $n-m$ 个 Δx_i，采用传统的变异算子对 Δx_i 实施变异操作。本章采用多项式变异。这样一来，式(10.2)就变为一个含有 m 个未知数和 m 个方程的方程组；然后，采用数值计算方法求偏微分 $mf'_{i,j}(\boldsymbol{x},\boldsymbol{c}_i)$；最后，求解方程组(10.2)，得到变异后的进化个体 $\boldsymbol{x}'$。

需要说明的是：①由于式(10.1)和式(10.2)仅利用区间中点，而没有涉及整个区间，因此，上述变异策略也同样适用于指定变异方向的确定型多目标优化问题，这说明本章的定向变异策略适用范围广泛；②式(10.2)成立的条件是目标函数的偏导数存在且连续[8]，因此，使用本章方法的前提是优化问题的目标函数应该是可微的，这说明为了对进化个体实施定向变异，对优化问题的目标函数提出了光滑性要求。

10.3　自适应交叉和变异概率

前已述及，变异操作决定了进化种群的局部开发能力，而交叉操作则决定了进化种群的全局探索能力，两者的配合使得遗传算法具有全局搜索能力。但是，交叉和变异操作都是以一定概率实施的。对于 10.2 节提出的变异操作，在种群进化初期，由于决策者的偏好不够清晰，这时，如果采用大的变异概率将导致种群朝着错误的方向搜索。对于交叉操作，也应该根据决策者偏好变化的特点，在种群进化过程中变化交叉概率。鉴于此，本节根据进化种群先广泛探索、后定向开发的原则，在种群进化过程中，自适应地变化交叉和变异概率，以提高进化种群的搜索性能。

10.3.1　自适应交叉概率

交叉操作有利于进化个体之间交换信息，在遗传算法中起着关键作用，是产生新个体的主要方法。一般来讲，交叉概率越大，进化种群的探索能力越强，但是，收敛速度越慢[7]。因此，在种群进化初期，为了使决策者全面了解搜索空间，应采用较大的交叉概率，以生成更多的新个体；在种群进化后期，当决策者偏好逐渐清晰时，应采用较小的交叉概率，以提高进化种群收敛的速度。基于此，交叉概率应随进化代数的增多而减小。这里，交叉概率按照下式自适应变化：

$$p_{\mathrm{c}}(t)=\left(1+\mathrm{e}^{-\frac{k_1}{t}}\right)^{-1} \tag{10.3}$$

式中，k_1 是预先设定大于 0 的参数，用于调节交叉概率的变化速度，k_1 越小，交叉概率减小的速度越快，反之亦然。

10.3.2　自适应变异概率

如前所述，本章提出的变异算子旨在实现进化个体的定向变异，因此，变异后的进化个体将更加满足决策者偏好。但是，在种群进化初期，决策者对搜索空间尚没有全面了解，使得决策者偏好不够清晰。这时，如果采用大的变异概率，那么，将会引导种群向错误的方向进化，从而偏离决策者的偏好方向。因此，应采用小的变异概率；在种群进化后期，应采用大的变异概率，以加快进化种群的收敛速度，找到更加符合决策者偏好的最满意解。鉴于此，变异概率应随进化代数的增多而增大，本章采用下式变化变异概率：

$$p_{\mathrm{m}}(t)=1-\left(1+\mathrm{e}^{\frac{-k_2}{t}}\right)^{-1} \tag{10.4}$$

式中，k_2 是预先设定大于 0 的参数。

10.4 算法描述

算法的基本思想是：首先，在NSGA-Ⅱ框架下，采用传统的区间多目标进化优化方法进化种群τ代后，每隔τ代，提取决策者的偏好，按照第8章方法构建区间偏好多面体，并按第9章方法提取决策者偏好方向；然后，选择进入匹配池的进化个体，在自适应交叉和变异概率下，采用传统的交叉算子和基于决策者偏好方向的变异算子，生成相同规模的临时种群；最后，从由当代种群和临时种群形成的合并种群中，按照进化个体序值、决策者偏好、区间成就标量化函数值选择优势个体，构成下一代种群。当算法达到终止条件时，进化种群中第1个优势个体，即为决策者的最满意解。具体步骤如下：

步骤1：初始化规模为N的种群$P(0)$；取进化代数$t=0$，采用传统的区间多目标进化优化方法进化种群τ代。

步骤2：如果($t \bmod \tau=0$)，当非被占优解个数大于或等于2时，从中选择拥挤度或区间成就标量化函数值最大的η个优化解；否则，转步骤4。

步骤3：决策者从被选出的优化解中选择1个最差解，并以该最差解为顶点，在目标空间构建区间偏好多面体，并提取决策者的偏好方向。

步骤4：采用规模为2的联赛选择策略，选择N个进入匹配池的进化个体。

步骤5：采用自适应交叉和变异概率，对匹配池的进化个体实施传统的交叉和基于决策者偏好方向的变异操作，生成相同规模的临时种群$Q(t)$。

步骤6：合并种群$P(t)$和$Q(t)$，并记作$R(t)$。

步骤7：采用基于区间成就标量化函数的进化个体排序策略，选取$R(t)$中前N个优势个体，构成种群$P(t+1)$。

步骤8：判定算法终止条件是否满足。如果是，输出种群的第1个优势个体，作为决策者的最满意解；否则，令$t=t+1$，转步骤2。

本章采用IP-MOEA[9]对初始种群进化τ代。图10.1是本章算法的流程，其中，灰色部分是本章所提方法。

由上述算法步骤可知，在种群一代进化中，涉及的基本操作及其最坏情形下的时间复杂度如下：①非被占优排序为$O(m(2N)^2)$；②构建区间偏好多面体为$O(m\eta)$；③基于区间偏好多面体的进化个体排序为$O(2N(m+1))$；④进化个体区间成就标量化函数值计算为$O(2mN)$；⑤基于区间成就标量化函数值的进化个体排序为$O(2N\log(2N))$；⑥基于决策者偏好方向的进化种群变异的复杂度来自求解一个m元线性方程组，采用最坏算法求解线性方程组的复杂度为$O(m^3)$。综上所述，本章算法的时间复杂度为$O(mN^2+m^3)$。

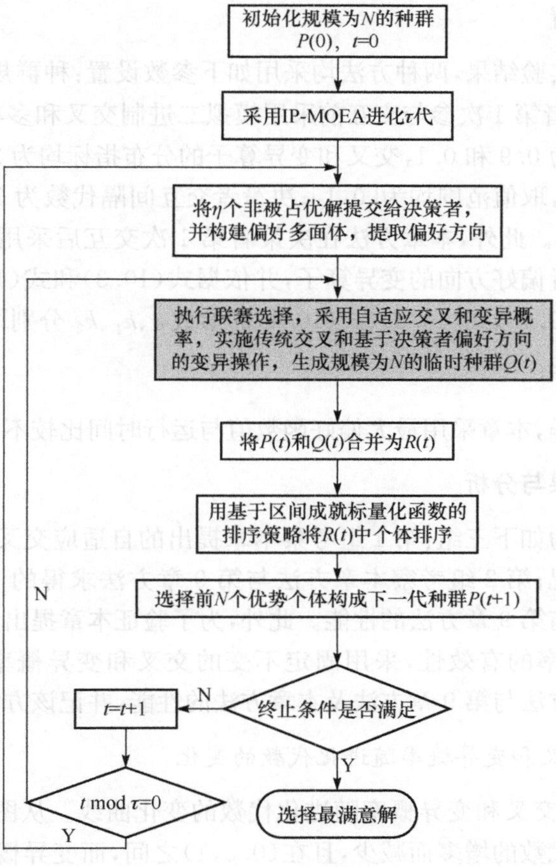

图 10.1　算法流程

10.5　在数值函数优化的应用

本章方法在 Pentium(R) Dual-Core 电脑上用 Matlab7.0.1 编程实现。通过求解 4 个基准区间多目标优化问题(即 ZDT_I1、ZDT_I2、ZDT_I4、ZDT_I6)，并与第 9 章方法比较，验证本章方法的性能。对于每一优化问题，每种方法均独立运行 20 次，并求取这些运行结果的中位数。

10.5.1　偏好函数

与第 9 章一样采用第 8.6.1 节给出的数值函数近似决策者的偏好函数。

10.5.2 参数设置

为公正比较实验结果，两种方法均采用如下参数设置：种群规模为 40；进化代数为 100；在决策者第 1 次参与交互前采用模拟二进制交叉和多项式变异[6]，交叉和变异概率分别为 0.9 和 0.1，交叉和变异算子的分布指标均为 20；测试问题的决策变量均为 30 维，取值范围均为[0,1]；决策者交互间隔代数为 10，每次交互评价的进化个体数为 8。此外，本章方法在决策者第 1 次交互后采用模拟二进制交叉算子和基于决策者偏好方向的变异算子，并依据式(10.3)和式(10.4)变化交叉和变异概率，且式(10.1)、式(10.3)、式(10.4)的参数 α、k_1、k_2 分别取 0.6、10、10。

10.5.3 性能指标

与第 9 章一样，本章采用最大偏好函数值与运行时间比较不同方法的性能。

10.5.4 实验结果与分析

本章实验分为如下三组：第 1 组考察本章提出的自适应交叉和变异概率随进化代数的变化情况；第 2 组考察本章方法与第 9 章方法求得的 Pareto 前沿；第 3 组比较本章方法与第 9 章方法的性能。此外，为了验证本章提出的变异算子、自适应交叉和变异概率的有效性，采用固定不变的交叉和变异概率，分别为 0.9 和 0.1，分别比较该方法与第 9 章方法及本章方法的性能，并记该方法为固定值方法。

1. 自适应交叉和变异概率随进化代数的变化

图 10.2 给出交叉和变异概率随进化代数的变化曲线。从图 10.2 可以看出，交叉概率随进化代数的增多而减少，且在(0.5,1)之间，而变异概率则随进化代数的增多而增加。由于本章利用数值函数近似决策者偏好函数，因此，在第 1 次交互后，决策者偏好方向已经明确，相应地，变异概率增长得比较快，在种群进化过程中，变异概率在(0,0.5)之间。由此可见，本章的变异概率比一般情况下的设置[即(0.001,0.1)[10]]大得多，这是由本章设计的变异算子决定的。

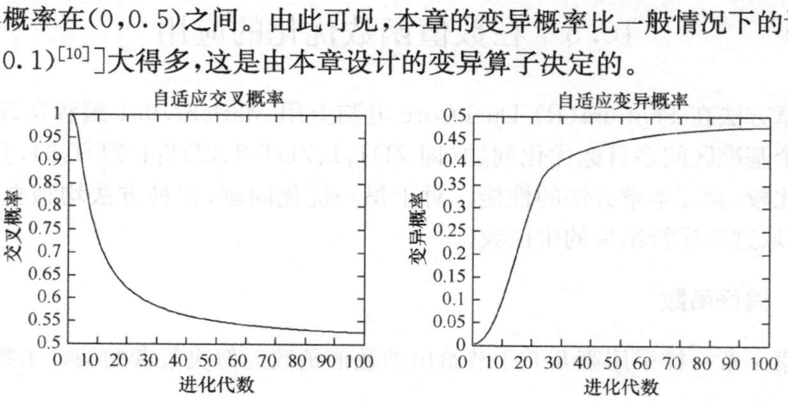

图 10.2　自适应交叉和变异概率随进化代数的变化曲线

2. Pareto 前沿

图 10.3 为本章方法和第 9 章方法求取的 Pareto 前沿，其中，实线框和虚线框分别表示两种方法求取的 Pareto 最优解对应的目标函数区间，圆形和三角形分别表示它们的中点。从图 10.3 可以看出，本章方法求取的 Pareto 前沿更接近优化问题的真实 Pareto 前沿，且分布集中，这说明本章方法得到了更满足决策者偏好的最优解。

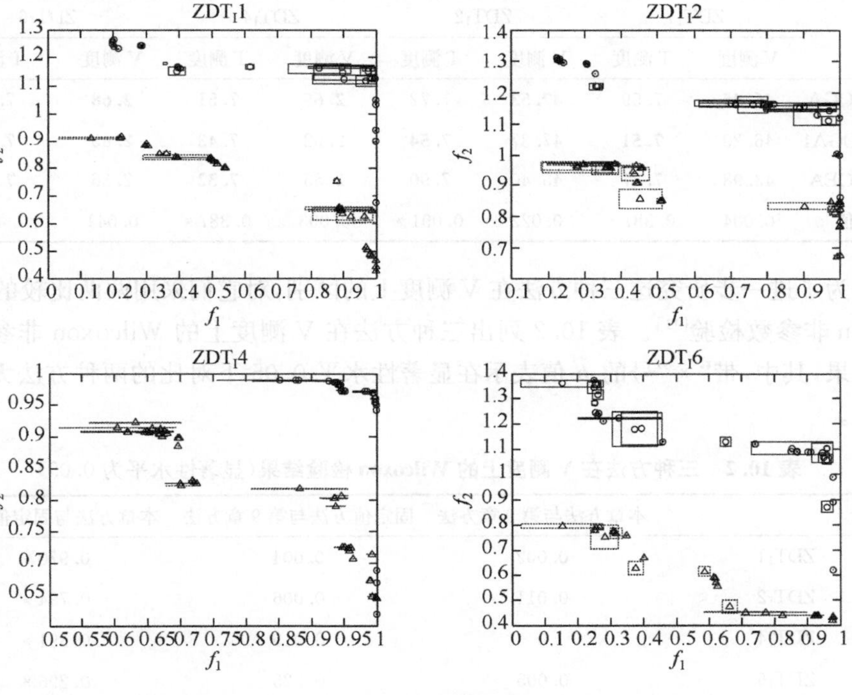

图 10.3　本章方法和第 9 章方法求取的 Pareto 前沿

3. 不同方法的性能

表 10.1 列出了三种方法在两个性能指标上优化 4 个基准区间多目标优化问题时 20 次运行结果的中位数，以及 Friedman 非参数检验[11]结果，其中，加粗数据表示三种方法的最好值，带“ * ”号的 p-值表示在显著性水平 0.05 下三种方法无显著差异。

由表 10.1 可以看出：①在运行时间上，这三种方法无显著差异。这是因为本章方法、固定值方法与第 9 章方法的不同之处在于本章方法和固定值方法均采用基于决策者偏好的变异算子。由前面的复杂度分析可知,对于2目标优化问题,当种群规模为40时,相对于非被占优排序的复杂度而言,该变异算子的复杂度可以忽略不计,因此,这三种方法的时间复杂度相当,从而在运行时间上无显著差异。但是,本章方法的运行时间略多于固定值方法。这是因为在种群进化的大部分代数,变异概率都大于0.1,这使得执行变异算子的次数增加,从而延长了运行时间。②在V测度上,至少有两种方法存在显著差异。

表 10.1 三种方法的 V 和 T 测度及其 Friedman 检验结果(显著性水平为 0.05)

	ZDT_I1		ZDT_I2		ZDT_I4		ZDT_I6	
	V测度	T测度	V测度	T测度	V测度	T测度	V测度	T测度
APMOGA	**46.45**	7.59	**47.53**	7.72	**2.65**	7.51	**2.68**	7.58
APMOGA1	46.20	**7.51**	47.37	**7.54**	2.62	7.43	2.55	7.57
PDMOEA	43.98	7.87	45.40	7.90	2.53	**7.32**	2.36	**7.48**
p-值	0.004	0.387 *	0.022	0.091 *	0.003	0.387 *	0.041	0.449 *

为了进一步研究这三种方法在V测度上的区别,对它们采用两两比较的Wilcoxon非参数检验[11]。表10.2列出三种方法在V测度上的Wilcoxon非参数检验结果,其中,带"*"号的*p*-值表示在显著性水平0.05下对比的两种方法无显著差异。

表 10.2 三种方法在 V 测度上的 Wilcoxon 检验结果(显著性水平为 0.05)

	本章方法与第9章方法	固定值方法与第9章方法	本章方法与固定值方法
ZDT_I1	0.002	0.004	0.970 *
ZDT_I2	0.011	0.006	0.794 *
ZDT_I4	0	0.019	0.391 *
ZDT_I6	0.005	0.025	0.296 *

从表10.2可以看出:①本章方法和固定值方法均显著优于第9章方法。这说明与第9章方法比较,本章方法能够更有效地引导种群向决策者偏好的区域进化,从而求取的最优解更满足决策者偏好;固定值方法也显著优于第9章方法意味着本章提出的基于决策者偏好方向的变异算子能够提高进化个体的性能。②本章方法和固定值方法无显著差异。

为了进一步揭示这三种方法之间的关系,记录每一代的V测度值,并求取20次运行结果的平均值。图10.4给出这三种方法得到的V测度随进化代数的变化曲线。

由图10.4可以看出:①对于不同的进化代数,三种方法的V测度均随进化代数的增多而增加,这说明三种方法求取的最优解越来越满足决策者偏好。②本章

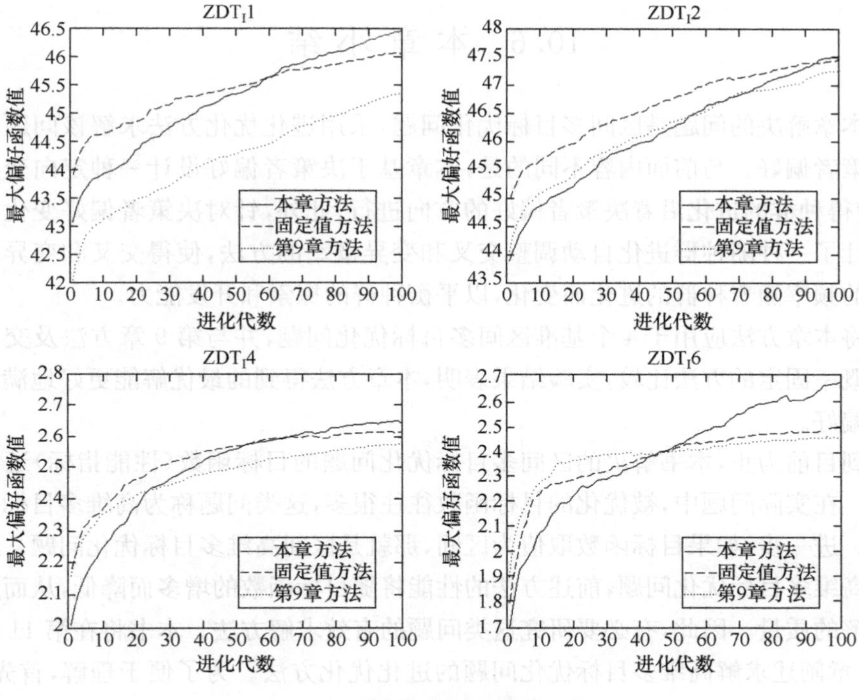

图 10.4 V 测度随进化代数的变化曲线

方法得到的 V 测度是三者中最大的，虽然表 10.2 表明所提方法与固定值方法无显著差异，但是，从种群进化过程看，除了优化问题 ZDT_I1 时，在相同进化代数下，本章方法得到的 V 测度均大于第 9 章方法之外，在种群进化初期，本章方法得到的 V 测度均小于其他两种方法，直到种群进化后期，本章方法得到的 V 测度才优于其他两种方法，且在整个种群进化过程中，本章方法得到的 V 测度增长率均高于其他两种方法，这说明本章方法具有很强的定向开发能力，且得益于基于决策者偏好的变异算子。在种群进化后期，本章方法的性能优于固定值方法是因为较大的变异概率增加了变异操作次数，能够生成更多性能优异的新个体，从而提高了算法的定向搜索性能，这再次验证所提变异算子的有效性。当然，最终结果的无显著差异表明，本章提出的自适应交叉和变异概率还存在一定的不足。

通过上述实验结果与分析，可以得出如下结论：①本章提出的基于决策者偏好的变异算子有利于生成满足决策者偏好的新个体，从而引导种群向决策者偏好的区域搜索；②自适应交叉和变异概率能够增加实施变异操作的次数，生成更多高性能的进化个体，从而提高进化种群的定向开发性能；③在无显著差异的运行时间内，本章方法能够得到更满足决策者偏好的最优解。

10.6　本章小结

本章解决的问题是区间多目标优化问题，采用进化优化方法求解该问题时融入决策者偏好。与前面内容不同的是，本章基于决策者偏好设计一种定向变异算子，使得种群的进化沿着决策者偏好的方向进行；此外，针对决策者偏好变化的特点设计了一种随种群进化自动调整交叉和变异概率的方法，使得交叉和变异算子实施的频率随着种群的进化而变化，以平衡种群的探索和开发能力。

将本章方法应用于4个基准区间多目标优化问题，并与第9章方法及交叉与变异概率固定的方法比较，实验结果表明，本章方法得到的最优解能更好地满足决策者偏好。

到目前为止，本书解决的区间多目标优化问题的目标函数(性能指标)还都比较少。在实际问题中，被优化的目标函数往往很多，这类问题称为高维多目标优化问题。进一步，如果目标函数取值为区间，那就是区间高维多目标优化问题。对于区间高维多目标优化问题，前述方法的性能将随目标函数的增多而降低，从而影响优化解的质量。因此，有必要研究这类问题的有效求解方法。本书将在第11章和第12章阐述求解高维多目标优化问题的进化优化方法。为了便于理解，首先，在第11章阐述求解确定型高维多目标优化问题的进化优化方法；然后，在第12章阐述区间高维多目标优化问题的进化求解方法。

参考文献

[1] Wagner T, Trautmann H. Intergration of preferences in hypervolume-based multiobjective evolutionary algorithms by means of desirability functions[J]. IEEE Transactions on Evolutionary Computation, 2010, 14(5): 688－701.

[2] Branke J, Deb K, Miettinen K, et al. Multi-Objective Optimization-Interactive and Evolutionary Approaches[M]. Berlin: Springer Verlag Press, 2008.

[3] Tan K C, Chiam S C, Mamun A A, et al. Balancing exploration and exploitation with adaptive variation for evolutionary multi-objective optimization[J]. European Journal of Operational Research, 2009, 197(2): 701－713.

[4] Chang P C, Hsieh J C, Wang C Y. Adaptive multi-objective genetic algorithm for scheduling of drilling operation in printed circuit board industry[J]. Applied soft Computing, 2007, 7(3): 800－806.

[5] Gong D W, Ji X F, Li M, et al. Adaptive evolutionary optimization algorithm for problems with Hybrid indices[C]//Proceedings of 2nd World Congress on Nature and Biologically Inspired Computing. New York: IEEE Press, 2010: 328－333.

[6] Deb K, Pratap A, Agarwal S, et al. A fast and elitist multi-objective genetic algorithm: NSGA-Ⅱ[J]. IEEE Transactions on Evolutionary Computation, 2002, 6(2): 182－197.

[7] 周明，孙树栋. 遗传算法原理及应用[M]. 北京：国防工业出版社，1999.

[8] 同济大学数学系. 高等数学(第 2 版)[M]. 北京：高等教育出版社，2010.

[9] Limbourg P, Aponte D E S. An optimization algorithm for imprecise multi-objective problem function [C]//Proceedings of IEEE International Conference on Evolutionary Computation. New York: IEEE Press, 2005: 459—466.

[10] 周明，孙树栋. 遗传算法原理及应用[M]. 北京：国防工业出版社，1999.

[11] Derrac J, Garcia S, Molina D, et al. A practical tutorial on the use of nonparametric statistical tests as a methodology for comparing evolutionary and swarm intelligence algorithms[J]. Swarm and Evolutionary Computation, 2011, 1(1): 3—18.

第 11 章 高维多目标集合进化优化方法

到目前为止,本书解决的问题都是多目标优化问题,其中,有的是确定型多目标优化问题,有的是区间多目标优化问题,还有的是区间混合指标优化问题;采用的方法都是进化优化方法,其中,有的修改 NSGA-Ⅱ[1] 中进化个体之间的 Pareto 占优关系,有的修改拥挤距离,还有的将不同的决策者偏好融入种群进化过程中;当然,不同的方法达到的目的也是不同的,其中,有的是寻找逼近性、分布性、延展性好的 Pareto 最优解集,有的是寻找决策者偏好的最满意解。

虽然已经给出多种区间多目标进化优化方法,但是,关于区间多目标优化问题的进化求解方法,需要研究的问题还很多。尽管如此,作者还是想把这个问题暂时放一放,以留给读者更多的空间,进一步思考、研究解决该问题的更优方法,而将视线转到另一类普遍存在且非常有挑战性的优化问题,即高维多目标优化问题,研究求解该问题的进化优化方法。

表面上看,这里研究的问题只是比前面多了一些目标函数(性能指标),但是,优化问题目标函数的增多使得采用传统进化优化方法求解时进化种群中互不占优个体指数增多。此时,采用这些方法将难以引导种群产生期望的优化解,这意味着已有的方法将不能有效解决该问题。

鉴于此,本章与第 12 章将采用新的方式,将原来的高维多目标优化问题降维转化,并采用新的进化优化方法,即集合进化优化方法,求解转化后的优化问题。遵循由易到难的原则,本章考虑确定型高维多目标优化问题的集合进化求解方法,为第 12 章采用集合进化优化方法解决区间高维多目标优化问题奠定基础。

本章研究确定型高维多目标优化问题,并提出一种有效解决该问题的集合进化优化方法。首先,以原优化问题若干解形成的解集作为决策变量,以超体积、分布度、延展度作为新的目标函数,将原优化问题降维转化为 3 目标优化问题;然后,定义基于集合的 Pareto 占优关系,并设计体现决策者偏好的适应度函数,以比较进化个体的性能;最后,对 NSGA-Ⅱ 范式下进化的种群实施提出的集合进化策略,以生成高性能的子代种群。将本章方法应用于 4 个基准确定型高维多目标优化问题,并与其他两种方法比较,实验结果表明了所提方法的优越性。

11.1 方法的提出

在多目标优化问题中,常称目标函数多于三个的优化问题为高维多目标优化问题[2],该类问题非常普遍,如地下水监测[3]、车间调度[4]、背包问题[5]及电路元件布局问题[6],只是往往为了简化处理,而将部分上述问题转化为传统的多目标优化问题,即目标函数为 2 或 3 个的情况。

虽然已有的多目标进化优化方法能够有效解决传统的多目标优化问题,但是,当目标函数很多时,这些方法选择 Pareto 最优解的压力大大降低,用于近似问题真正 Pareto 前沿需要的 Pareto 最优解指数增加[7],因此,上述方法难以有效解决高维多目标优化问题。

解决高维多目标优化问题的困难在于[2]:①目标函数增多使得不同解之间互不占优的概率增加,即 Pareto 最优解的选择压力降低,从而无法比较这些解的优劣,因此,传统基于 Pareto 占优关系的多目标进化优化方法[1]生成的 Pareto 最优解集在目标空间中难以有效逼近问题的真实 Pareto 前沿。②目标函数增多使得逼近问题真实 Pareto 前沿需要的 Pareto 最优解指数增加,从而提高了问题求解的空间和时间复杂度。③目标函数增多使得问题的 Pareto 前沿无法可视化。鉴于此,寻求有效方法解决高维多目标优化问题是十分有意义的。

对于高维多目标优化问题,采用传统的 Pareto 占优关系难以有效比较两个不同解,因此,采用新的占优关系比较个体的优劣以提高 Pareto 最优解的选择压力成为解决高维多目标优化问题的可行途径之一。Zou 等比较两个不同解时,基于一个解优于另一个解的个数和在某范数下优于的程度定义 L-占优关系[8]。Carvalho 等通过对目标函数变换得到新的解占优区域,基于该占优区域采用传统的 Pareto 占优关系比较不同解[9]。进一步,Sato 等对目标函数进行自动变换,以调整解的占优区域,却不需要 Carvalho 和 Pozo 用到的关键外部参数[10];Kukkonen 和 Lampinen 提出的序占优根据解的不同目标函数得到不同的序值,通过对这些序值加权求和或者最小化形成一个标量化函数,基于此比较不同解[11]。Aguirre 和 Tanaka 采用 2 阶段混合策略比较不同解,依次比较所有目标函数加权求和得到的标量化函数值和自适应 ε 占优,后者基于种群规模和 Pareto 最优解个数自动调整 ε 的取值[12]。这些方法利用了所有目标函数的信息,在提高选择 Pareto 最优解的压力同时付出了昂贵的计算代价。

另外,通过减少目标函数个数对高维多目标优化问题降维求解也是一条有效解决途径。在 Zhou 等提出的高维多目标函数降维方法中,每个目标函数用一条直线拟合,比较这些直线的坡度差值,从坡度差值最小的目标函数中选择一个作为冗余目标删除[13]。Murata 和 Taki 计算不同目标函数之间的相关程度，通过将最相关的多个目标函数加权合成为一个，以减少目标函数的个数[14]。在 Brockhoff 和 Zitzler 提出的高维多目标函数降维方法中，从一个目标函数开始，基于超体积在种群进化过程中的变化增加目标函数的个数，利用 δ 占优关系确定被优化的目标函数[15]。Lygoe 等应用传统的进化多目标优化方法优化高维多目标函数一定代数后，将得到的临时 Pareto 最优解集分为若干类，采用主元分析识别每类的冗余目标[16]。Sato 等从目标函数集中选择少部分目标函数，基于传统的 Pareto 占优关系比较不同解，在种群进化过程中，选择的目标集不断变化[17]。此外，Ishibuchi 等通过将所有目标函数加权形成一个单目标函数[18]；Lindroth 等通过求解一个优化问题得到最优的缩减后目标函数集[19]；Jaimes 等基于对种群进化得到的临时 Pareto 前沿的分析将高维多目标优化问题分割为多个传统的多目标优化问题[20]。Singh 等提出一种角落搜索进化算法，该方法能够生成少量反映 Pareto 前沿分布的角落解，利用这些解能够有效缩减相关目标[2]。这些方法得到的目标函数(集)都是原目标函数集的子集。也就是说，降维后的目标函数(集)不能脱离原目标函数集。这样一来，当目标函数很多时，降维后的目标函数(集)也可能很大。因此，本章从解集性能指标角度对高维多目标优化问题进行降维是有意义的，避免了上述两种途径带来的问题。

传统多目标进化优化方法的进化个体是一个解，而当进化个体是由多个解构成的集合时，称为基于集合的进化优化方法[21]，或称集合进化优化方法，该方法的特点在于种群进化后得到的最优个体即是优化问题的 Pareto 最优解集。然而，集合进化也会产生一系列新的问题，如不同集合，即进化个体的比较及进化策略设计。因此，研究基于集合的进化优化方法并用于解决高维多目标优化问题是非常必要的。

目前，这方面的研究成果还很少。Bader 等给出的集合进化优化方法中，首先，进化种群的解被划分成多个规模相同的解集合，然后，将多目标优化问题转化为以每个解集合的超体积测度为优化目标的单目标优化问题，设计基于超体积的集合重组策略，把所提算法与传统的多目标进化算法比较，证实了其高效性[22]。Zitzler 等将近年来在进化多目标优化领域的研究成果统一到基于集合的多目标搜索理论中，详细讨论获得集合全序关系的充要条件，并给出得到集合全序关系的很多不同性能指标的组合，基于此，提出一种基于集合的进化优化方法，所提方法将偏好描述、算法设计、性能评估统一在一个框架中，为进化多目标优化方法的研究开辟了新局面[21]。但是，该方法仅采用简单的变异策略，且利用决策者对性能指标偏好的优先顺序将集合排序没有将各性能指标(即被优化的目标)看成是同等重要的。Berghammer 等也指出这种排序方法会导致循环行为[23]，即由传递性可能推导出相悖的结论。

基于此,本文以超体积、分布度、延展度作为新的目标函数,将原优化问题转化为以集合为决策变量的 3 目标优化问题;通过定义基于集合的 Pareto 占优关系,并设计体现决策者偏好的适应度函数,得到进化种群中个体的全序关系;此外,提出集合交叉和变异策略,并在 NSGA-Ⅱ范式下开发解决高维多目标优化问题的集合进化优化方法。容易看出,优化问题的降维转化、不同集合的性能比较及集合进化策略是本章需要解决的三个关键问题。11.2 节将详细阐述优化问题的降维转化方法。

11.2　优化问题的降维转化

式(1.7)描述的确定型多目标优化问题的目标函数多于三个时,该优化问题即为确定型高维多目标优化问题,本节给出该问题的降维转化方法。转化后的优化问题具有下述两个特点:①目标函数不是原优化问题目标函数的一部分,也不是这些目标函数的加权,而是一组新的目标函数,其个数远少于原优化问题,且与原优化问题 Pareto 最优解集的特性密切相关;②决策变量不是原优化问题的一个解,而是其多个解构成的集合。

通常,多目标优化方法求得的 Pareto 前沿需要满足如下三个特性[24]:①与真实 Pareto 前沿的距离最短,即具有好的逼近性;②具有好的分布性;③具有大的延展性。这里,利用上述三个特性转化原优化问题的目标函数。具体地讲,选择超体积[25]、延展度[25]、分布度[26]分别表示原优化问题 Pareto 前沿的逼近性、延展性、分布性。其中,超体积采用 Bader 和 Zitzler[27]提出的 Monte Carlo 模拟法近似计算。由此,问题(1.7)可以转化为如下形式:

$$
\begin{aligned}
&\max F_1(\boldsymbol{X}) = \lambda\Big(\bigcup_{\boldsymbol{x}_j\in\boldsymbol{X}}\{h \mid f(\boldsymbol{x}_j) < h < f(\boldsymbol{x}_{\mathrm{ref}})\}\Big)\\
&F_2(\boldsymbol{X}) = -\sqrt{\sum_{\boldsymbol{x}_j\in\boldsymbol{X}}(d^* - d(\boldsymbol{x}_j))^2/(N-1)}\\
&F_3(\boldsymbol{X}) = \sqrt{\sum_{i=1}^{m}(\max_{\boldsymbol{x}_j\in\boldsymbol{X}} f_i(\boldsymbol{x}_j) - \min_{\boldsymbol{x}_j\in\boldsymbol{X}} f_i(\boldsymbol{x}_j))^2}\\
&s.t.\quad \boldsymbol{X}\in 2^S
\end{aligned}
\tag{11.1}
$$

式中,2^S 为 S 的幂集,由 S 的所有子集构成;$\boldsymbol{X}=\{\boldsymbol{x}_1,\boldsymbol{x}_2,\cdots,\boldsymbol{x}_N\}$ 为问题(1.7)的 N 个解构成的集合;N 为 $\boldsymbol{X}$ 包含的原优化问题解的个数;λ 表示勒贝格测度;$\boldsymbol{x}_{\mathrm{ref}}$ 为参考点;$f_i(\boldsymbol{x}_j)$ 为 $\boldsymbol{x}_j$ 的第 i 个目标函数值;$d(\boldsymbol{x}_j)=\min\limits_{\boldsymbol{x}_l\in\boldsymbol{X},\boldsymbol{x}_l\neq\boldsymbol{x}_j}\sum\limits_{i=1}^{m}\left|f_i(\boldsymbol{x}_j)-f_i(\boldsymbol{x}_l)\right|(j=1,$

$2,\cdots,N)$ 为 $\boldsymbol{x}_j$ 在目标空间的拥挤距离；$d^*(\boldsymbol{X})=\frac{1}{N}\sum_{\boldsymbol{x}_j\in \boldsymbol{X}}d(\boldsymbol{x}_j)$ 为 $\boldsymbol{X}$ 的平均拥挤距离。

由式(11.1)可以看出：①$F_1(\boldsymbol{X})$用于计算 $\boldsymbol{X}$ 的逼近度，其值越大，说明 $\boldsymbol{X}$ 的目标函数值越接近原优化问题的真实 Pareto 前沿；②$F_2(\boldsymbol{X})$用于计算 $\boldsymbol{X}$ 的分布度，对原分布性指标取负，把原分布性指标最小化问题转化为$F_2(\boldsymbol{X})$的最大化问题，且其值越大，说明 $\boldsymbol{X}$ 中原优化问题解的分布越均匀；③$F_3(\boldsymbol{X})$用于计算 $\boldsymbol{X}$ 的延展度，其值越大，说明 $\boldsymbol{X}$ 中原优化问题解的分布越广。

如果采用进化优化方法求解问题(11.1)，那么，进化种群的个体将是一个集合，此时，传统的多目标进化优化方法将不再适用。为了反映不同集合的性能，11.3 节给出集合的比较方法。

11.3 集合比较

本节首先给出已有的集合偏好关系，并指出其局限性；然后，定义一种新的集合 Pareto 占优关系；最后，通过对进化个体赋予加权适应值以进一步区分具有相同序值的进化个体。

基于传统的 Pareto 占优关系，Bader 和 Zitzler[27]给出如下集合偏好关系。

定义 11.1[27]　对于问题(11.1)的两个解$\boldsymbol{X}_1,\boldsymbol{X}_2\in 2^S$，$2^S$ 上的偏好关系定义为

$$\boldsymbol{X}_1\succ \boldsymbol{X}_2\Leftrightarrow \forall b\in \boldsymbol{X}_2,\exists a\in \boldsymbol{X}_1,\ni :a\succ b \tag{11.2}$$

上述偏好关系的本质是比较属于不同集合解的优劣，因此，采用定义 11.1 比较不同集合的性能时，随着目标函数的增多，问题(11.1)中互不占优集合也将增多，使得 Pareto 最优解集的选择压力降低。

与原优化问题(1.7)相比，转化后优化问题(11.1)的目标函数要少得多。如果直接利用优化问题(11.1)的目标函数比较不同集合的性能，那么，互不占优的集合将明显减少，从而 Pareto 最优解集的选择压力得到提高。鉴于此，给出如下基于集合的 Pareto 占优关系。

定义 11.2　考虑问题(11.1)的两个解$\boldsymbol{X}_1,\boldsymbol{X}_2\in 2^S$，

(1) 如果对于 $\forall k\in\{1,2,3\}$，有 $F_k(\boldsymbol{X}_1)\geqslant F_k(\boldsymbol{X}_2)$，且 $\exists k'\in\{1,2,3\}$，使得 $F_{k'}(\boldsymbol{X}_1)>F_{k'}(\boldsymbol{X}_2)$，那么，称$\boldsymbol{X}_1$集合占优$\boldsymbol{X}_2$，记为$\boldsymbol{X}_1\succ_{\mathrm{SP}}\boldsymbol{X}_2$；

(2) 如果 $\exists k'\in\{1,2,3\}$，使得 $F_{k'}(\boldsymbol{X}_1)\geqslant F_{k'}(\boldsymbol{X}_2)$，且 $\exists k''\in\{1,2,3\}$，使得 $F_{k''}(\boldsymbol{X}_1)\leqslant F_{k''}(\boldsymbol{X}_2)$，那么，称$\boldsymbol{X}_1$和$\boldsymbol{X}_2$互不集合占优，记为$\boldsymbol{X}_1\,||_{\mathrm{SP}}\boldsymbol{X}_2$。

为说明定义 11.1 与定义 11.2 的区别，假设原优化问题是 2 目标最大化问题，两个不同解集$\boldsymbol{X}_1$和$\boldsymbol{X}_2$对应的目标函数值集合分别是{(1,4),(4,1)}和{(3,1.5),

$(1.5,3)\}$。由定义 11.1 可知，集合$\boldsymbol{X}_1$和$\boldsymbol{X}_2$互不占优。采用 Zitzler 定义的超体积和延展度[25]将原优化问题转化为 2 目标优化问题，其中，计算超体积的参考点是$[0,0]$，那么，$\boldsymbol{X}_1$和$\boldsymbol{X}_2$对应的目标函数值分别为$(7,3\sqrt{2})$和$(6.75,1.5\sqrt{2})$。由定义 11.2 可知，$\boldsymbol{X}_1$集合占优$\boldsymbol{X}_2$，即$\boldsymbol{X}_1 \succ_{\mathrm{SP}} \boldsymbol{X}_2$。由此可见，本章的定义能够有效比较不同集合的质量，减少进化种群中互不占优个体的数目，从而提高 Pareto 最优解集的选择压力，加快算法的收敛速度。

利用定义 11.2 能够将进化种群的个体进行非被占优排序[1]，从而得到相应的 Pareto 序值。为使这些个体具有全序关系，需要进一步区分具有相同序值的进化个体。为此，这里设计体现决策者偏好的适应度函数以反映决策者对不同 Pareto 前沿特性的偏好。

定义 11.3 进化种群的个体 $\boldsymbol{X}$ 的适应值为

$$\mathrm{FIT}(\boldsymbol{X}) = \sum_{k=1}^{3} w_k r_k(\boldsymbol{X}) \tag{11.3}$$

式中，$r_k(\boldsymbol{X})$为 $\boldsymbol{X}$ 的第 k 个目标函数值的降序排列值；w_k 为 $r_k(\boldsymbol{X})$的权值，由决策者设定，且 $\sum_{k=1}^{3} w_k = 1$ 。记 $\boldsymbol{w}=(w_1,w_2,w_3)$。

式(11.3)是 Bentley 和 Wakefield[28]所提排序方法的改进，通过 w_k 的值体现决策者对原优化问题 Pareto 前沿特性的偏好。对于相同的 w_k，如果 $r_k(\boldsymbol{X})$越小，即 $\boldsymbol{X}$ 的第 k 个目标函数值越大，那么，$\mathrm{FIT}(\boldsymbol{X})$的值越小，从而 $\boldsymbol{X}$ 的性能越好；反之亦然。

11.4 集合进化策略

本节详细阐述基于集合的选择、交叉、变异、替代等遗传策略。

11.4.1 集合选择

采用规模为 2 的联赛选择策略，方法如下：对于两个进化个体$\boldsymbol{X}_1$和$\boldsymbol{X}_2$，如果$\boldsymbol{X}_1 \succ_{\mathrm{SP}} \boldsymbol{X}_2$，那么，选择$\boldsymbol{X}_1$作为优胜个体；如果$\boldsymbol{X}_2 \succ_{\mathrm{SP}} \boldsymbol{X}_1$，那么，选择$\boldsymbol{X}_2$作为优胜个体；如果$\boldsymbol{X}_1 \,||_{\mathrm{SP}}\, \boldsymbol{X}_2$，那么，选择 $\boldsymbol{X}=\mathrm{argmin}\{\mathrm{FIT}(\boldsymbol{X}_1),\mathrm{FIT}(\boldsymbol{X}_2)\}$作为优胜个体。

11.4.2 集合交叉

鉴于进化个体编码的特殊性，设计集合交叉策略时，不仅需要考虑不同进化个体之间的交叉，还需要考虑同一进化个体内部的交叉。具体策略如下：

(1) 不同进化个体之间的交叉。该操作交换转化后问题解的一部分,相当于交换原优化问题属于不同集合的解,类似于并行遗传算法中不同子种群之间解的交换。这意味着传统的二进制交叉策略(如单点、多点、均匀交叉)均可用于该操作。

(2) 同一进化个体内部的交叉。这是集合进化特有的,对于选定实施交叉操作的进化个体,其内部的交叉等价于原优化问题不同解的交叉,类似于传统遗传算法中的交叉操作。这表明所有基于解的交叉策略(如线性交叉和模拟二进制交叉)均可用于该操作。

11.4.3 集合变异

假设 $\boldsymbol{X}$ 为选作执行变异操作的进化个体,依照一定的概率选择待变异的元素,即原优化问题的解,记为 $\boldsymbol{x}_j$。由于进化种群的最优个体包含许多性能优越的原优化问题的解,因此,实施变异操作时,应充分利用这些解提供的信息,使得变异后个体的性能有不同程度的提高。基于此,给出如下变异策略:

$$\begin{aligned} l_j^d &= c_1 r_1 (p_1^d - \boldsymbol{x}_j^d) + \cdots + c_P r_P (p_P^d - \boldsymbol{x}_j^d) \\ \boldsymbol{x}_j'^d &= \boldsymbol{x}_j^d + l_j^d \end{aligned} \tag{11.4}$$

式中,$d=1,2,\cdots,n$;l_j^d 为变异步长;$\boldsymbol{x}_j^d$ 与 $\boldsymbol{x}_j'^d$ 分别为 $\boldsymbol{x}_j$ 变异前后的第 d 个分量;c_i 为变异因子;$r_i \in [0,1]$为随机数,$i=1,2,\cdots,P$。将当前进化种群的最优个体包含的解排序[29],从前 $N/2$ 个解中随机选择 P 个,记为 $p_1, p_2, \cdots, p_P$,这里,P 由决策者设置,本章取 2。

需要注意的是,利用式(11.4)进行集合变异时,如果某分量变异后的值超出该分量的范围,那么,取该分量的边界值作为变异后的值。

11.4.4 集合替代

采用$(\mu+\mu)$更新策略,将父代种群和经过基于集合的遗传操作产生的临时种群合并,利用 11.3 节提出的集合比较方法得到合并后进化种群个体的全序关系,从中选取 μ 个优势个体构成下一代种群。

11.5 算法描述

基于 11.4 节设计的集合进化策略,本节给出集合进化优化方法,并分析其时间复杂度。所提方法的步骤如下:

步骤 1:初始化规模为 μ 的进化种群 $P(0)$,每个个体含有原优化问题的 N 个解;令进化代数 $t=0$。

步骤 2：实施基于集合的联赛选择、交叉、变异操作，生成相同规模的临时种群。

步骤 3：实施($\mu+\mu$)更新策略，生成下一代进化种群 $P(t+1)$。

步骤 4：判定种群进化终止条件是否满足。如果是，输出种群的第 1 个优势个体；否则，令 $t=t+1$，转步骤 2。

图 11.1 是本章算法的流程，其中，灰色阴影部分是本章提出的策略。

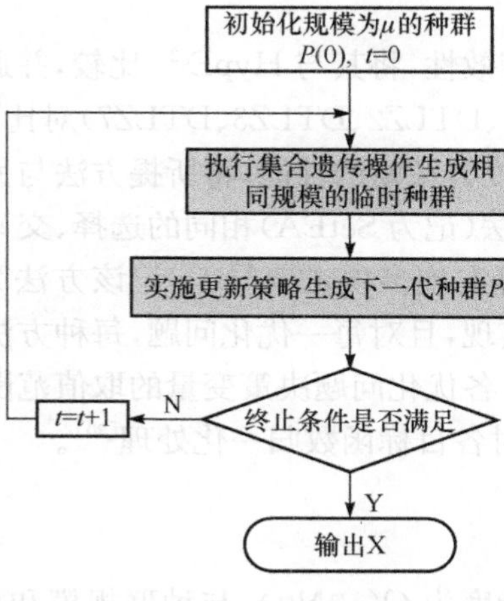

图 11.1　算法流程图

根据上述算法流程，现在分析本章算法的时间复杂度。种群每进化一代，涉及的运算有如下 6 个：①计算转化后的目标函数值。转化后的目标函数有三个，分别是超体积、分布度、延展度。其中，计算超体积的时间复杂度为 $O(\mu N^m + m\mu N\log N)$[27]；计算分布度的平均拥挤距离时，对于 d_j，需要做 N 次比较，这样，一共需要计算 N 个 d_j，因此，计算平均拥挤距离的时间复杂度为 $O(\mu N^2)$，此即计算分布度的时间复杂度；计算延展度时，需要求取每个目标函数的最小和最大值，因此，时间复杂度为 $O(2m\mu N)$，其中，m 为原优化问题目标函数的个数，μ 为种群规模，N 为进化个体包含解的个数。②非被占优排序。由于问题(11.1)的目标函数有三个，因此，非被占优排序的时间复杂度为 $O(3\ (2\mu)^2)$。③由式(11.3)计算具有相同序值进化个体的适应值。由于 $r_k(\boldsymbol{X})$为进化个体 $\boldsymbol{X}$ 在目标 k 上的目标值降序排序值，因此，在最坏情形下，计算 $r_k(\boldsymbol{X})$的时间复杂度为 $O(2\mu\log(2\mu))$，共有三个目标，这样一来，该部分的时间复杂度为 $O(6\mu\log(2\mu))$。④基于式(11.3)对具有相同序值进化个体的排序。最坏情形下，该部分的时间复杂度为 $O(2\mu\log(2\mu))$。⑤计算进化个体所有解的适应值。该操作发生在变异策略中，计算 1 个解的适应值的时间复杂度为 $O(mN)$，共有 N 个解，因此，该部分的时间复杂度为$O(mN^2)$。⑥进化个体所有解的排序。该部分的时间复杂度为 $O(N\log N)$。综上所述，本章算法的时间复杂度为 $O(\mu N^m)$，随原目标函数个数的增多呈指数级增长。

当进化种群的规模为 μN 时，HypE 的时间复杂度为 $O(\mu^m N^m)$[27]。由此得到如下结论：本章算法的时间复杂度小于 HypE，且随着目标函数的增多，本章算法的运行时间将明显小于 HypE。

11.6 在数值函数优化的应用

为了验证本章方法的有效性，将其与 HypE[27] 比较，并通过优化 4 个基准高维多目标优化问题（即 DTLZ1、DTLZ2、DTLZ3、DTLZ7）对比两者的性能。此外，为证实 11.4.3 节提出的集合变异策略的性能，将所提方法与另一种集合进化优化方法比较，后者采用与本章方法（记为 SetEA）相同的选择、交叉、更新策略，不同之处仅在于对进化个体包含的解实施多项式变异[1]，记该方法为 SetEAP。每种方法均采用 Matlab7.0.1 编程实现，且对每一优化问题，每种方法独立运行 20 次，并计算这些运行结果的平均值。各优化问题决策变量的取值范围均为[0,1]，目标函数的个数分别取 5、10、20，并对各目标函数归一化处理[30]。

11.6.1 参数设置

由于 HypE 的时间复杂度为 $O(\mu^m N^m)$，与种群规模和目标函数的个数有关，考虑到算法的运行效率，同时参考文献[27]，取种群规模为 100，最大进化代数为 100，采用联赛选择、模拟二进制交叉、多项式变异；对于 SetEA 和 SetEAP，采用 11.4 节提出的集合选择、交叉、更新策略，其中，进化个体之间的交叉采用单点交叉，进化个体内的交叉采用模拟二进制交叉，分别采用集合变异和多项式变异，两种方法的种群规模和个体包含解的个数均为 10，最大进化代数与 HypE 相同。采用常用参数值，三种方法的交叉和变异概率分别为 0.9 和 0.1，交叉和变异操作的分布系数均为 20。超体积计算的参考点为 $r=[1,1,\cdots,1]$。

11.6.2 性能指标

采用如下 4 个性能指标，比较上述三种方法的性能：

(1) 超体积，简称 H 测度。

(2) 分布度，简称 D 测度。

(3) 延展度，简称 S 测度。

(4) CPU 时间，简称 T 测度。

11.6.3　实验结果与分析

实验分为如下两组:第 1 组考察 w 对 SetEA 性能的影响;第 2 组比较 SetEA 与其他两种方法的性能。

1. w 对 SetEA 性能的影响

根据决策者对逼近性、分布性、延展性的不同偏好,设置三组不同的 w 值,分别为[1/3,1/3,1/3]、[1/4,1/2,1/4]、[1/4,1/4,1/2]。表 11.1～表 11.3 分别列出不同 w 值对应的 H、D、S 测度的均值和方差。为了检验不同的 w 值对应各测度值差异的显著性,对上述测度值进行 Kruskal-Wallis 检验[31],并采用 Conover-Inman[32] 两两比较,显著性水平取为 0.05。第 2 组实验同样采用该非参数检验方法。表中带"*"的数据显著优于其他数据。

表 11.1　不同 w 取值对应的 H 测度均值与方差

		DTLZ1	DTLZ2	DTLZ3	DTLZ7
[1/3,1/3,1/3]	5	0.9909 ± 0.0105 *	0.9179 ± 0.0190 *	0.9617 ± 0.0263 *	0.8609 ± 0.0810 *
	10	0.9861 ± 0.0092 *	0.9183 ± 0.0115 *	0.9712 ± 0.0240 *	0.5983 ± 0.2335 *
	20	0.9901 ± 0.0057 *	0.9057 ± 0.0207 *	0.9646 ± 0.0405 *	0.6620 ± 0.0982 *
[1/4,1/2,1/4]	5	0.9657 ± 0.0145	0.8383 ± 0.0274	0.8577 ± 0.0478	0.6236 ± 0.1442
	10	0.9638 ± 0.0350	0.8114 ± 0.0371	0.8936 ± 0.0441	0.3290 ± 0.0754
	20	0.9673 ± 0.0179	0.8141 ± 0.0484	0.8897 ± 0.0519	0.5034 ± 0.0092
[1/4,1/4,1/2]	5	0.9689 ± 0.0169	0.8203 ± 0.0522	0.9034 ± 0.0448	0.7862 ± 0.1013
	10	0.9612 ± 0.0293	0.8046 ± 0.1024	0.8811 ± 0.0639	0.3420 ± 0.2182
	20	0.9641 ± 0.0225	0.8097 ± 0.0860	0.8980 ± 0.0619	0.5238 ± 0.0036

表 11.2　不同 w 取值对应的 D 测度均值与方差

		DTLZ1	DTLZ2	DTLZ3	DTLZ7
[1/3,1/3,1/3]	5	0.0593 ± 0.0354	0.0944 ± 0.0816	0.0957 ± 0.0563	0.0800 ± 0.1480
	10	0.0929 ± 0.0410	0.1583 ± 0.0855	0.1048 ± 0.0686	0.1176 ± 0.1234
	20	0.0773 ± 0.0232	0.1089 ± 0.0597	0.1059 ± 0.0829	0.2607 ± 0.1118
[1/4,1/2,1/4]	5	0.0210 ± 0.0050 *	0.0228 ± 0.0253 *	0.0265 ± 0.0089 *	0.0242 ± 0.0122 *
	10	0.0264 ± 0.0084 *	0.0165 ± 0.0066 *	0.0315 ± 0.0125 *	0.0432 ± 0.0250 *
	20	0.0265 ± 0.0093 *	0.0188 ± 0.0105 *	0.0351 ± 0.0120 *	0.0518 ± 0.0185 *
[1/4,1/4,1/2]	5	0.2347 ± 0.0834	0.2638 ± 0.0992	0.2774 ± 0.1112	0.3744 ± 0.1727
	10	0.5380 ± 0.4844	0.6538 ± 0.2002	0.5134 ± 0.1971	0.6367 ± 0.2827
	20	0.3891 ± 0.4422	1.1638 ± 0.8787	0.6584 ± 0.2591	0.7856 ± 0.4646

表 11.3　不同 w 取值对应的 S 测度均值与方差

		DTLZ1	DTLZ2	DTLZ3	DTLZ7
[1/3,1/3,1/3]	5	1.0238 ± 0.1740	1.5105 ± 0.1189	1.3168 ± 0.1900	1.7764 ± 0.5431
	10	1.2392 ± 0.1889	1.6353 ± 0.1488	1.2803 ± 0.1978	2.8160 ± 0.4582
	20	1.2214 ± 0.3119	1.6783 ± 0.1315	1.3169 ± 0.2066	4.2470 ± 0.0617
[1/4,1/2,1/4]	5	0.8158 ± 0.1032	1.2610 ± 0.0753	1.1772 ± 0.1326	1.6246 ± 0.0805
	10	1.0121 ± 0.1212	1.3273 ± 0.1596	1.0890 ± 0.1539	2.7301 ± 0.0986
	20	0.9119 ± 0.1740	1.3636 ± 0.0965	1.1238 ± 0.1425	3.9519 ± 0.0911
[1/4,1/4,1/2]	5	1.6941 ± 0.1952 *	1.8578 ± 0.1275 *	1.7075 ± 0.1393 *	2.0426 ± 0.0164 *
	10	2.4542 ± 0.8636 *	2.6383 ± 0.4742 *	1.9854 ± 0.1969 *	3.0311 ± 0.0262 *
	20	1.8655 ± 0.4243 *	2.8283 ± 0.9227 *	1.9715 ± 0.1384 *	4.5251 ± 0.0231 *

由表 11.1 可以看出:①对于所有优化问题,决策者对三个性能指标的偏好相同时,对应的 H 测度均显著优于另外两种 w 取值,这是由于 w 取[1/3,1/3,1/3]时,决策者对逼近性的偏好大于后两种;②对于所有优化问题,w 取[1/4,1/2,1/4]和[1/4,1/4,1/2]时,对应的 H 测度无显著差异,这是因为这两种 w 取值时决策者对逼近性的偏好相同。

由表 11.2 和表 11.3 可以看出:①当决策者偏好于 Pareto 前沿的分布性时,对应各优化问题 Pareto 前沿的 D 测度均显著优于另外两种 w 取值;②w 取[1/3,1/3,1/3]时,对应各优化问题 Pareto 前沿的 D 测度均显著优于[1/4,1/4,1/2],这是因为此时决策者对分布性的偏好较大;③当决策者偏好于 Pareto 前沿的延展性时,也能得到类似结论。

上述结果表明,决策者可以根据对不同性能指标的偏好设计 w 的不同取值,从而在种群进化后能够得到具有期望特性的 Pareto 最优解集。从这个意义上讲,本章方法得到的结果在一定程度上能够随着决策者主观意愿的改变而改变,具有一定的柔性。

2. 不同方法性能比较

本组实验中,SetEA 与 SetEAP 的 w 取值均为[1/3,1/3,1/3],比较这两种方法在 H、D、S 测度的差异;对于 SetEA 与 HypE,除了比较上述性能指标之外,还比较这两种方法的 T 测度,以及非被占优进化个体与进化种群包含个体数的比值,记为 ND/P;此外,以最大化超体积为唯一的目标,即所提方法 w 的取值为[1,0,0],比较两者的性能,并记此时的 SetEA 为 SetEA1。

图 11.2～图 11.4 分别给出不同方法求解所有优化问题时得到的 Pareto 前沿的 H、D、S 测度的箱图。表 11.4 是 SetEA 与 HypE、SetEAP 所得各性能指标的非参数检验结果；表 11.5 列出不同方法的运行时间；表 11.6 列出 SetEA1 与 HypE 所得各性能指标值的非参数检验结果，其中，“＋”和“－”分别表示 SetEA (SetEA1)显著优于和劣于其他方法，“0”表示这两种方法之间没有显著差异；图 11.5给出求解所有优化问题时，SetEA 与 HypE 的 ND/P 随种群进化的变化曲线。

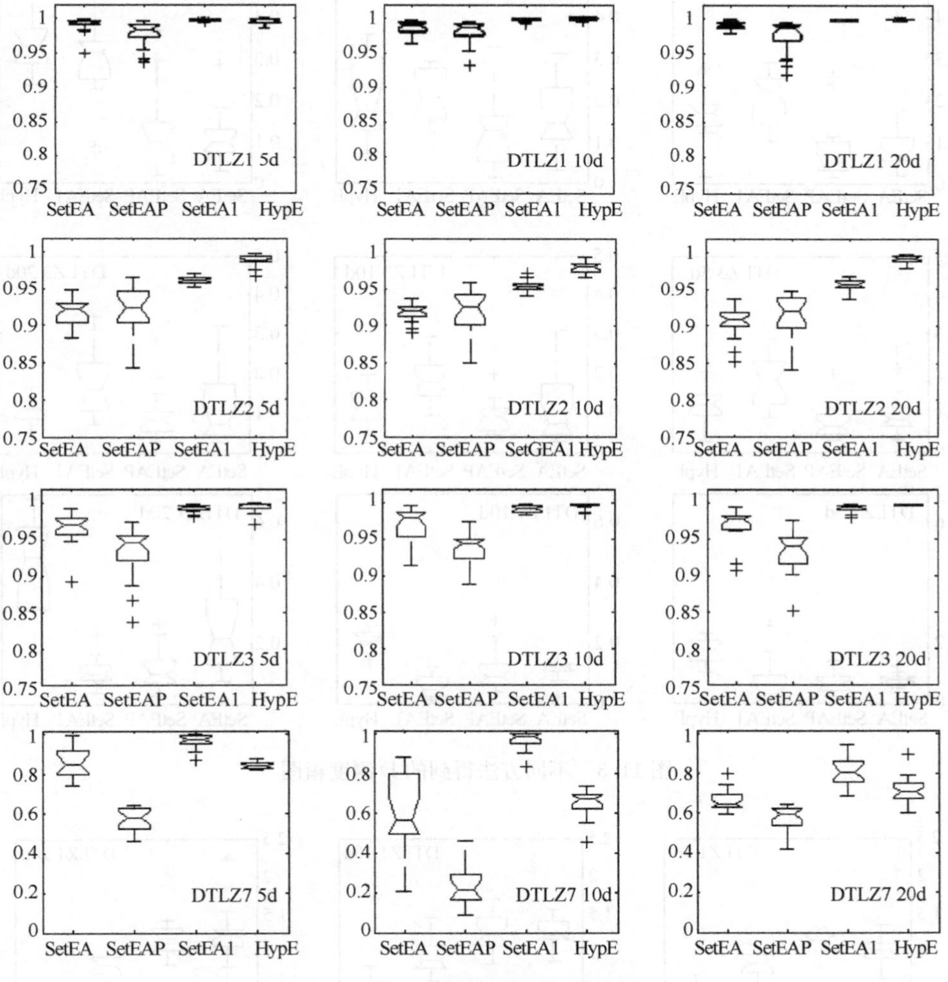

图 11.2　不同方法得到的 H 测度箱图

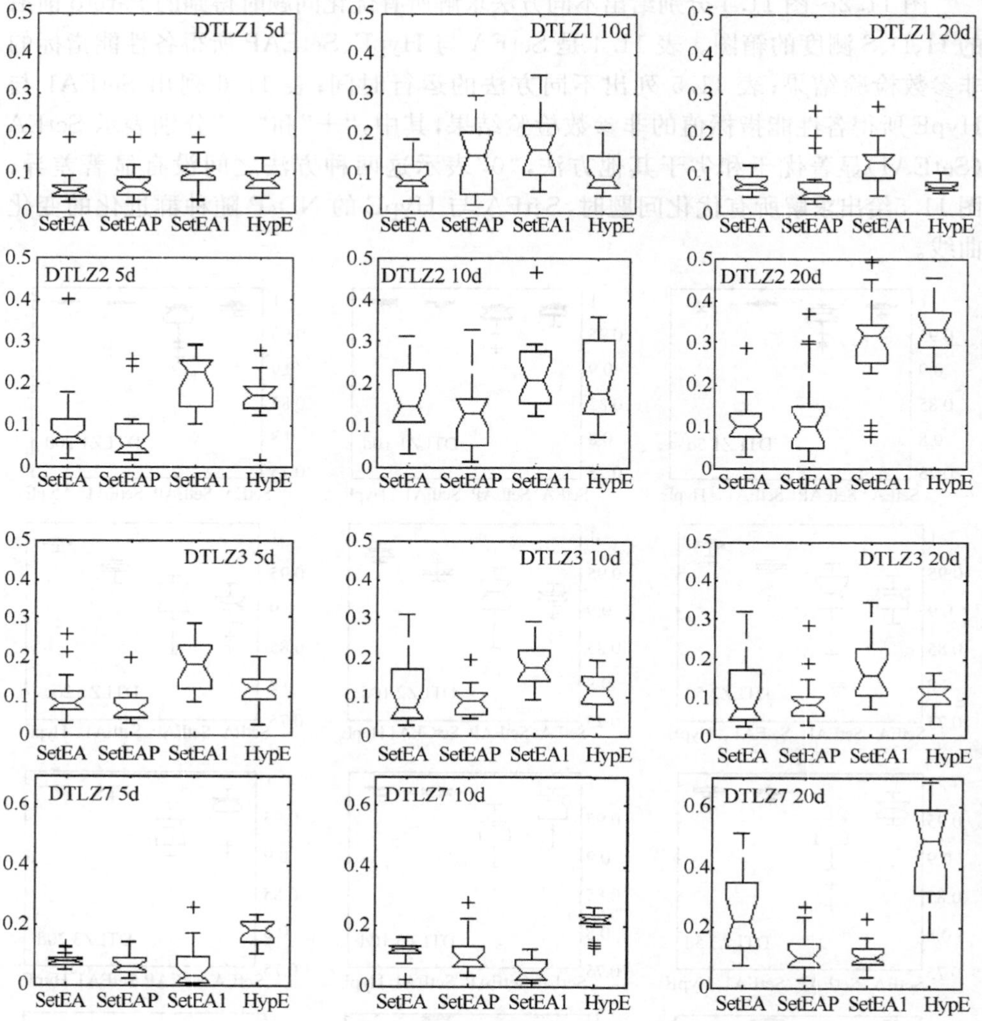

图 11.3　不同方法得到的 D 测度箱图

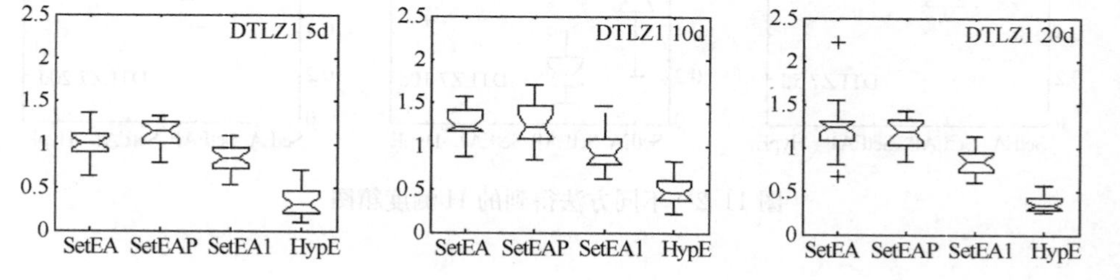

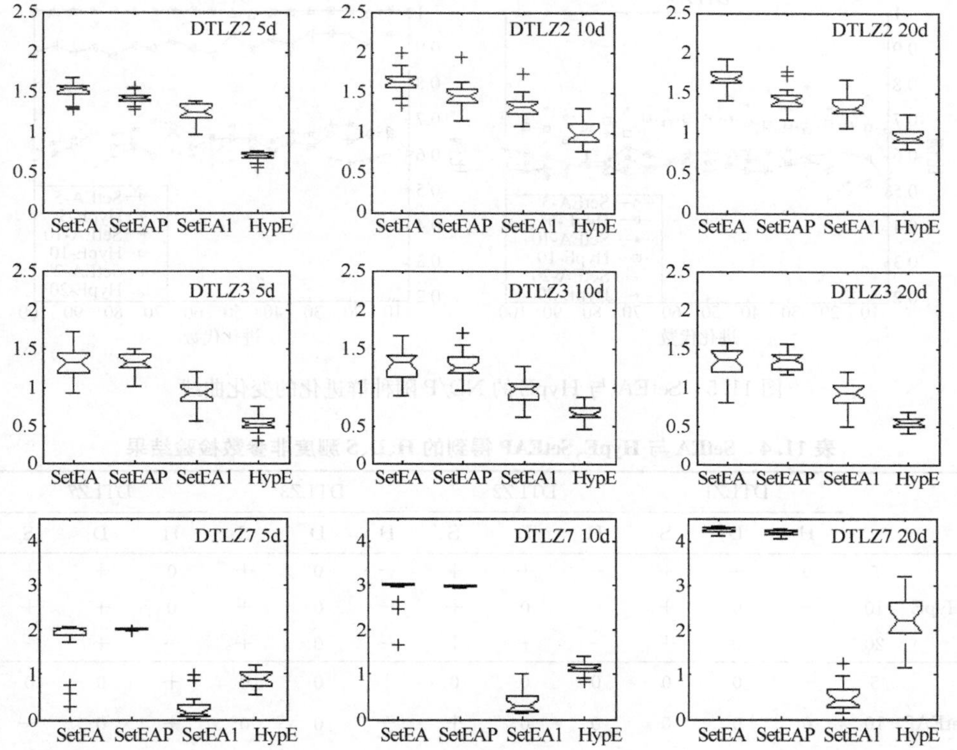

图 11.4　不同方法得到的 S 测度箱图

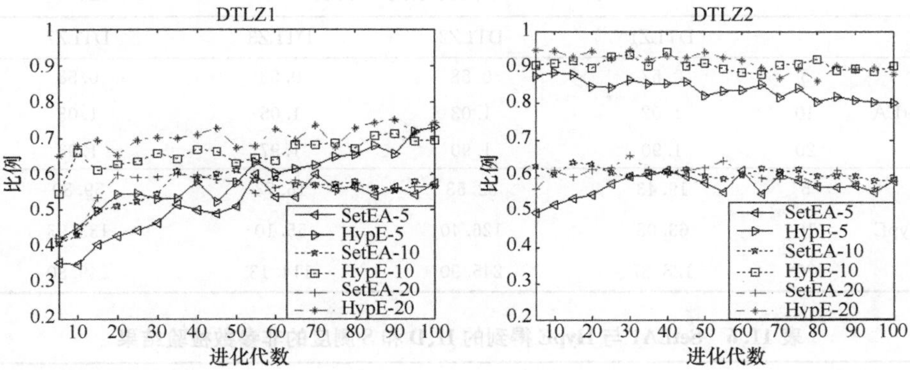

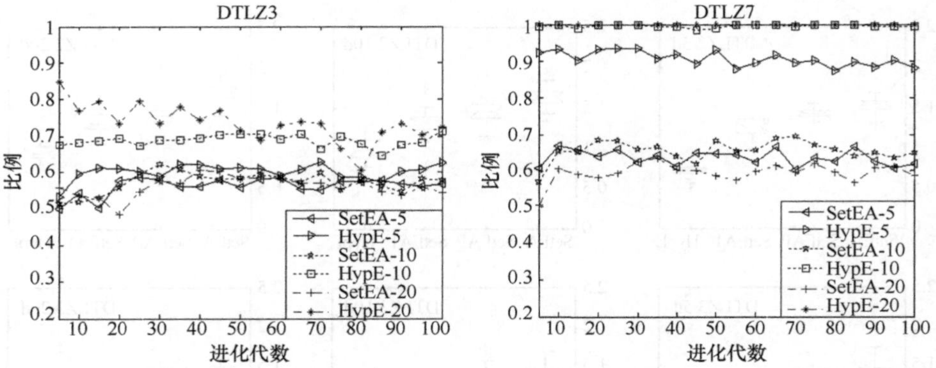

图 11.5 SetEA 与 HypE 的 ND/P 随种群进化的变化曲线

表 11.4 SetEA 与 HypE、SetEAP 得到的 H、D、S 测度非参数检验结果

		DTLZ1			DTLZ2			DTLZ3			DTLZ7		
		H	D	S	H	D	S	H	D	S	H	D	S
HypE	5	0	+	+	−	+	+	−	0	+	0	+	+
	10	−	0	+	−	0	+	−	0	+	0	+	+
	20	−	0	+	−	+	+	−	0	+	−	+	+
SetEAP	5	+	0	0	0	0	0	+	0	0	+	0	0
	10	0	0	0	0	0	+	+	0	0	+	0	−
	20	0	0	0	0	0	+	+	0	0	+	−	+

表 11.5 不同方法的 T 测度 (单位：min)

		DTLZ1	DTLZ2	DTLZ3	DTLZ7
SetEA	5	0.57	0.58	0.63	0.58
	10	1.02	1.03	1.05	1.03
	20	1.90	1.90	1.97	1.93
HypE	5	19.43	52.53	16.73	59.80
	10	63.08	126.40	55.10	133.93
	20	128.87	245.90	114.13	249.80

表 11.6 SetEA1 与 HypE 得到的 H、D 和 S 测度的非参数检验结果

	DTLZ1			DTLZ2			DTLZ3			DTLZ7		
	H	D	S	H	D	S	H	D	S	H	D	S
5	0	0	+	−	0	+	0	0	+	+	+	−
10	0	0	+	−	0	+	0	−	+	+	+	−
20	0	−	+	−	0	+	0	−	+	+	+	−

1) SetEA 与 SetEAP 性能比较

由图 11.2～图 11.4 和表 11.4 可以看出：①SetEA 在优化 DTLZ3、DTLZ7，以及 5 目标 DTLZ1 时，得到的 H 测度显著优于 SetEAP，其余情况无明显差异。这意味着集合变异策略能够产生高性能的解，使得到的 Pareto 前沿更接近真实 Pareto 前沿。②除了 20 目标 DTLZ7，SetEA 得到的 D 测度显著劣于 SetEAP 之外，对于其他优化问题，SetEA 得到的 D 测度与 SetEAP 无显著差异。这表明在多数情况下，集合变异策略与多项式变异一样能够保持进化种群的分布性能。③对于 10 目标 DTLZ7，SetEA 得到的 S 测度显著劣于 SetEAP；对于 10 和 20 目标 DTLZ2，以及 20 目标 DTLZ7，SetEA 得到的 S 测度显著优于 SetEAP；对于其他优化问题，两者得到的 S 测度无明显差异。这说明在保持进化种群的延展性方面，集合变异策略稍优于多项式变异。

综上所述，与传统的多项式变异相比，集合变异策略在保持种群分布和延展性能的同时更有利于提高优化解的逼近性能，这与本章设计该策略的初衷完全一致。

2) SetEA 与 HypE 性能比较

由图 11.2～图 11.4 和表 11.4 可以发现：①除了 5 目标 DTLZ1，以及 5 与 10 目标 DTLZ7，SetEA 得到的 H 测度与 HypE 无显著差异之外，对于其他优化问题，HypE 得到的 H 测度显著优于 SetEA。这是因为 HypE 仅以最大化超体积为目标，而超体积只是 SetEA 优化的目标函数之一。如果决策者希望 SetEA 在 H 测度上性能有所提高，可以增加对 H 测度的偏好取值，将在下面内容中验证该结论。②对于 5 目标 DTLZ1、5 和 20 目标 DTLZ2，以及 DTLZ7，SetEA 得到的 D 测度显著优于 HypE；对于其他优化问题，两者得到的 D 测度无显著差异；总体而言，SetEA 得到的 D 测度优于 HypE。这是因为 D 测度是 SetEA 优化的目标函数之一，而对于 HypE，则不是。③对所有优化问题，SetEA 得到的 S 测度均显著优于 HypE。这说明与 HypE 相比，SetEA 能够得到延展性更好的 Pareto 前沿。

由表 11.5 可以看出：①对于相同的优化问题，随着目标函数的增多，同一方法的运行时间不断增加。②对于相同的优化问题，SetEA 的运行时间远少于 HypE。这是因为 HypE 不仅在种群规模为 100 的情况下计算 H 测度，而且在种群替代时，每删除 1 个个体都需要重新计算 H 测度；而在 SetEA 中，仅在利用式(11.2)计算进化个体适应值时才需要计算进化个体的 H 测度值，且由于每个个体包含 10 个原优化问题的解，因此，仅需要在规模为 10 的情况下计算 H 测度。这与 11.5 节的时间复杂度分析结果是吻合的。

由图 11.5 可以看出：①对于优化问题 DTLZ1，SetEA 的 ND/P 略小于 HypE；对于优化问题 DTLZ2，SetEA 的 ND/P 明显小于 HypE。这说明本章所提的集合 Pareto 占优关系能够提高 Pareto 最优解的选择压力，引导种群向真实

Pareto 前沿进化。②对于同一优化问题，随着种群的进化，SetEA 和 HypE 的 ND/P 均变化不大。这意味着在种群进化过程中，两种占优关系推动种群进化的动力基本不变。

3) SetEA1 与 HypE 的性能比较

由图 11.2～图 11.4 与表 11.6 可以看出：①对于 DTLZ7，SetEA1 的 H 测度优于 HypE；优化问题 DTLZ2 时，SetEA1 的 H 测度却劣于 HypE；而优化另外两个问题时，两者的 H 测度无明显差异。②优化问题 DTLZ7 时，SetEA1 的 D 测度优于 HypE；但是，对于 20 目标 DTLZ1，以及 10 和 20 目标 DTLZ3，SetEA1 的 D 测度却劣于 HypE；对于其他优化问题，两者的 D 测度无显著差异。③除了优化问题 DTLZ7 时，SetEA1 的 S 测度劣于 HypE 之外，优化其他问题，SetEA1 的 S 测度均优于 HypE。另外，由于 SetEA 中 $\boldsymbol{w}$ 取值为[1,0,0]时，即为 SetEA1，所以，从表 11.5 也可以得到，对于相同的优化问题，HypE 的运行时间远多于 SetEA1。综上所述，当 SetEA 仅以最大化超体积为目标时，其性能优于 HypE。

通过上述实验结果与分析，可以得到如下结论：①通过对不同的性能指标设置不同的决策者偏好，所提方法能够得到具有不同特性的 Pareto 最优解集，也即具有一定的柔性；②集合变异策略在有效保持种群的分布性和延展性的同时更有利于提高优化解的逼近性能；③基于集合的 Pareto 占优关系能够提高 Pareto 最优解的选择压力，引导种群向真实 Pareto 前沿进化；④不论以超体积、分布度、延展度为被优化的目标函数，还是仅以超体积作为目标函数，SetEA 的综合性能优于 HypE，且运行时间远少于 HypE。这说明与已有方法相比，所提方法解决高维多目标优化问题的性能是优越的。

11.7 本章小结

与前面内容相比，本章研究的优化问题包含的目标函数很多，这使得采用传统的进化优化方法很难有效求解该类问题。因此，研究解决该类问题的进化优化方法是十分必要的。到目前为止，尽管已有一些求解该问题的进化优化方法，但是，已有方法的性能尚需进一步提高。

本章提出一种用于解决上述问题的集合进化优化方法，该方法的创新点主要体现在以下 4 个方面：①利用反映 Pareto 前沿特性的性能指标，提出一种新的高维多目标优化问题的降维转化方法，从而降低了问题求解的难度；②定义基于集合的 Pareto 占优关系，提高了 Pareto 最优解集的选择压力；③设计体现决策者偏好的适应度函数，有利于得到满足不同决策者期望特性的 Pareto 最优解集；④设计集合交叉和变异策略，提高了生成的新进化个体的性能。

理论与实验结果表明，利用反映优化问题 Pareto 解集的性能指标将高维多目标优化问题转化为传统的多目标优化问题是解决高维多目标优化问题的有效途径，该方法不仅能够减少目标函数，而且通过求解转化后的优化问题，能够得到满足决策者期望特性的 Pareto 最优解集。但是，本章提出的方法仅能解决确定型高维多目标优化问题。对于目标函数取值为区间的高维多目标优化问题，称为区间高维多目标优化问题，需要研究有针对性的求解方法。以本章研究成果为基础，第 12 章将给出区间高维多目标优化问题的进化优化方法。

参考文献

[1] Deb K, Pratap A, Agarwal S, et al. A fast and elitist multi-objective genetic algorithm: NSGA-Ⅱ[J]. IEEE Transactions on Evolutionary Computation, 2002, 6(2): 182−197.

[2] Singh H K, Isaacs A, Ray T. A Pareto corner search evolutionary algorithm and dimensionality reduction in many-objective optimization problems[J]. IEEE Transactions on Evolutionary Computation, 2011, 15(4): 539−556.

[3] Reed P M, Kollat J B. Save now, play later? Multi-period many-objective groundwater monitoring design given systematic model errors and uncertainty[J]. Advances in Water Resources, 2012, 35(1): 55−68.

[4] Lei D M, Wang T. An effective neighborhood search algorithm for scheduling a flow shop of batch processing machines[J]. Computers and Industrial Engineering, 2011, 61(3): 739−743.

[5] Figueira J R, Tavares G, Wiecek M M. Labelling algorithms for multiple objective integer knapsack problems[J]. Computers & Operations Research, 2010, 37(4): 700−711.

[6] Ursem R K, Justesen P D. Multi-objective distinct candidates optimization: Locating a few highly different solutions in a circuit component sizing problem[J]. Applied Soft Computing, 2012, 12(1): 255−265.

[7] Ishibuchi H, Tsukamoto N, Nojima Y. Evolutionary many-objective optimization: A short review[C]// Proceedings of IEEE Congress on Evolutionary Computation. New York: IEEE Press, 2008: 2419−2426.

[8] Zou X F, Chen Y, Liu M Z, et al. A new evolutionary algorithm for solving many-objective optimization problems[J]. IEEE Transactions on Systems, Man, and Cybernetics, Part B: Cybernetics, 2008, 38(5): 1402−1412.

[9] Carvalho A B, Pozo A. Analyzing the control of dominance area of solutions in particle swarm optimization for many-objective[C]//Proceedings of 10th International Conference on Hybrid Intelligent Systems. Berlin: Springer Verlag Press, 2010: 103−108.

[10] Sato H, Aguirre H E, Tanaka K. Self-controlling dominance area of solutions in evolutionary many-objective optimization[C]//Proceedings of 8th International Conference on Simulated Evolution and Learning. Berlin: Springer Verlag Press, 2010: 455−465.

[11] Kukkonen S, Lampinen J. Ranking-dominance and many-objective optimization[C]//Proceedings of IEEE Congress on Evolutionary Computation. New York: IEEE Press, 2007: 3983−3990.

[12] Aguirre H E, Tanaka K. A hybrid scalarization and adaptive ε-ranking strategy for many-objective optimization[C]//Proceedings of 11th International Conference on Parallel Problem Solving from Nature. Berlin: Springer Verlag Press, 2011: 11−20.

[13] Zhou C, Zheng J H, Li K, et al. Objective reduction based on the least square method for large-dimensional multi-objective optimization problem[C]//Proceedings of 5th International Conference on Natural

Computation. Berlin: Springer Verlag Press, 2009: 350－354.

[14] Murata T, Taki A. Examination of the performance of objective reduction using correlation-based weighted-sum for many objective knapsack problems[C]//Proceedings of 10th International Conference on Hybrid Intelligent Systems. Berlin: Springer Verlag Press, 2010: 175－180.

[15] Brockhoff D, Zitzler E. Improving hypervolume-based multiobjective evolutionary algorithms by using objective reduction methods[C]//Proceedings of IEEE Congress on Evolutionary Computation. New York: IEEE Press, 2007: 2086－2093.

[16] Lygoe R J, Cary M, Fleming P J. A many-objective optimisation decision-making process applied to automotive diesel engine calibration[C]//Proceedings of 10th International Conference on Hybrid Intelligent Systems. Berlin: Springer Verlag Press, 2010: 638－646.

[17] Sato H, Aguirre H E, Tanaka K. Pareto partial dominance MOEA and hybrid archiving strategy included CDAS in many-objective optimization[C]//Proceedings of IEEE Congress on Evolutionary Computation. New York: IEEE Press, 2010: 3720－3727.

[18] Ishibuchi H, Tsukamoto N, Nojima Y. Empirical analysis of using weighted sum fitness functions in NSGA-Ⅱ for many-objective 0/1 knapsack problems[C]//Proceedings of 11th International Conference on Computer Modelling and Simulation. Berlin: Springer Verlag Press, 2009: 71－76.

[19] Lindroth P, Patriksson M, Strömberg A B. Approximating the Pareto optimal set using a reduced set of objective functions[J]. European Journal of Operational Research, 2010, 207(3): 1519－1534.

[20] Jaimes A L, Aguirre H, Tanaka K, et al. Objective space partitioning using conflict information for many-objective optimization[C]//Proceedings of 11th International Conference on Parallel Problem Solving from Nature. Berlin: Springer Verlag Press, 2010: 657－666.

[21] Zitzler E, Thiele L, Bader J. On set-based multiobjective optimization[J]. IEEE Transactions on Evolutionary Computation, 2010, 14(1): 58－79.

[22] Bader J, Brockhoff D, Welten S, et al. On using populations of sets in multi-objective optimization[C]//Proceedings of 5th International Conference on Evolutionary Multi-Criterion Optimization. Berlin: Springer Verlag Press, 2009: 140－154.

[23] Berghammer R, Friedrich T, Neumann F. Set-based multi-objective optimization, indicators, and deteriorative cycles[C]//Proceedings of Genetic and Evolutionary Computation Conference. New York: ACM Press, 2011: 1－8.

[24] Zitzler E, Deb K, Thiele L. Comparison of multiobjective evolutionary algorithms: Empirical results[J]. Evolutionary Computation, 2000, 8(2): 173－195.

[25] Zitzler E. Evolutionary algorithms for multiobjective optimization: Methods and applications[D]. Zurich: Swiss Federal Institute of Technology, 1999.

[26] Schoot J R. Fault tolerant design using single and multicriteria genetic algorithms optimization[D]. Cambridge: Massachusetts Institute of Technology, 1995.

[27] Bader J, Zitzler E. HypE: An algorithm for fast hypervolume-based many-objective optimization[J]. Evolutionary Computation, 2011, 19(1): 45－76.

[28] Bentley P J, Wakefield J P. Finding acceptable solutions in the pareto-optimal range using multiobjective genetic algorithms[M]//Chawdhry P K, Roy R, Pant R K. Soft Computing in Engineering Design and Manufacturing. London: Springer Verlag Press, 1997: 231－240.

[29] Fabre M G, Pulido G T, Coello C A C. Ranking methods for many-objective optimization[C]//Proceedings of Advances in Artificial Intelligence. Berlin: Springer Verlag Press, 2009: 633－645.
[30] 周勇，巩敦卫，张勇. 混合性能指标优化问题的进化优化方法及应用[J]. 控制与决策，2007，22(3)：352－356.
[31] Kruskal W H. Historical notes on the wilcoxon unpaired two-sample test[J]. Journal of the American Statistical Association, 1957, 52(279): 356－360.
[32] 张文彤，邝春伟. SPSS统计分析基础教程[M]. 北京：高等教育出版社，2011.

第 12 章　区间高维多目标集合进化优化方法

本章仍然研究高维多目标优化问题，与第 11 章不同的是，本章研究的问题更加复杂，主要体现在：除了目标函数很多之外，至少还有一个目标函数，含有区间不确定性，这使得第 11 章提出的方法难以用于求解该问题。因此，有必要研究适用于该问题的进化优化方法，以找到一个收敛性和不确定性权衡的 Pareto 最优解集。

本章研究区间高维多目标优化问题，提出用于解决该问题的集合进化优化方法。首先，以超体积和不确定度作为新的目标函数，将原优化问题转化为以集合为决策变量的确定型 2 目标优化问题；然后，通过采用第 11 章定义的集合 Pareto 占优关系和设计基于集合的遗传操作，在 NSGA-Ⅱ[1]范式下实现种群进化。将本章方法应用于 4 个基准区间高维多目标优化问题，并与已有方法比较，实验结果表明，本章方法能够得到收敛性和不确定性权衡的 Pareto 最优解集。

12.1　方法的提出

前已述及，为了给决策者提供一个尽可能真实的 Pareto 前沿，已有的进化多目标优化方法的目的是找到一个收敛性好且分布均匀的 Pareto 最优解集。但是，在区间多目标优化问题中，目标函数值是区间，其宽度反映了目标函数值的不确定度。在不确定环境下，对于决策者来说，降低 Pareto 前沿的不确定度比要求 Pareto 前沿分布均匀更有实际意义。

在已有的区间多目标进化优化方法和前面提出的进化优化方法中，不确定度均作为性能指标之一比较不同方法求得的近似 Pareto 前沿，但是，尚没有将不确定度作为需要优化的目标函数；此外，上述方法均利用基于区间的 Pareto 占优关系比较不同进化个体的优劣，当目标函数很多时，Pareto 最优解的选择压力大大降低。因此，上述方法难以解决区间高维多目标优化问题。

本章研究的优化问题包含的目标函数很多，且目标函数值为区间，因此，其求解具有挑战性。如果采取合适的方法将该问题转化为一个多目标优化问题，新的优化问题的决策变量是原优化问题的解集，而目标函数却远少于原优化问题，那么，将能够大幅度降低问题求解的难度。但是，新问题的决策变量是一个集合，因此，传统的进化多目标优化方法将不再适用。

最近，Zitzler 等[2]提出多目标集合进化优化方法，该方法把由多个解构成的集合作为进化个体，将集合的评价结果作为进化个体的适应值，通过集合进化操作，实现种群的进化。基于此，本章以超体积和不确定度作为新的目标函数，将待解决的区间高维多目标优化问题转化为以集合为决策变量的确定型 2 目标优化问题；通过采用第 11 章定义的基于集合的 Pareto 占优关系和设计集合进化策略，在 NSGA-Ⅱ范式下开发用于区间高维多目标优化问题的集合进化优化方法。其中，基于 Pareto 最优解集性能指标的目标函数转化及基于集合的进化策略是本章需要解决的关键问题。12.2 节将给出将区间高维多目标优化问题转化为确定型 2 目标优化问题的方法。

12.2　优化问题降维转化

当由式(1.6)描述的区间多目标优化问题的目标函数个数多于三时，问题(1.6)即为区间高维多目标优化问题，本节给出该优化问题的降维转化方法。第 11 章指出，按照反映 Pareto 前沿的特性，已有的衡量 Pareto 最优解集的性能指标可以分为逼近性、分布性及延展性等三类。如果从每类中抽取一个作为目标函数，那么，转化后优化问题的目标函数将明显少于问题(1.6)，此时，转化后优化问题的决策变量将是问题(1.6)的多个解构成的集合；此外，虽然问题(1.6)的目标函数值为区间，但是，评价该问题 Pareto 最优解集的性能指标值却可能是精确数值，如 Limbourg 和 Aponte 提出的不确定度[3]，这意味着转化后优化问题的目标函数有可能是确定的。

基于上述思想，采用合适的性能指标将问题(1.6)转化为以集合为决策变量的确定型多目标优化问题。到目前为止，评价区间多目标优化问题 Pareto 最优解集的性能指标仅有 Limbourg 和 Aponte 提出的超体积和不确定度[3]，其中，超体积不仅能够反映 Pareto 前沿的收敛性，还能体现前沿上点的分布性[4]，是唯一关于 Pareto 占优关系严格单调的性能指标[5]。鉴于超体积的众多优点和本章的目标，利用已有的性能指标[3]，将问题(1.6)转化为确定型 2 目标优化问题。为此，下面分析超体积与不确定度的关系。

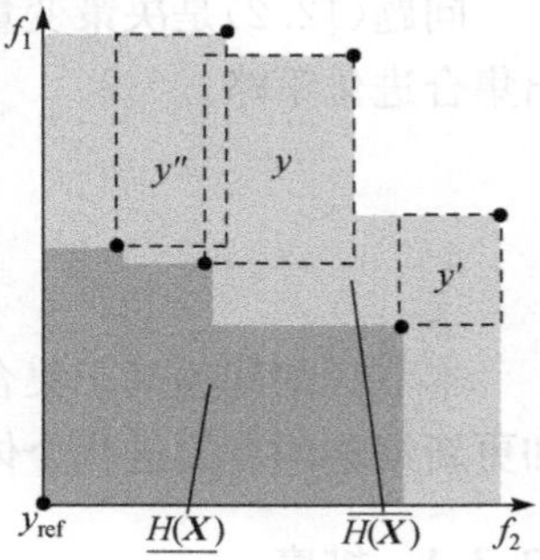

图 12.1　超体积和不确定度的关系

定义 1.13 和定义 1.15 分别给出目标函数值为区间的情形下 Pareto 最优解集的超体积和不确定度的定义，图 12.1[3]给出 2 维情形下的超体积，其中，浅灰色加深灰色区域和深灰色区域分别表示最好和最坏超体积。2 维情形下，集合{y, y', y''}的不确定度是图 12.1 中虚线框的面积和。由图 12.1 可以看出，当解集 $\boldsymbol{X}$ 的最好超体积固定不变时，不确定性越小，即虚线框的面积和越小，那么，最坏超体积越大，从而超体积的宽度越小。因此，当解集 $\boldsymbol{X}$ 的最好超体积固定不变时，不确定性、最坏超体积及超体积的宽度等三者之间是相关的，仅需要从中选择一个性能指标就能反映其他两个的变化情况。也就是说，只需要从不确定性、最坏超体积及超体积的宽度等三者中任选其一，与最好超体积一起作为新的目标函数就能够将问题(1.6)转化为确定型 2 目标优化问题，同时，也能求得满足本章要求的 Pareto 最优解集。这里，利用最好超体积$\overline{H(\boldsymbol{X})}$和不确定度 $I(\boldsymbol{X})$将问题(1.6)转化为如下以问题(1.6)的解集为决策变量的确定型 2 目标优化问题：

$$\begin{aligned} &\max \overline{H(\boldsymbol{X})} \\ &\min I(\boldsymbol{X}) \\ &\text{s. t. } \boldsymbol{X}\in 2^S \end{aligned} \tag{12.1}$$

问题(12.1)是一个含有 2 个目标函数的优化问题，通过将最大化问题的目标函数乘以－1，或将最小化问题的目标函数乘以－1，能够将其转化为 2 目标最小化问题或 2 目标最大化问题。这里，采用后一种方法将问题(12.1)转化为如下 2 目标最大化问题：

$$\begin{aligned} &\max G(\boldsymbol{X}) \overset{\text{def}}{=} (G_1(\boldsymbol{X}), G_2(\boldsymbol{X})) = (\overline{H(\boldsymbol{X})}, -I(\boldsymbol{X})) \\ &\text{s. t. } \boldsymbol{X}\in 2^S \end{aligned} \tag{12.2}$$

Bader 和 Zitzler 研究了超体积的计算方法[5]，该方法计算超体积时，时间复杂度为 $O(|\boldsymbol{X}|^m + m|\boldsymbol{X}|\log|\boldsymbol{X}|)$，其中，$|\boldsymbol{X}|$表示集合 $\boldsymbol{X}$ 包含元素的个数。实际上，该时间复杂度高于 While 等[6]提出的方法，但是，该方法有利于采用 Monte Carlo 模拟法近似计算超体积，因此，本章采用该方法计算超体积。

问题(12.2)是决策变量为集合的多目标优化问题，为解决该问题，12.3 节提出集合进化策略。

12.3 集合进化策略

本节详细阐述基于集合的选择、交叉、变异及更新策略，由于本章提出的选择和更新策略均需要进化个体的排序结果，因此，先给出进化个体的排序策略。

12.3.1 排序

在多目标优化问题中，常采用 Pareto 占优关系比较不同解的优劣，因此，Pareto 排序是一种最常用的方法[7]。

以 11.3 节提出的基于集合的 Pareto 占优关系代替非被占优排序[1]的占优关系，能够实现进化种群中个体的非被占优排序。通常，会有多个具有相同序值的进化个体，为了进一步区分这些进化个体，需要根据不同的要求定义不同的适应值。例如，Deb 等定义拥挤距离以反映进化个体之间的分布性[1]；Beume 等定义超体积贡献以实现超体积的最大化[4]。在选择性能指标将原优化问题转化为确定型 2 目标优化问题时，由于已考虑超体积和不确定度，且超体积同时反映 Pareto 前沿的逼近性和分布性，因此，这里选择反映 Pareto 最优解集在目标空间延展性的指标对具有相同序值的进化个体进一步排序。需要注意的是，在 Zitzler 定义的延展度[8]中，进化个体的目标函数值是实数，而本章研究问题的目标函数值却是区间，因此，已有的定义不再适用，需要给出目标函数值为区间的情形下 Pareto 最优解集的延展度。

定义 12.1　对于进化种群的个体 $\boldsymbol{X}$，其延展度定义为

$$S(\boldsymbol{X}) = \sqrt{\sum_{i=1}^{m} \left(\max_{x\in \boldsymbol{X}} \overline{f}_i(\boldsymbol{x},\boldsymbol{c}_i) - \min_{x\in \boldsymbol{X}} \underline{f}_i(\boldsymbol{x},\boldsymbol{c}_i)\right)^2} \tag{12.3}$$

式中，$\boldsymbol{x}$ 为属于 $\boldsymbol{X}$ 的原优化问题的解，该值越大，进化个体 $\boldsymbol{X}$ 的延展性越好，对应的 Pareto 前沿分布越广。

对问题(12.2)的进化个体排序时，采用如下策略：首先，利用基于集合的 Pareto 占优关系对进化种群的个体进行非被占优排序；然后，对具有相同序值的进化个体按照延展度从大到小排列。进化个体的序值越小，延展度越大，性能越好。进化个体排序的伪代码如图 12.2 所示。

算法 12.1　排序

```
Procedure setSort(P)
input: 种群 P
output: 排序后的种群 P
begin
  [F_1,..., F_l] ← fast-non-dominated-sort(P)   % 将种群 P 非被占优排序
  for i = 1 to l do
    for all X ∈ F_i do
      计算 S(X);                               % 计算个体 X 的延展度
    end for
    F_i ← sort(F_i);                          % 将个体 X 按延展度从大到小排序
  end for
  P ← [F_1,..., F_l];
end
```

图 12.2　进化个体排序伪代码

该排序策略能够用于选择进入匹配池的进化个体，还能用于种群更新时选择进入下一代进化种群的优势个体。

12.3.2 选择

本章采用规模为 2 的联赛选择策略，方法如下：对于进化个体$\boldsymbol{X}_1$和$\boldsymbol{X}_2$，如果$\boldsymbol{X}_1$集合占优$\boldsymbol{X}_2$，即$\boldsymbol{X}_1 \succ_{\mathrm{SP}} \boldsymbol{X}_2$，那么，选择$\boldsymbol{X}_1$作为优胜个体；如果$\boldsymbol{X}_2$集合占优$\boldsymbol{X}_1$，即$\boldsymbol{X}_2 \succ_{\mathrm{SP}} \boldsymbol{X}_1$，那么，选择$\boldsymbol{X}_2$作为优胜个体；否则，当$\boldsymbol{X}_1$和$\boldsymbol{X}_2$互不集合占优时，选择延展度较大的进化个体作为优胜个体。该策略的伪代码如图 12.3 所示。

算法 12.2 选择

```
Procedure: setMatingSelect(P)
input: 种群 P
output: 匹配池 MP
begin
  for k= 1 to N do
    repeat
      i ← random[1,N];        % 从种群中随机选取一个进化个体
      j ← random[1,N];
    until ( i ≠ j )           % 保证选取的是 2 个不同进化个体
    if P_i <_SP P_j then
      MP_k ← P_i;
    elseif P_j <_SP P_i then
      MP_k ← P_j;
    else
      if S(P_i) > S(P_j) then  % 比较 2 个进化个体的延展度
        MP_k ← P_i;
      else
        MP_k ← P_j;
      end if
    end if
  end for
end
```

图 12.3 进化个体选择伪代码

12.3.3 交叉

对进化个体包含的解实施交叉操作，如果 $\boldsymbol{X}$ 为选作执行交叉操作的进化个体，那么，从 $\boldsymbol{X}$ 包含的解中任意挑选两个，采用传统的交叉操作产生两个新解，直至生成一个含有 ω 个解的新个体，这意味着所有基于解的交叉策略（如线性交叉、模拟二进制交叉）均可用于本章算法。进化个体交叉策略的伪代码如图 12.4 所示。

12.3.4 变异

对进化个体包含的每个解采用传统的方法实施相同的变异操作，这意味着所有基于解的变异策略（如单点变异和多项式变异）均可用于本章算法。进化个体变异策略的伪代码如图 12.5 所示。

算法 12.3　交叉

```
Procedure setRecombine(X)
input: 个体 X
output: 交叉个体 Y
begin
  Y = ∅ ;
  repeat
    repeat
      i ← random[1,ω] ;      %  从ω中随机选取一个进化个体
      k ← random[1,ω] ;
    until ( i ≠ k )
    Y ← Y ∪ crossover(x_i, x_j)      %  crossover( )是基于解的交叉操作
  until (size(Y)= ω );
end
```

图 12.4　进化个体交叉伪代码

算法 12.4　变异

```
Procedure setMutate(X)
input: 个体 X
output: 变异个体 X
begin
  for i= 1 to ω  do
    x_i ← mutate(x_i) ;   %  mutate( )是基于解的变异操作
  end for
end
```

图 12.5　进化个体变异伪代码

12.3.5　更新

更新的任务是按照某种方法从父代种群和临时种群中选取一些进化个体遗传到下一代种群。常用的更新策略有($\mu+\lambda$)策略、(μ,λ)策略、最优个体保留策略等。

本章采用($\mu+\mu$)策略更新进化种群，即将相同规模的父代种群和临时种群合并成一个，按照 12.3.1 节提出的进化个体排序策略对合并后进化种群的个体排序，并从中选取 μ 个优势个体构成下一代种群。种群更新策略的伪代码如图 12.6所示。

算法 12.5　更新

```
Procedure setEnvironmentalSelect(P(t),Q(t))
input: 父代种群 P(t)和临时种群 Q(t)
output: 下一代种群 P(t+1)
begin
  P(t+1) ← setSort(P(t) ∪ Q(t))[1:N] ;  %  前 N 个优势个体构成下一代种群
end
```

图 12.6　进化种群更新伪代码

12.4 算法描述

基于 12.3 节设计的进化策略，本节提出解决区间高维多目标优化问题的集合进化优化方法，并分析其时间复杂度。该方法以集合为进化个体，采用集合进化策略，实现种群进化，使每代进化种群的最优个体，即当前 Pareto 最优解集，在目标空间不断向真实 Pareto 前沿推进。算法步骤如下：

步骤 1：初始化规模为 N 的进化种群 $P(0)$，每个个体含有原优化问题的 ω 个解；取进化代数 $t=0$。

步骤 2：实施基于集合的联赛选择、交叉、变异操作，生成相同规模的临时种群。

步骤 3：基于 12.3.5 节的更新策略，生成下一代进化种群 $P(t+1)$。

步骤 4：判定算法终止条件是否满足。如果是，输出进化种群的第一个优势个体；否则，令 $t=t+1$，转步骤 2。

本章算法的伪代码如图 12.7 所示。图 12.8 给出本章算法的流程，其中，灰色阴影部分是本章提出的方法。

算法12.6 主程序

```
Procedure mainprocedure（N, ω , T, p_c, p_m）
input: 算法参数（种群规模N，个体中包含的解的个数ω，最大进化代数T，重组概率p_c，变异概率p_m）
output: 收敛性和不确定性得到权衡、且分布最广的 Pareto 最优解集 X
begin
    t ← 1;
    初始化种群 P(t);
   计算每个进化个体的目标函数值；
    While(t<T) do
      M ← setMatingSelect(P(t));
      for all X ∈ P(t) do
        p ← random[0,1];
          if p<p_c then
            X ← setCrossover(X);
          end if
      end if
      for all X ∈ Q(t) do
          p ← random[0,1];
          if p<p_m then
            X ← setMutate(X);
          end if
      end for
      P(t+1) ← setEnviornmentalSelect(P(t),Q(t));
      t ← t+1;
  end
  X ← P(t)[1];
end
```

图 12.7 算法伪代码

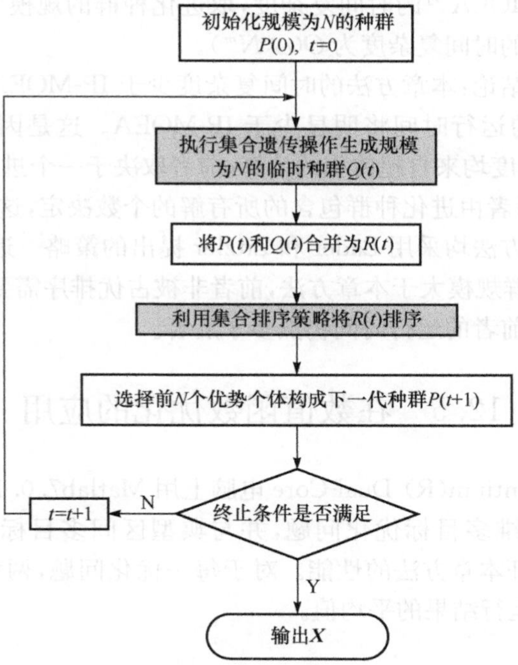
初始化规模为N的种群
P(0), t=0
执行集合遗传操作生成规模
为N的临时种群Q(t)
将P(t)和Q(t)合并为R(t)
利用集合排序策略将R(t)排序
选择前N个优势个体构成下一代种群P(t+1)
终止条件是否满足
N
t=t+1
Y
输出X

图 12.8　算法流程

根据上述算法流程，分析本章算法的时间复杂度。本章算法在进化种群的一次迭代中包含如下 4 个基本操作：①计算目标函数值。在问题(12.2)的目标函数中，超体积的计算是非常耗时的，相对于超体积的计算，由于不确定度不涉及比较操作，因此，其时间复杂度可以忽略不计。由文献[5]可知，计算一个进化个体超体积的时间复杂度为 $O(\omega^m + m\omega\log\omega)$，由此可见，计算目标函数值的时间复杂度主要来源于超体积的计算。由于进化种群规模为 N，因此，计算合并后进化种群中个体的目标函数值的时间复杂度为 $O(2N\omega^m)$。②非被占优排序。由于问题(12.2)是 2 目标优化问题，因此，对合并后进化种群非被占优排序的时间复杂度为 $O(2\,(2N)^2)$。③计算延展度。由式(12.3)可知，计算合并后进化种群中个体的延展性测度的时间复杂度为 $O(4m\omega N)$。④基于延展度的进化个体排序。在最坏情况下，对具有相同序值的进化个体，基于延展度排序的时间复杂度为 $O(2N\log(2N))$。

综上所述，本章算法的时间复杂度为 $O(N\omega^m + N^2)$。这是因为目标函数很多、种群规模较大时，$O(4m\omega N)$ 相对于 $O(2N\omega^m)$、$O(2N\log(2N))$ 相对于 $O(2\,(2N)^2)$ 都可以忽略不计。由此可知，当目标函数很多时，计算超体积占据算法的大部分时间。鉴于此，当目标函数个数多于 4 时，本章采用 Bader 和 Zitzler 提出的方法[5]近似计算超体积。

为了分析 IP-MOEA[3] 的时间复杂度，取进化种群的规模为 ωN，采用类似方法可以得到该方法的时间复杂度为 $O(\omega^m N^m)$。

由此得到如下结论：本章方法的时间复杂度少于 IP-MOEA，且随着目标函数的增多，本章方法的运行时间将明显少于 IP-MOEA。这是因为本章方法和 IP-MOEA 的时间复杂度均来自超体积的计算，前者取决于一个进化个体包含原优化问题解的个数，而后者由进化种群包含的所有解的个数决定，这正是集合进化的优势所在。即使两种方法均采用 Bader 和 Zitzler 提出的策略[5] 近似计算超体积，由于 IP-MOEA 的种群规模大于本章方法，前者非被占优排序需要的时间多于后者，因此，从总体上讲，前者的运行时间仍然多于后者。

12.5　在数值函数优化的应用

本章方法在 Pentium(R) Dual-Core 电脑上用 Matlab7.0.1 编程实现，通过优化 4 个基准区间高维多目标优化问题，并与典型区间多目标进化优化方法 IP-MOEA 比较，以验证本章方法的性能。对于每一优化问题，两种方法均独立运行 20 次，并求取这些运行结果的平均值。

12.5.1　测试问题

选择基准优化问题 $DTLZ_I1$、$DTLZ_I2$、$DTLZ_I3$、$DTLZ_I5$ 进行方法性能验证，各基准优化问题决策变量的取值范围均为[0,1]。本章实验中，各优化问题目标函数的个数分别取 2、5、15、20，并对各目标函数归一化处理[9]。

12.5.2　参数设置

对于 IP-MOEA，种群规模取 100，采用联赛选择、模拟二进制交叉、多项式变异[1]；本章方法的种群规模及进化个体包含原优化问题解的个数均取 10，采用 12.4 节提出的集合进化策略，其中，交叉和变异操作分别采用模拟二进制交叉和多项式变异；两种方法均采用相同的交叉和变异概率，分别为 0.9 和 0.1，交叉和变异操作的分布系数均为 20，最大进化代数为 100，当目标函数个数多于 4 时，两种方法均采用 Bader 和 Zitzler[5] 提出的 Monte Carlo 法近似计算超体积，采样数设为 10000。

12.5.3　性能指标

实验中，采用如下 4 个指标，比较不同方法的性能：

(1) 最好超体积，简称 bH 测度。

(2) 不确定度，简称 I 测度。

(3) 延展度,简称 S 测度。

(4) CPU 时间,简称 T 测度。

12.5.4　实验结果与分析

通过考察不同方法得到的 Pareto 前沿及 I、bH、S 测度等随进化代数的变化,比较本章方法与 IP-MOEA 的性能,并通过不同指标的统计检验进一步说明两种方法性能的差异是否显著。

图 12.9 给出优化问题 $DTLZ_I1$ 和 $DTLZ_I2$ 包含两个目标函数时采用精确计算超体积的方法得到的 Pareto 前沿,其中,"×"和"△"分别表示本章方法和 IP-MOEA 得到的 10 个解对应目标函数值的中点,"□"表示对应的目标函数值(长方形)。

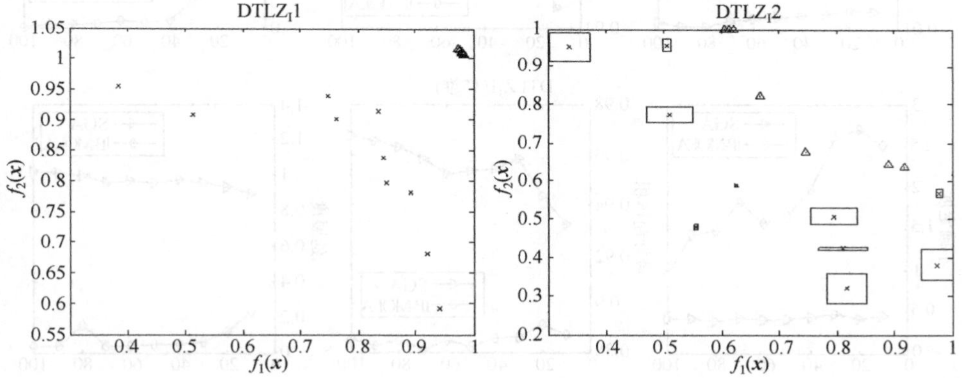

图 12.9　两种方法求得的 Pareto 前沿

由图 12.9 可知:①与 IP-MOEA 相比,本章方法得到的 Pareto 前沿在目标空间分布更广,说明该前沿的延展性更优,这是因为本章方法将延展度作为选择优势个体的准则之一,而 IP-MOEA 却没有。②本章方法得到的 Pareto 前沿对应的最优解包含个别被占优解,这是因为本章方法仅考虑进化个体(即原优化问题解集)的占优关系,而没有进一步比较包含在进化个体中不同解的优劣。③IP-MOEA 得到的 Pareto 前沿更接近真实的 Pareto 前沿,这是因为对于目标较少的优化问题(如这里考虑的 2 目标优化问题)传统的进化多目标优化方法也能够维持较高的 Pareto 最优解选择压力。

上述分析表明,当优化问题包含的目标函数较少时,本章方法可能劣于传统的进化多目标优化方法,此时,宜采用后者求解。但是,当优化问题含有很多目标函数时,传统的进化多目标优化方法得到的进化个体之间几乎互不占优,此时,本章方法是较好的选择。

需要说明的是,对于优化问题 $DTLZ_I3$ 和 $DTLZ_I5$,当含有两个目标函数时,出现的少许异常值影响了归一化结果，从而难以反映不同方法得到的 Pareto 前沿的区别，因此，这里仅给出求解优化问题 $DTLZ_I1$ 和 $DTLZ_I2$ 的实验结果。

图 12.10 给出不同方法求解 4 个优化问题时得到的 Pareto 前沿的 I、bH、S 测度值随进化代数变化的曲线。

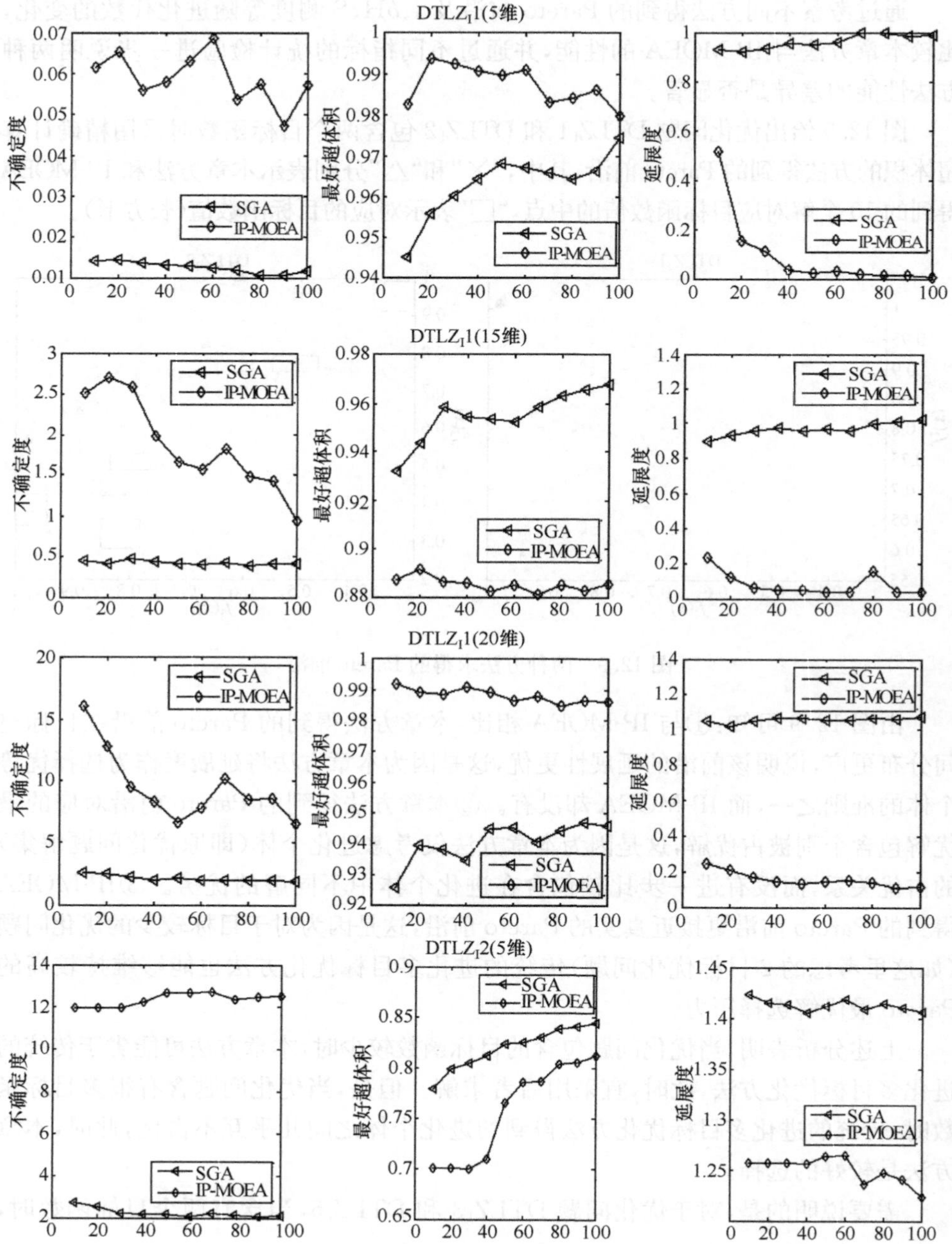

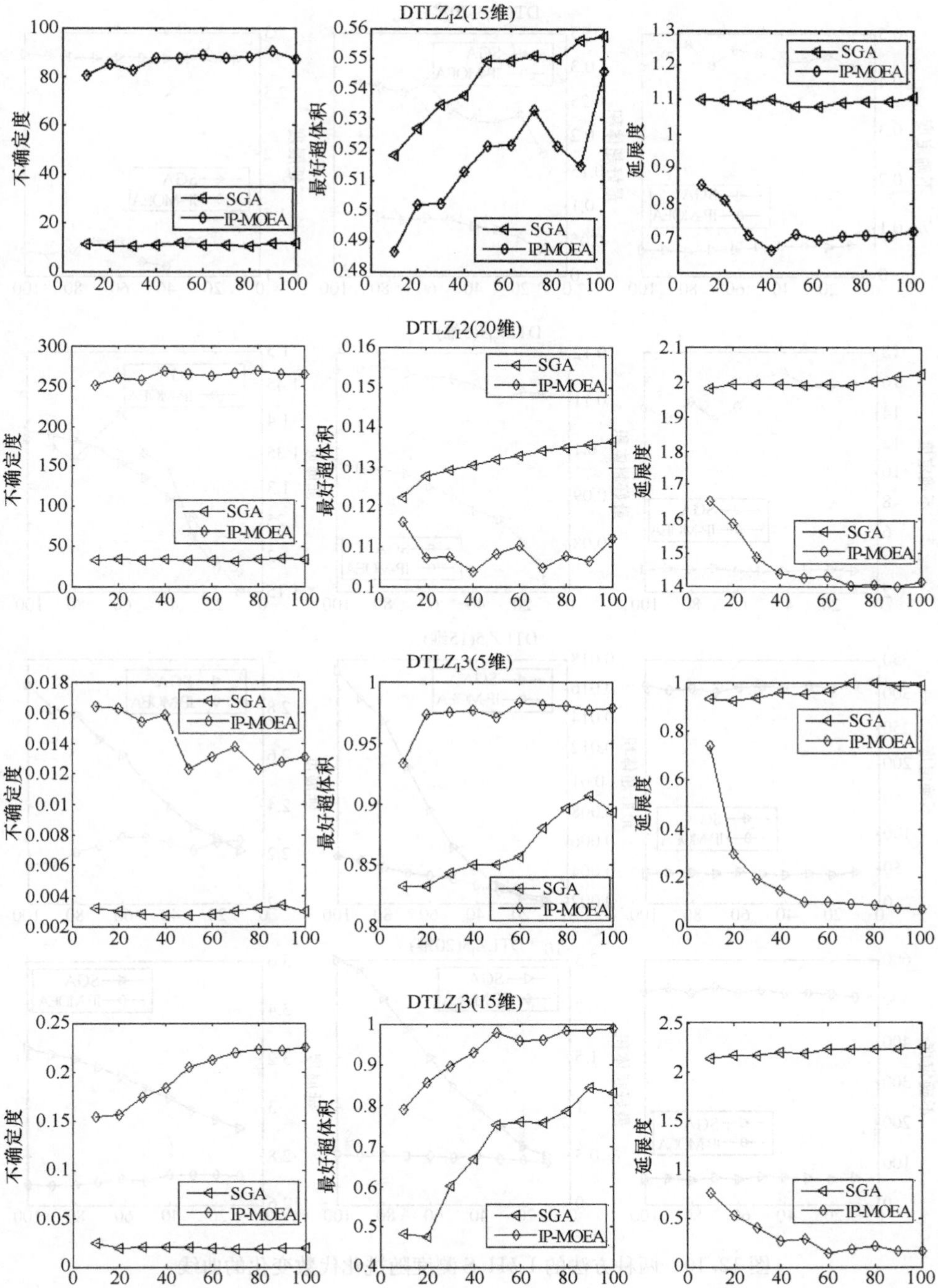
DTLZI2(15维)
DTLZI2(20维)
DTLZI3(5维)
DTLZI3(15维)
不确定度
最好超体积
延展度
SGA
IP-MOEA

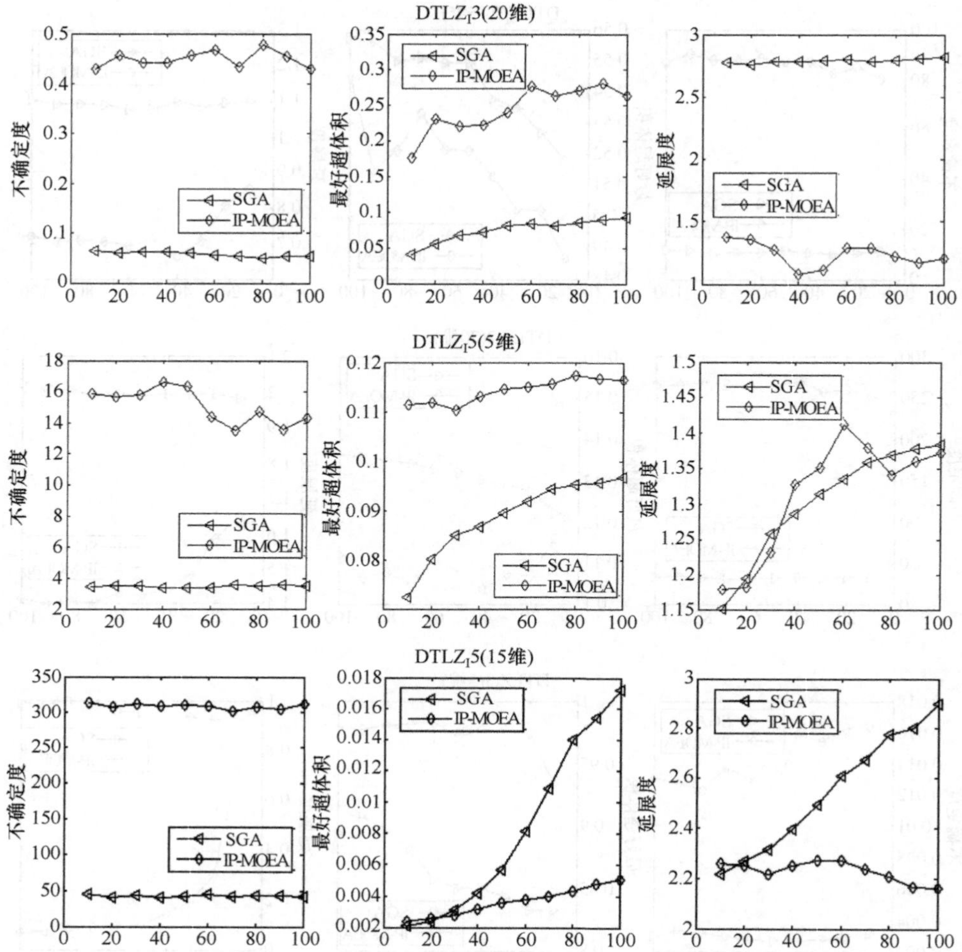

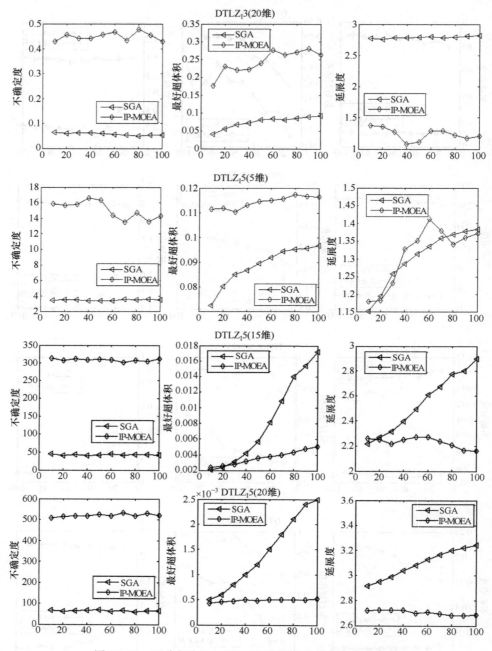

图 12.10 两种方法的 I、bH、S 测度随进化代数变化的曲线

由图 12.10 可以看出:①对于相同的进化代数,本章方法得到的 I 测度明显小于 IP-MOEA,说明本章方法能够降低 Pareto 前沿的不确定度。随着进化代数的

增加，对于所有优化问题，本章方法得到的 I 测度缓慢减少，且维持在较低的水平。但是，对于不同的优化问题，IP-MOEA 得到的 I 测度值变化趋势不同，主要原因在于 IP-MOEA 没有将不确定度作为优化目标之一。②随着进化代数的增加，本章方法得到的 bH 测度不断增加，说明本章方法能够持续产生高性能的优化解；而 IP-MOEA 得到的 bH 测度波动较大。这是因为采用传统的进化多目标优化方法求解优化问题时，进化种群的个体大部分是互不占优的，使得 Pareto 最优解的选择压力降低。③对于相同的进化代数，除了 5 目标优化问题 $DTLZ_I5$ 之外，本章方法得到的 S 测度明显大于 IP-MOEA，意味着将延展度作为选择优化解的准则之一能够改善 Pareto 最优解集在目标空间的分布性能。随着种群的进化，本章方法得到的 S 测度不断增加，且维持在较高的水平；而 IP-MOEA 得到的 S 测度，除了 5 目标优化问题 $DTLZ_I5$ 之外，基本上是减少的，这主要是 IP-MOEA 缺少维持种群分布性能的有效机制。

图 12.11 是不同方法求解 4 个优化问题时 4 个指标的统计箱图。表 12.1 列出采用 Mann-whitney U 检验[10]时上述两种方法得到的不同性能指标值的非参数检验结果，其中，“+”和“−”分别表示本章方法显著优于和劣于 IP-MOEA，“0”表示两者无显著差异。此外，表 12.2 列出两种方法的 T 测度值。

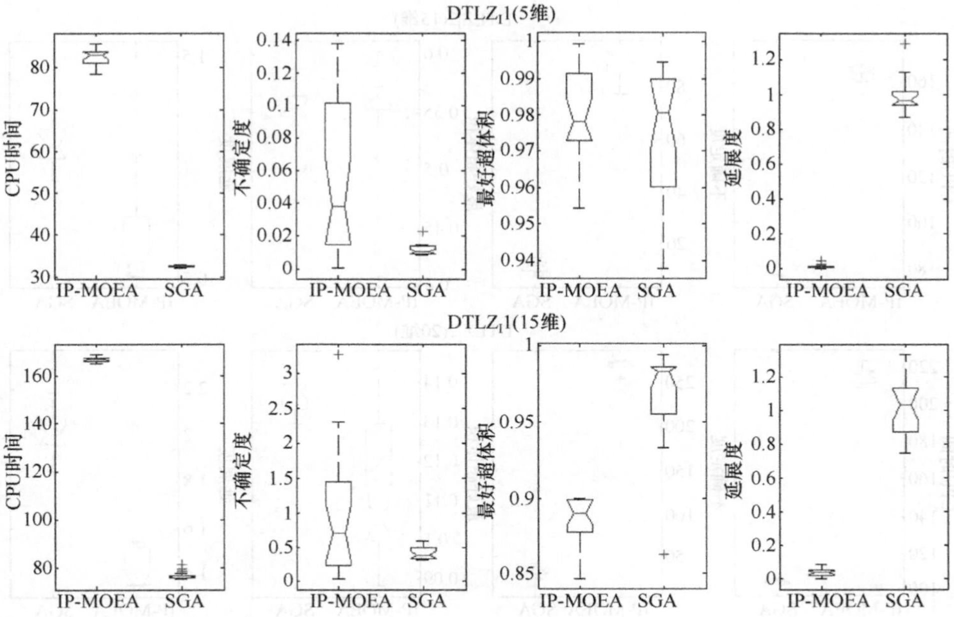

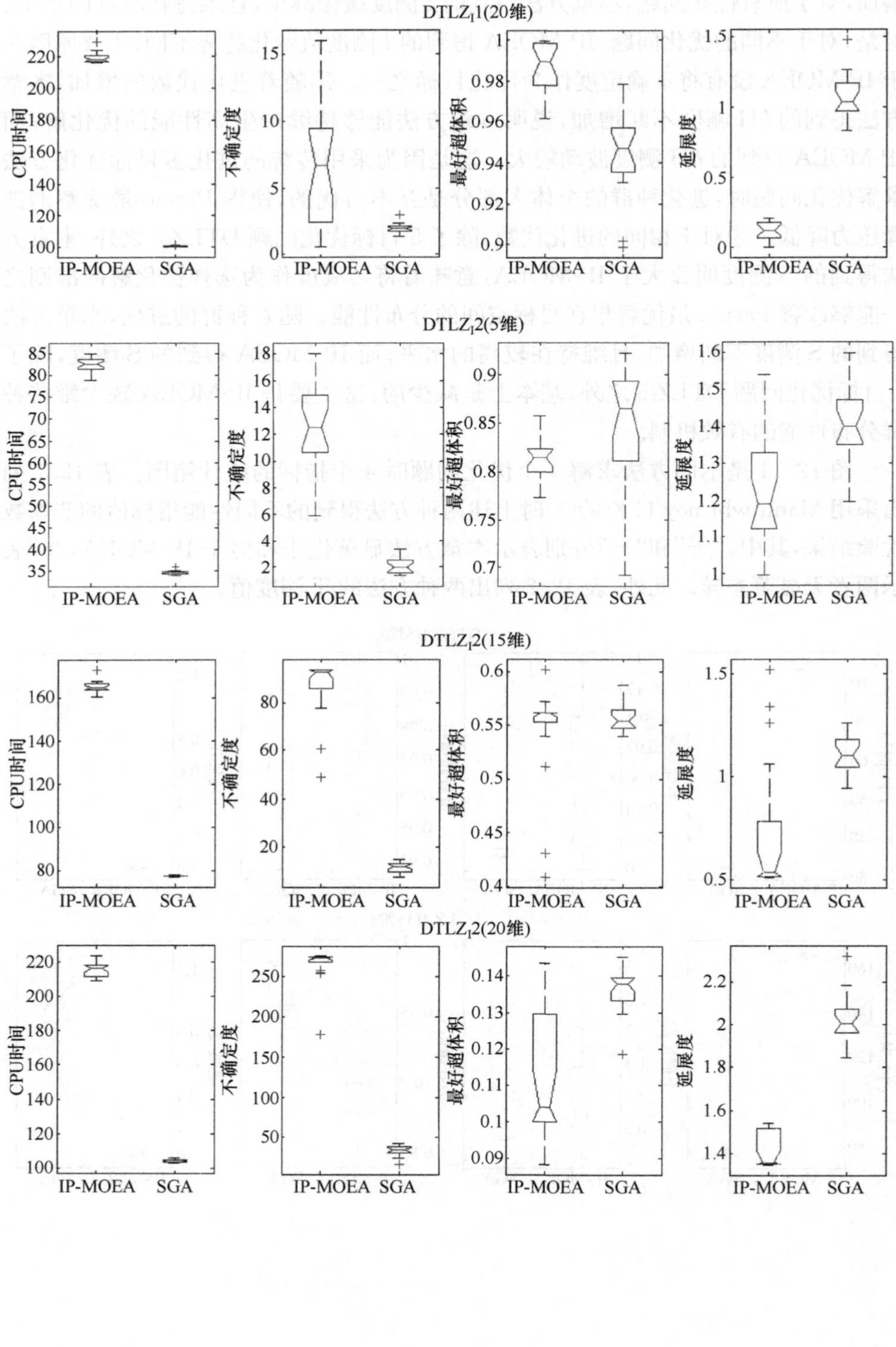
DTLZ$_I$1(20维)
CPU时间
不确定度
最好超体积
延展度
IP-MOEA
SGA
DTLZ$_I$2(5维)
DTLZ$_I$2(15维)
DTLZ$_I$2(20维)

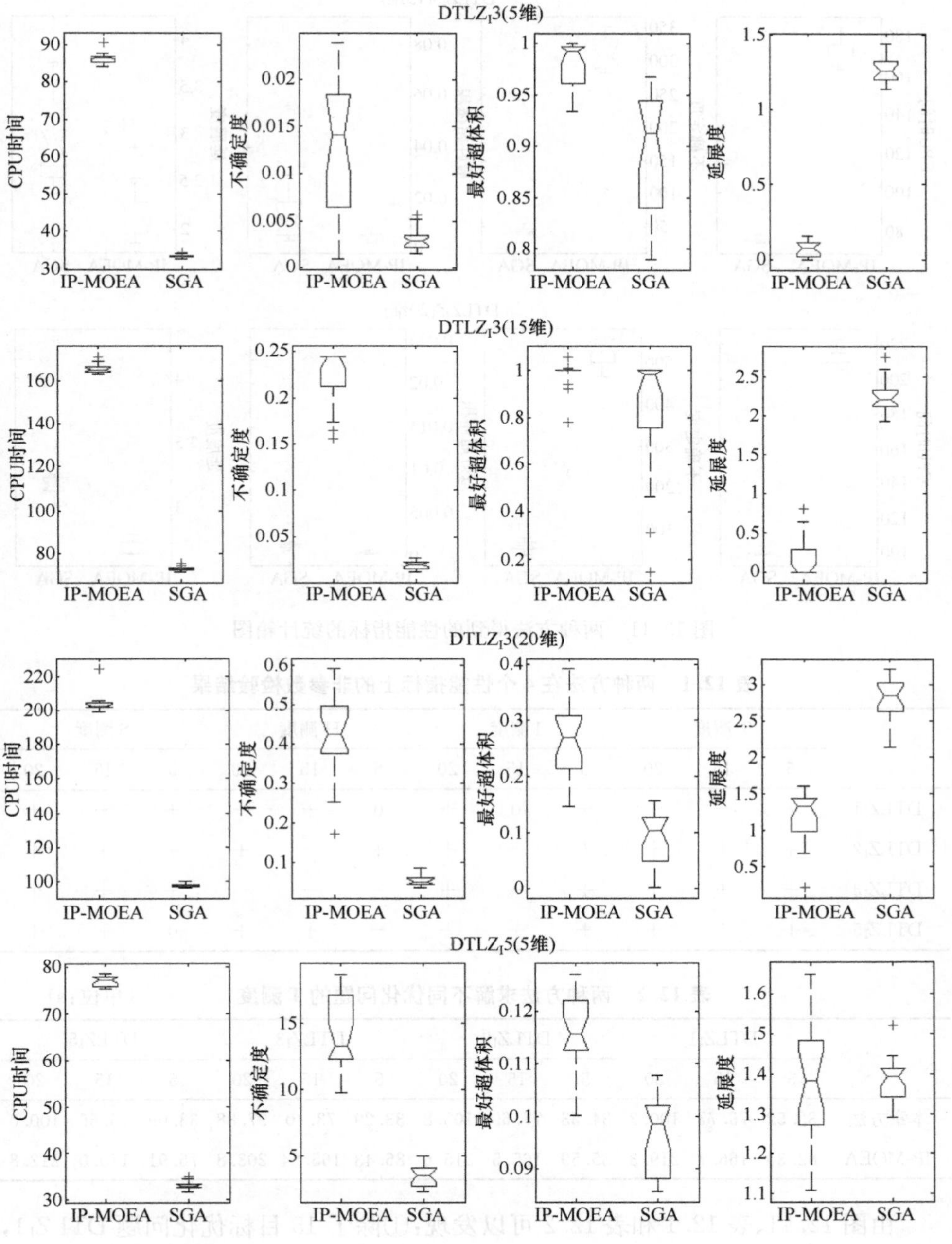
DTLZ_I3(5维)
CPU时间
不确定度
最好超体积
延展度
IP-MOEA SGA
DTLZ_I3(15维)
CPU时间
不确定度
最好超体积
延展度
IP-MOEA SGA
DTLZ_I3(20维)
CPU时间
不确定度
最好超体积
延展度
IP-MOEA SGA
DTLZ_I5(5维)
CPU时间
不确定度
最好超体积
延展度
IP-MOEA SGA

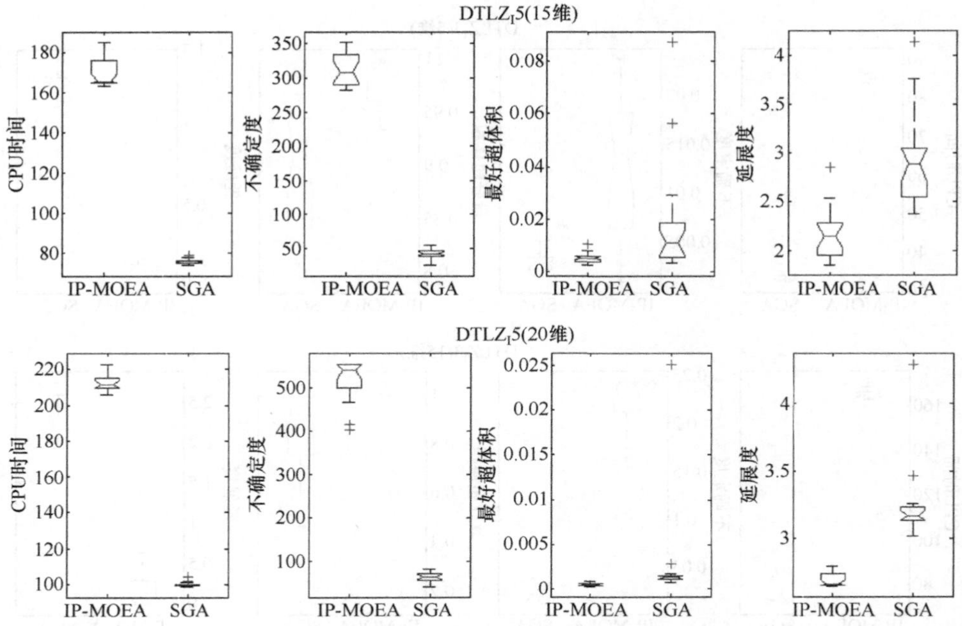

图 12.11 两种方法得到的性能指标的统计箱图

表 12.1 两种方法在 4 个性能指标上的非参数检验结果

	T 测度			I 测度			H 测度			S 测度		
	5	15	20	5	15	20	5	15	20	5	15	20
$DTLZ_I1$	+	+	+	+	0	+	0	+	−	+	+	+
$DTLZ_I2$	+	+	+	+	+	+	+	−	+	+	+	+
$DTLZ_I3$	+	+	+	+	+	+	−	−	−	+	+	+
$DTLZ_I5$	+	+	+	+	+	+	−	+	+	0	+	+

表 12.2 两种方法求解不同优化问题的 T 测度 (单位:s)

	$DTLZ_I1$			$DTLZ_I2$			$DTLZ_I3$			$DTLZ_I5$		
	5	15	20	5	15	20	5	15	20	5	15	20
本章方法	32.52	76.77	100.3	34.53	77.69	103.8	33.29	73.10	97.88	33.09	75.66	100.0
IP-MOEA	82.30	166.7	219.3	85.59	165.5	215.6	86.43	165.54	203.8	76.91	170.0	212.8

由图 12.11、表 12.1 和表 12.2 可以发现:①除了 15 目标优化问题 $DTLZ_I1$,本章方法得到的 I 测度与 IP-MOEA 无显著差异之外,对于其他优化问题,本章方法得到的 I 测度显著小于 IP-MOEA。除了 5 目标优化问题 $DTLZ_I5$,本章方法得到的 S 测度与 IP-MOEA 无显著差异之外,本章方法解决其他优化问题得到的 S

测度显著大于 IP-MOEA。因此,不论本章方法得到的 H 测度是否显著大于 IP-MOEA,由 12.3.1 节的排序策略可知,本章方法得到的 Pareto 最优解集均显著优于 IP-MOEA。事实上,本章方法优化几乎一半的问题,如 5 目标 $DTLZ_I2$、15 目标 $DTLZ_I1$ 和 $DTLZ_I5$,以及 20 目标 $DTLZ_I2$ 和 $DTLZ_I5$ 时,得到的 bH 测度也显著大于 IP-MOEA。求解其他优化问题,本章方法得到的 bH 测度显著小于 IP-MOEA 的原因在于本章方法除了要求 Pareto 最优解集具有良好的收敛性能之外,还有较小的不确定度。②本章方法的运行时间显著少于 IP-MOEA,确切地讲,还不足后者的一半。此外,随着优化问题目标函数的增多,前者在时间上的优势更加明显,这与 12.4 节的分析完全一致。

通过上述实验结果与分析,可以得到如下结论:本章方法解决区间高维多目标优化问题时,能够得到收敛性和不确定性权衡的 Pareto 最优解集,从而为高维多目标优化问题的求解提供一条行之有效的途径。

12.6 本章小结

本章解决的问题是区间高维多目标优化问题,与第 11 章比较,本章优化问题的复杂性不但体现在目标函数多,而且这些目标函数包含区间不确定性,这使得已有的方法很难解决该问题。

为了求解该问题,本章采用与第 11 章相同的思路:首先,将区间高维多目标优化问题降维转化为传统的确定型多目标优化问题,但是,本章转化后优化问题的目标函数不是三个,而是两个,即超体积和不确定度,以反映原优化问题 Pareto 最优解集的逼近性、分布性、不确定性;然后,采用集合进化优化方法求解转化后的优化问题时,利用第 11 章提出的基于集合的 Pareto 占优关系修改 NSGA-Ⅱ的非被占优排序,以提高 Pareto 最优解的选择压力;此外,还提出适用于集合进化的策略,有利于生成收敛性和不确定性权衡的 Pareto 最优解集。

算法的时间复杂度分析和大量实验结果表明,本章方法能够高效解决区间高维多目标优化问题。

到目前为止,本书研究的问题不但包括确定型多目标优化问题,还包括区间多目标优化问题,不但包括定量指标优化问题,还包括定性指标,以及混合指标优化问题,不但包括传统的多目标优化问题,还包括高维多目标优化问题,当然,还有上述问题复合形成的更加复杂的优化问题,如区间混合指标优化问题和区间高维多目标优化问题。尽管从总体上讲,采用的方法都是基于 NSGA-Ⅱ的进化优化方法,但是,对于不同的优化问题,采用的方法又有所区别,有的修改进化个体排序策略,有的融入决策者偏好,还有的修改种群进化策略。通过算法复杂度分析和大量算例,并与已有方法比较可以知道,本书提出的方法能够有效求解不同类型的优化问题,这些工作不但丰富了进化优化理论,而且扩大了进化优化方法的应用范围,因此,对于进化优化领域的进一步深入研究具有重要的指导意义。

毫无疑问,本书的工作还有很大局限性,不但研究的问题类型不够多,而且给出的进化优化求解方法的适用面不够宽,这说明该领域还有很大的研究空间,经过不懈的潜心研究,读者完全能够在该领域取得更多高水平成果。作者期望本书能够为读者的进一步研究提供一定的启迪,能够对本领域的发展有一点积极作用。

参考文献

[1] Deb K, Pratap A, Agarwal S, et al. A fast and elitist multi-objective genetic algorithm: NSGA-Ⅱ[J]. IEEE Transactions on Evolutionary Computation, 2002, 6(2): 182-197.

[2] Zitzler E, Thiele L, Bader J. On set-based multiobjective optimization[J]. IEEE Transactions on Evolutionary Computation, 2010, 14(1): 58-79.

[3] Limbourg P, Aponte D E S. An optimization algorithm for imprecise multi-objective problem function[C]// Proceedings of IEEE Congress on Evolutionary Computation. New York: IEEE Press, 2005: 459-466.

[4] Beume N, Naujoks B, Emmerich M. SMS-EMOA: Multi-objective selection based on dominated hypervolume[J]. European Journal of Operational Research, 2007, 181(3): 1653-1669.

[5] Bader J, Zitzler E. HypE: An algorithm for fast hypervolume-based many-objective optimization[J]. Evolutionary Computation, 2011, 19(1): 45-76.

[6] While L, Hingston P, Barone L, et al. A faster algorithm for calculating hypervolume[J]. IEEE Transactions on Evolutionary Computation, 2006, 10(1): 29-38.

[7] Konak A, Coit D W, Smith A E. Multi-objective optimization using genetic algorithms: A tutorial[J]. Reliability Engineering and System Safety, 2006, 91(9): 992-1007.

[8] Zitzler E. Evolutionary algorithms for multiobjective optimization: Methods and applications[D]. Zurich: Swiss Federal Institute of Technology, 1999.

[9] 周勇,巩敦卫,张勇.混合性能指标优化问题的进化优化方法及应用[J].控制与决策,2007,22(3):352-356.

[10] Mann H B, Whitney D R. On a test of whether one of two random variables is stochastically larger than the other[J]. Annals of Mathematical Statistics, 1947, 18(1): 50-60.

附录　部分区间多目标进化优化方法源程序

附录1　基于偏好多面体的进化个体排序Matlab源程序

%2目标优化问题中偏好多面体的构建

```
function [k1,k2,d,ang]=slop(p,M)
% M是自变量维数
n=size(p,1);
V=zeros(n,2);
%计算各候选解的价值函数值
for i=1:1:n
    [V(i,1),V(i,2)]=value(p(i,M+1),p(i,M+2),p(i,M+3),p(i,M+4));
end
%找出左端点最小是第几个候选解
[m1,d]=min(V(:,1));
[m1,d1]=min(p(:,M+1));
[m1,d2]=min(p(:,M+3));
if d==d1
    k1=0;
    k2=-1000;
    for i=1:d-1
        if p(i,M+1)~=p(d,M+1)
            k=(p(i,M+3)-p(d,M+3))/(p(i,M+1)-p(d,M+1));
            if k<=0
                k1=min(k1,k);
            else
                k1=k1;
            end
        end
        if p(i,M+2)~=p(d,M+2)
            k=(p(i,M+4)-p(d,M+4))/(p(i,M+2)-p(d,M+2));
            if k<=0
                k2=max(k2,k);
```

```
            else
                k2=k2;
            end
        end
    end
    for i=d+1:n
        if p(i,M+1)~=p(d,M+1)
            k=(p(i,M+3)-p(d,M+3))/(p(i,M+1)-p(d,M+1));
            if k<=0
                k1=min(k1,k);
            else
                k1=k1;
            end
        end
        if p(i,M+2)~=p(d,M+2)
            k=(p(i,M+4)-p(d,M+4))/(p(i,M+2)-p(d,M+2));
            if k<=0
                k2=max(k2,k);
            else
                k2=k2;
            end
        end
    end
elseif d==d2
    k1=-1000;
    k2=0;
    for i=1:1:d-1
        if p(i,M+1)~=p(d,M+1)
            k=(p(i,M+3)-p(d,M+3))/(p(i,M+1)-p(d,M+1));
            if k<=0
                k1=max(k1,k);
            else
                k1=k1;
            end
        end
        if p(i,M+2)~=p(d,M+2)
            k=(p(i,M+4)-p(d,M+4))/(p(i,M+2)-p(d,M+2));
```

```
            if k<=0
                k2=min(k2,k);
            else
                k2=k2;
            end
        end
    end
    for i=d+1:1:n
        if p(i,M+1)~=p(d,M+1)
            k=(p(i,M+3)-p(d,M+3))/(p(i,M+1)-p(d,M+1));
            if k<=0
                k1=max(k1,k);
            else
                k1=k1;
            end
        end
        if p(i,M+2)~=p(d,M+2)
            k=(p(i,M+4)-p(d,M+4))/(p(i,M+2)-p(d,M+2));
            if k<=0
                k2=max(k2,k);
            else
                k2=k2;
            end
        end
    end
else
    k1=-1000;
    k2=0;
    for i=1:1:d-1
        if p(i,M+3)>p(d,M+3)&p(i,M+1)~=p(d,M+1)
            k1=max(k1,(p(i,M+3)- p(d,M+3))/(p(i,M+1)-p(d,M+1)));
        elseif p(i,M+3)< p(d,M+3)
            k2=min(k2,(p(i,M+3)-p(d,M+3))/(p(i,M+1)-p(d,M+1)));
        end
    end
    for i=d+1:1:n
        if p(i,M+3)>p(d,M+3)&p(i,M+2)~=p(d,M+2)
```

```
            k1=max(k1,(p(i,M+3)-p(d,M+3))/(p(i,M+1)-p(d,M+1)));
        elseif p(i,M+3)<p(d,M+3)
            k2=min(k2,(p(i,M+3)-p(d,M+3))/(p(i,M+1)-p(d,M+1)));
        end
    end
end
aang=(1+k1*k2)/(sqrt(1+k1*k1)*sqrt(1+k2*k2));
if d==d1|d==d2
    ang=(acos(abs(aang))/pi)*180;
else
    ang=180-(acos(abs(aang))/pi)*180;
end
```

%2 目标优化问题中进化个体的排序

```
function f=non_domination_sort_mod(x,p,M,K)
N=size(x,1);
% V为变量维数,M1为目标函数维数
V=M;
M1=K-M;
f=zeros(N,K+3);
[k1,k2,d]=slop(p,M);
[m1,d1]=min(p(:,M+1));
[m1,d2]=min(p(:,M+3));
front=1;
F(front).f=[]; individual=[];
for i=1:N
    individual(i).n=0;
    individual(i).p=[];
    for j=1:N
        dom_less=0;%记录满足第i个个体的函数值小于第j个个体的目标函数个数
        dom_equal=0;%记录满足第i个个体的函数值等于第j个个体的目标函数个数
        dom_more=0;%记录满足第i个个体的函数值大于第j个个体的目标函数个数
        for k=1 :2: M1
            if((x(i,V+k)+x(i,V+k+1))/2)>((x(j,V+k)+x(j,V+k+1))/2)
                dom_more=dom_more+1;
            elseif((x(i,V+k)+x(i,V+k+1))/2)==((x(j,V+k)+x(j,V+k+1))/2)
```

```
                dom_equal=dom_equal+1;
            else
                dom_less=dom_less+1;
            end
        end
        if dom_more==0 & dom_equal~=(M1/2)
            individual(i).n=individual(i).n+1;
        elseif dom_less==0 & dom_equal~=(M1/2)
            individual(i).p=[individual(i).p j];
        end
    end
    if individual(i).n==0
        x(i,M1+V+1)=1;% x的倒数第二列记录所在Pareto前沿层数
        F(front).f=[F(front).f i];%记录第一层中的个体是种群中的第几个
    end
end
%--------该段程序找出种群中每个个体所在pareto前沿的层数--------
while~isempty(F(front).f)
    Q=[];
    for i=1:length(F(front).f)
        if~isempty(individual(F(front).f(i)).p)
            for j=1:length(individual(F(front).f(i)).p)
                individual(individual(F(front).f(i)).p(j)).n=...
                    individual(individual(F(front).f(i)).p(j)).n-1;
                if individual(individual(F(front).f(i)).p(j)).n==0
                    x(individual(F(front).f(i)).p(j),M1+V+1)=...
                        front+1;
                    Q=[Q individual(F(front).f(i)).p(j)];
                end
            end
        end
    end
    front=front+1;
    F(front).f=Q;
end
for i=1:length(index_of_fronts)
    sorted_based_on_front(i,:)=x(index_of_fronts(i),:);
```

```
end
current_index=0;
%基于序值排序
for front=1:(length(F)-1)
    objective=[];
    distance=0;
    y=[];
    y1=[];
    y2=[];
    z=[];
    previous_index=current_index+1;
    for i=1:length(F(front).f)
        y(i,:)=sorted_based_on_front(current_index+i,:);
    end
    current_index=current_index+i;
    if d==d1
        for i=1:length(F(front).f)
            if((y(i,M+3)-p(d,M+3)-k1*(y(i,M+1)-p(d,M+1))>=0)&(y(i,M+4)-...
                        p(d,M+4)-k2*(y(i,M+2)-p(d,M+2))<=0))|((y(i,M+3)-...
                        p(d,M+4)-k2*(y(i,M+1)-p(d,M+2))>=0)&(y(i,M+4)-...
                        p(d,M+3)-k1*(y(i,M+3)-p(d,M+3))<=0))
                if y(i,M+1)>p(d,M+1)
                    y(i,M1+V+2)=1;
                else
                    y(i,M1+V+2)=3;
                end
            else
                y(i,M1+V+2)=2;
            end
        end
    elseif d==d2
        for i=1:length(F(front).f)
            if ((y(i,M+3)-p(d,M+3)- k1*(y(i,M+1)-p(d,M+1))>=0)&(y(i,M+4)-...
                    p(d,M+4)-k2*(y(i,M+2)-p(d,M+2))<=0))|((y(i,M+3)-...
                    p (d,M+4)-k2*(y(i,M+1)-p(d,M+2))>=0)&(y(i,M+4)-...
                    p(d,M+3)-k1*(y(i,M+3)-p(d,M+3))<=0))
                if y(i,M+3)>p(d,M+3)
```

```
                y(i,M1+V+2)=1;
            else
                y(i,M1+V+2)=3;
            end
        else
            y(i,M1+V+2)=2;
        end
    end
else
    for i=1:length(F(front).f)
        if ((y(i,M+3)-p(d,M+3)-k1*(y(i,M+1)-p(d,M+1))>=0)&(y(i,M+3)>=...
                p(d,M+3)))|((y(i,M+3)-p(d,M+3)- k2*(y(i,M+1)- ...
                p(d,M+1))>=0)&(y(i,M+3)<=p(d,M+3)))
            y(i,M1+V+2)=1;
        elseif((y(i,M+3)-p(d,M+3)-k1*(y(i,M+1)-p(d,M+1))<=0)&(y(i,M+3)>=...
                p(d,M+3)))|((y(i,M+3)-p(d,M+3)-k2*(y(i,M+1)- ...
                p(d,M+1))<=0)&(y(i,M+3)<=p(d,M+3)))
            y(i,M1+V+2)=3;
        else
            y(i,M1+V+2)=2;
        end
    end
end
[temp,index_of_preference]=sort(y(:,M1+V+2));
sorted_based_on_preference=[];
for i=1:length(index_of_preference)
    sorted_based_on_preference(i,:)=y(index_of_preference(i),:);
end
%基于偏好多面体排序
a=zeros(3,1);
for i=1:3
    for j=1:length(index_of_preference)
        if sorted_based_on_preference(j,K+2)==i
            a(i,1)=a(i,1)+1;
        end
    end
end
```

```
    if a(1)~=0
        y1=sorted_based_on_preference(1:a(1),:);
%基于拥挤度排序
        h=[];
        ifsize(y1,1)==1
            h=inf;
        else
            h=crowdingn(y1,M,K);
        end
        y1(:,M1+V+3)=h;
        z(1:a(1),:)=y1(:,1:M1+V+3);
    end
    if a(2)~=0
        y2=sorted_based_on_preference(a(1)+1:a(1)+a(2),:);
        ifsize(y2,1)==1
            h=inf;
        else
            h=crowdingn(y2,M,K);
        end
        y2(:,M1+V+3)=h;
        z(a(1)+1:a(1)+a(2),:)=y2(:,1:M1+V+3);
    end
    if a(3)~=0
        y3=sorted_based_on_preference(a(1)+a(2)+1:length(index_of_preference),:);
        if size(y3,1)==1
            h=inf;
        else
            h=crowdingn(y3,M,K);
        end
        y3(:,M1+V+3)=h;
        z(a(1)+a(2)+1:length(index_of_preference),:)=y3(:,1:M1+V+3);
    end
    f(previous_index:current_index,:)=z;
end
```

附录 2　第 11 章集合进化策略 Matlab 源程序

%集合选择策略

```
function [f ff]=selection_individuals(chromosome,pool_size,tour_size,chromosomx)
```

```
[pop,variables]=size(chromosome);
rank=variables-1;
preference=variables;
for i=1:pool_size
    for j=1:tour_size
        candidate(j)=round(pop* rand(1));
        if candidate(j)==0
            candidate(j)=1;
        end
%----------该段程序为了保证匹配池里没有相同的个体--------------------
        ifj>1
            while~isempty(find(candidate(1:j-1)==candidate(j)))
                candidate(j)=round(pop* rand(1));
                if candidate(j)==0
                    candidate(j)=1;
                end
            end
%------------------------------------------------------------
        end
    end
%规模为 tour_size 的联赛选择中,先选层数最小的,在层数最小的个体中选偏好值最小
    for j=1:tour_size
        c_obj_rank(j)=chromosome(candidate(j),rank);
        c_obj_preference(j)=chromosome(candidate(j),preference);
    end
    min_candidate=find(c_obj_rank==min(c_obj_rank));  %找到秩最小的
    if length(min_candidate)~=1 %存在 2 个或以上的个体秩都为最小,需从中选偏好
值最小的
        minn_candidate=...
            find(c_obj_preference(min_candidate)==min(c_obj_preference(min_candi-
date)));
        if length(minn_candidate)~=1
            minn_candidate=minn_candidate(1);
        end
        f(i,:)=chromosome(candidate(min_candidate(minn_candidate)),:);
       ff(i,:,:)=chromosomx(candidate(min_candidate(minn_candidate)),:,:);
```

```
    else
        f(i,:)=chromosome(candidate(min_candidate(1)),:);
        ff(i,:,:)=chromosomx(candidate(min_candidate(1)),:,:);
    end
end
```

%集合交叉、变异策略

```
% mu,mum分别为交叉、变异算子中的参数,交叉概率0.9,变异概率0.1
%在父代种群中,当随机产生的数字大于交叉概率时,进行交叉,否则进行变异
%该操作进行N次,产生个体数不定,即f中的个体数目不定
function f=genetic_operator(parent_chromosome,yparent_chromosome,M,K,mu,
mum,bounds,Xyou)
N=size(parent_chromosome,1); %解集种群规模
N1=size(yparent_chromosome,2); %解集中父代种群规模
V=M; % V表示函数中的变量数,即变量维数
M1=K-M;
l_limit=bounds(1,1); %变量取值下界
u_limit=bounds(1,2); %变量取值上界
%先不同解集个体间的交叉
for i=1:N
    ifrand(1)<0.9
        parent_1=round(N*rand(1)); %从N个个体中随机取一个
        ifparent_1<1
            parent_1=1;%当round(N*rand(1))=0时,取第一个个体
        end
        parent_2=round(N*rand(1));%作用同上
        ifparent_2<1
            parent_2=1;
        end
%--------------该段程序保证取出两个不同的个体,当两个体相同时,重新再取一个-------
        ifisequal(parent_chromosome(parent_1,:),parent_chromosome(parent_2,:))
            parent_2=round(N*rand(1));
            ifparent_2< 1
                parent_2=1;
            end
```

```
        end
%----------------------------------------------------------------------------------
        k3=round(N1* rand(1));%解集交叉位置
        ifk3<1
            k3=1;
        end
        [a,b,c]=size(yparent_chromosome);
        temp=[];
        temp(1:N1- k3+1,1:c)=yparent_chromosome(parent_1,k3:N1,1:c);
        yparent_chromosome(parent_1,k3:N1,1:c)=…
                              yparent_chromosome(parent_2,k3:N1,1:c);
        yparent_chromosome(parent_2,k3:N1,1:c)=temp(1:N1-k3+1,1:c);
    end
end
%同一个进化个体内的交叉
for i=1:N
    for j=1:N1
        ifrand(1)<0.9
            child_1=[];
            child_2=[];
            parent_1=round(N1* rand(1)); %从 N1 个个体中随机取一个
            ifparent_1<1
                parent_1=1;%当 round(N1* rand(1))=0 时,取第一个个体
            end
            parent_2=round(N1* rand(1));%作用同上
            ifparent_2<1
                parent_2=1;
            end
%----------该段程序保证取出 2 个不同的个体,当 2 个个体相同时,重新再取一个-------
             ifisequal(yparent_chromosome(i,parent_1,:),yparent_chromosome
(i,parent_2,:))
                parent_2=round(N1* rand(1));
                ifparent_2<1
                    parent_2=1;
                end
            end
```

```
%------------------------------------------------------------------------------------------------
            parent_11(1:V)=yparent_chromosome(i,parent_1,1:V);
            parent_21(1:V)=yparent_chromosome(i,parent_2,1:V);
            for k=1:V
                u(k)=rand(1);
                ifu(k)<=0.5
                    bq(k)=(2*u(k))^(1/(mu+1));
                else
                    bq(k)=(1/(2*(1-u(k))))^(1/(mu+1));
                end
                child_1(k)=0.5*(((1+bq(k))*parent_11(k))+(1- q(k))*parent_21(k));
                child_2(k)=0.5*(((1- bq(k))*parent_11(k))+(1+q(k))*parent_21(k));
                ifchild_1(k)>u_limit
                    child_1(k)=u_limit;%当产生的值大于上界时,取上界值
                elseifchild_1(k)<l_limit%当产生的值小于下界时,取下界值
                    child_1(k)=l_limit;
                end
                ifchild_2(k)>u_limit
                    child_2(k)=u_limit;
                elseifchild_2(k)<l_limit
                    child_2(k)=l_limit;
                end
            end
            yparent_chromosome(i,parent_1,1:V)=child_1;
            yparent_chromosome(i,parent_2,1:V)=child_2;
        end
    end
end
%----------------------------------------------------------------
[a,b]=size(Xyou);%最优解集个体的规模 N1*K
Xmax=max(Xyou(:,V+1:K),[],1);
Xmin=min(Xyou(:,V+1:K),[],1);
for i=1:M1
    for j=1: a
        Xyou(j,V+i)=(Xyou(j,V+i)-Xmin(i))/(Xmax(i)-Xmin(i));  %目标值归一化处理
    end
```

```
end
for i=1:a
    sum=0;
    for j=1:a
        ifi~=j
            for k=1: M1
                sum=sum+max( Xyou(i,V+k)-Xyou(j,V+k),0);
            end
        end
    end
    Xyou(i,b+1)=sum;%最小化问题,改值越小越好
end
[temp,index]=sort(Xyou(:,b+1)); %对个体排序
for i=1:length(index)/2
    sorted_based(i,:)=Xyou(index(i),:);%取排序前 a/2 个个体
end
%--------------------------------------------------------------------
%变异
%同一个进化个体内的变异
for i=1:N
    for k=1:N1
        ifrand(1)<0.1
            parent_3=round(N1* rand(1));
            ifparent_3<1
                parent_3=1;%当 round(N1* rand(1))=0 时,取第一个个体
            end
            child_3=yparent_chromosome(i,parent_3,:);

            r11=round(rand(1)*(N1/2));
            ifr11<1
                r11=1;
            end
            r21=round(rand(1)*(N1/2));
            ifr21<1
                r21=1;
            end
```

```
        p1(1:V)=sorted_based(r11,1:V); %从最优解集个体中的前N1/2个解中选出的2个
        p2(1:V)=sorted_based(r21,1:V);
        for j=1:V
            r1=rand(1);
            r2=rand(1);
            c1=2;
            c2=2;
            delta(j)=c1* r1*(p1(j)-child_3(j))+c2* r2*(p2(j)-child_3(j));
            child_3(j)=child_3(j)+delta(j);
            ifchild_3(j)>u_limit
                child_3(j)=u_limit;
            elseifchild_3(j)<l_limit
                child_3(j)=l_limit;
            end
        end
        yparent_chromosome(i,parent_3,1:V)=child_3(1:V);
    end
  end
end
f=DTLZ1(yparent_chromosome,V);
```

%集合更新策略

```
function  f=replace_chromosome(intermediate_objectiveh,popset,V,K,M1)
N=size(intermediate_objectiveh,1);
%V变量数
M=K-V; %原问题目标数
%M1转化后目标数
[temp,index]=sort(intermediate_objectiveh(:,M1+1));
for i=1:N
    sorted_objectiveh(i,:)=intermediate_objectiveh(index(i),:);
end
max_rank=max(intermediate_objectiveh(:,M1+1));
previous_index=0;
for i=1:max_rank
    current_index=max(find(sorted_objectiveh(:,M1+1)==i));
    ifcurrent_index> popset
```

```
        remaining=popset-previous_index;
        temp_pop=...
            sorted_objectiveh(previous_index+1:current_index,:);
        [temp_sort,temp_sort_index]=...
            sort(temp_pop(:, M1+2));
        for j=1:remaining
            f(previous_index+j,:)=temp_pop(temp_sort_index(j),:);
        end
        return;
    elseifcurrent_index<popset
        f(previous_index+1:current_index,:)=...
            sorted_objectiveh(previous_index+1:current_index,:);
    else
        f(previous_index+1:current_index,:)=...
            sorted_objectiveh(previous_index+1:current_index,:);
        return;
    end
    previous_index=current_index;
end
```